4 5 6 7 8 9 10 11 12 13 14

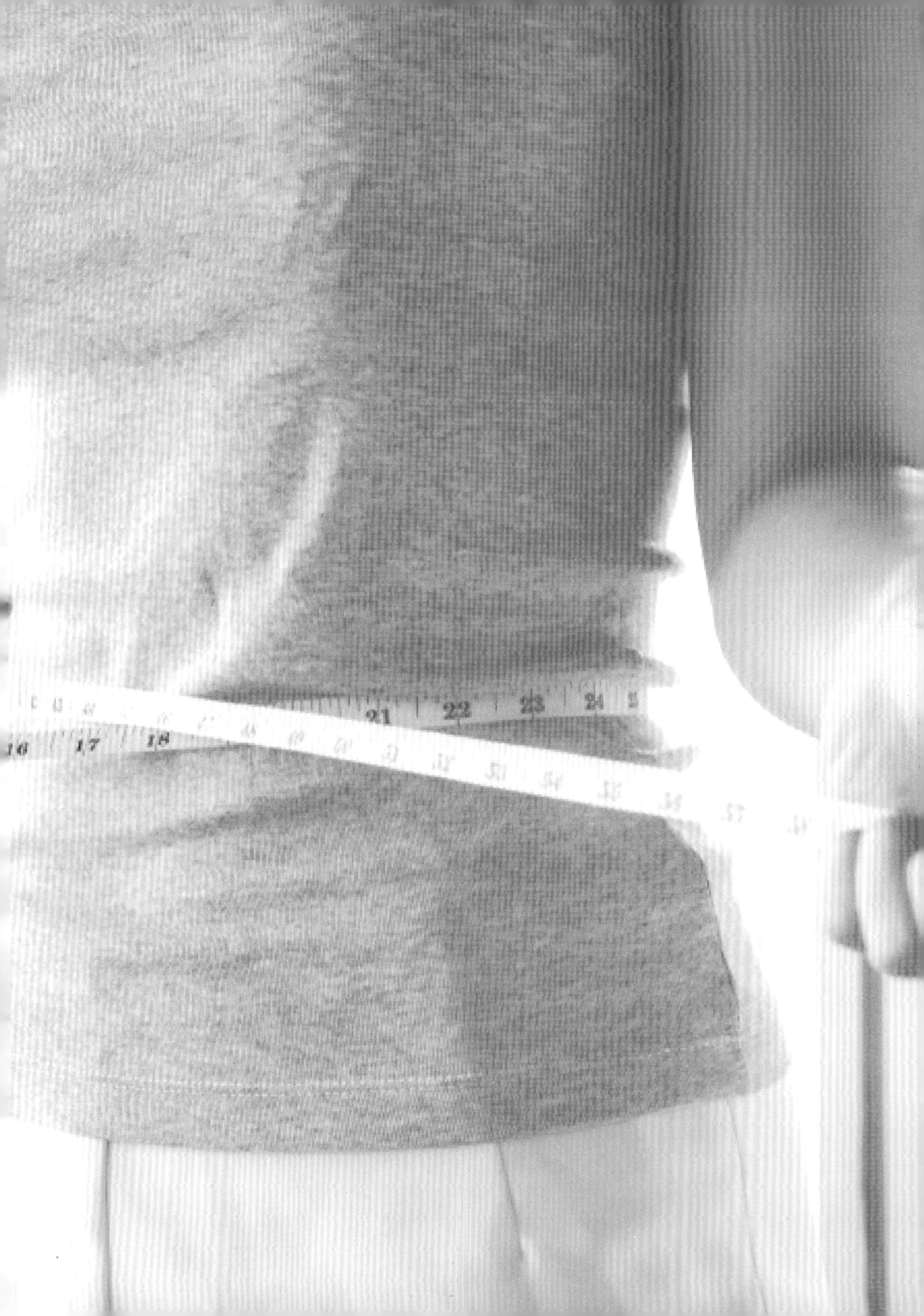

NCS 학습을 기반으로 한

피부미용 몸매관리
상체편

김현숙

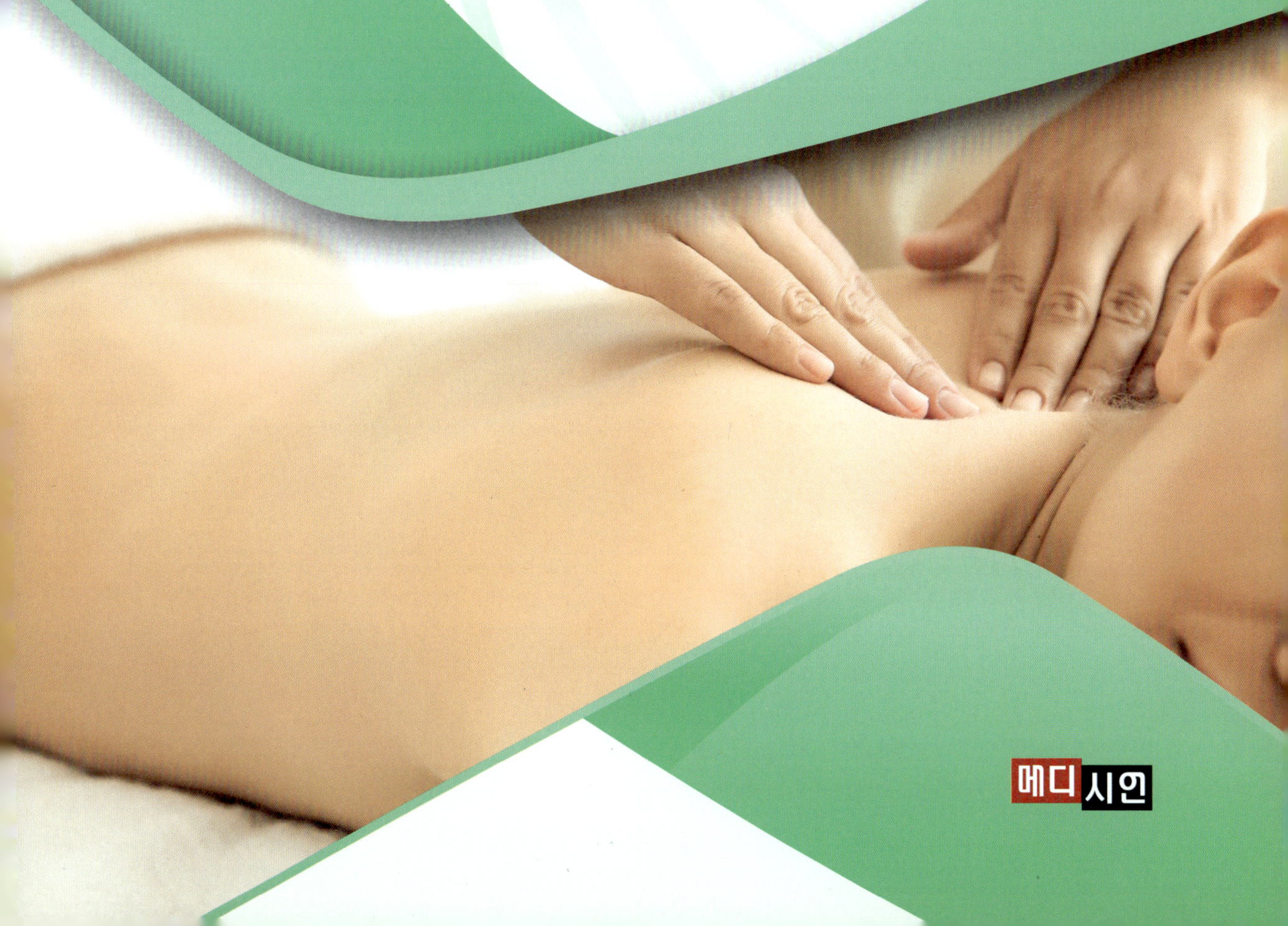

메디시인

머리말

현대인은 여러 가지 스트레스에 노출되어 정신적으로나 육체적으로 민감해져 있는 경우가 많습니다.

가장 먼저 반응이 나타나는 곳이 우리 몸의 내부장기이고 장기가 민감해지면 혈액순환에 영향을 주어 피부가 민감해지거나 두꺼워져 둔해지기도 하고, 셀룰라이트가 축적되어 비만이 되기도 합니다. 피부미용 전문가들은 인체에 대해 잘 알고 피부의 상태에 따라 세심하게 관리를 할 수 있어야 하겠습니다.

그동안 피부미용산업에 보탬이 되고자 전문교육을 위해 피부미용 고객상담과 피부미용 위생관리, 피부미용 고객관리, 피부미용 페이셜관리 교재를 편찬하였고, 본 교재에서는 피부미용 몸매관리 중에서 상체관리를 중심으로 편찬하게 되었습니다.

NCS학습모듈에서는 몸매관리의 능력단위로 피부미용 몸매분석과 피부미용 몸매각질관리, 피부미용 몸매 팩 · 마스크, 신체 피부미용 전면관리와 후면관리로 나누어져 있습니다.

본 교재에서는 NCS에 대한 소개와 피부미용 몸매분석, 이론과 실기로 나누어 이론에서는 피부미용 몸매관리를 하기 위한 우리 몸의 내부장기에 대해 자세하게 설명하고, 우리가 섭취하는 음식물이 우리 몸을 만들므로 좋은 몸과 피부를 위해 영양소에 대해 제대로 알고 섭취할 수 있도록 영양에 대해 상세하게 설명하였고, 실기에서는 신체 피부미용 전면관리와 후면관리에 대해 관리방법을 사진과 그림을 그려 설명을 하였습니다.

Chapter 1에서는 인체의 오장육부에 대하여 각 장기의 기능과 기능이 저하되었을 때 나타나는 증상에 대해 설명하였습니다.

Chapter 2에서는 건강과 몸매관리를 위한 영양소에 대해 영양과 영양소의 기능, 6대 영양소의 탄수화물, 단백질, 지방, 비타민, 미네랄, 물에 대해 상세하게 설명하였습니다.

Chapter 3에서는 몸매관리의 실기 중, 등관리에 대해 사진과 그림을 그려 설명하였습니다.

Chapter 4에서는 복부관리에 대해 사진과 그림을 그려 설명하였습니다.

Chapter 5에서는 팔관리에 대해 사진과 그림을 그려 설명하였습니다.

피부미용 전문가는 고객의 피부를 잘 알아야 하고, 개인의 특성에 따라 올바른 관리를 하여 고객만족도를 높일 수 있도록 끊임없는 연구와 노력이 필요합니다.

본 몸매관리방법은 현장에서 오랜기간 동안 사용하여 효과가 검증된 관리방법을 공개하였습니다. 본 관리방법을 피부미용분야에서 활용하여 피부미용산업의 활성화에 도움이 되었으면 하는 바램입니다.

이 책 출간을 위해 편집을 도와주신 최경임 교수님과 사진촬영을 도와준 약손명가 채수연 과장, 윤보영 실장, 유지원 주임과 책 편찬을 맡아주신 ㈜지구문화/메디시언 임직원 여러분의 노고에 감사드립니다.

신축년 입추

저자 씀

차례

차례

PART Ⅱ 상체관리 실기

Chapter 03 등 관리

Chapter 04 복부 관리

Chapter 05 팔 관리

[NCS 학습모듈 위치]

대분류	중분류	소분류
이용·숙박·여행·오락·스포츠	이·미용	이·미용서비스

세분류	피부미용				
학습모듈명	몸매관리				
능력단위	피부미용 몸매분석	피부미용 몸매각질관리	피부미용 몸매 팩·마스크	신체 피부미용 전면관리	신체 피부미용 후면관리

몸매관리 학습모듈의 개요 – 학습모듈의 목표
몸매를 분석한 후 몸매를 클렌징, 딥클렌징을 한 후 부위별 매뉴얼테크닉을 실시하고 영양물질 도포, 팩·마스크를 실시한 후 마무리할 수 있다.

선수학습
피부미용 고객 상담(1201010201_17v3), 피부미용 피부분석(1201010202_16v2), 피부미용 화장품사용(LM1201010243_17v4)

학습모듈의 내용체계			
학습	학습 내용	NCS 능력단위요소	
		코드번호	요소 명칭
1. 피부미용 몸매분석하기	1–1. 몸매분석	1201010215_17v4.1	몸매분석하기
	1–2. 몸매분석표 작성	1201010215_17v4.2	몸매분석표 작성하기
2. 피부미용 몸매각질관리하기	2–1. 몸매 클렌징	1201010216_17v4.1	몸매 클렌징하기
	2–2. 몸매 딥클렌징	1201010216_17v4.2	몸매 딥클렌징하기
3. 신체피부미용 전면관리하기	3–1. 복부관리	1201010241_17v4.1	복부관리하기
	3–2. 가슴관리	1201010241_17v4.2	가슴관리하기
	3–3. 손, 팔 관리	1201010241_17v4.3	손·팔 관리하기
	3–4. 발, 다리 전면관리	1201010241_17v4.4	발, 다리 전면 관리하기
4. 신체피부미용 후면관리하기	4–1. 신체 후면관리	1201010242_17v4.1	신체 후면관리하기
	4–2. 둔부관리	1201010242_17v4.2	둔부관리하기
	4–3. 발, 다리 후면관리	1201010242_17v4.3	발·다리 후면관리하기
5. 피부미용 몸매 팩·마스크하기	5–1. 몸매 팩, 마스크	1201010220_17v4.1	몸매 팩·마스크하기
	5–2. 몸매관리 마무리	1201010220_17v4.2	몸매관리 마무리하기

[피부미용 몸매분석하기]

체형(Body Type)과 체격(Physique)
체형(Body Type) : 유전적인 소인, 체질, 질병, 영양 등의 영향에 의해서 형성된 신체의 외형을 의미 체격(Physique) : 골격(Bone), 근육(Muscle), 지방(Fat), 피부(Skin) 등 모양이 있는 신체의 구조를 의미

[체형의 분류]

체형은 피하 지방 두께나 근육 및 골격의 발달에 따라 결정되며, 인간의 생성 과정 중 포배기 때 배엽의 발달 정도에 따라 체형이 정해진다는 배엽 기원설에 의한 세 가지 형태의 체형 분류를 많이 사용한다. 하지만 실제 체형으로 이 세 가지가 적절히 조화된 혼합형이 많다.

① **외배엽형**(Ectomorph) : 팔다리가 얇고 길며, 낮은 지방량, 흔히 마른 사람을 의미

② **중배엽형**(Mesomorph) : 큰 뼈와 단단한 몸통, 낮은 지방량, 넓은 어깨

③ **내배엽형**(Endomorph) : 넓은 허리, 큰 골격, 높은 지방량, 흔히 뚱뚱한 사람을 의미

외배엽형	중배엽형	내배엽형
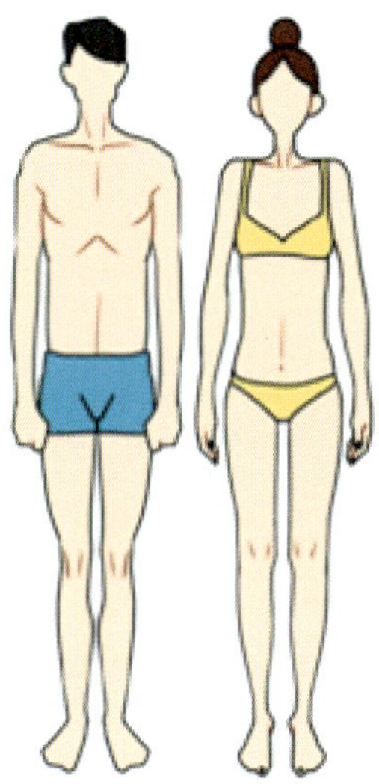	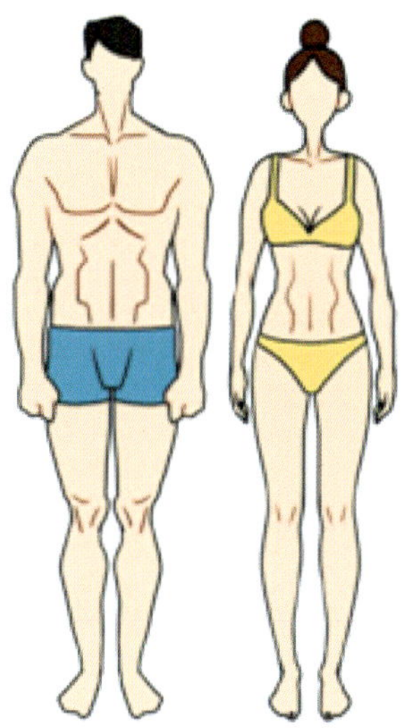	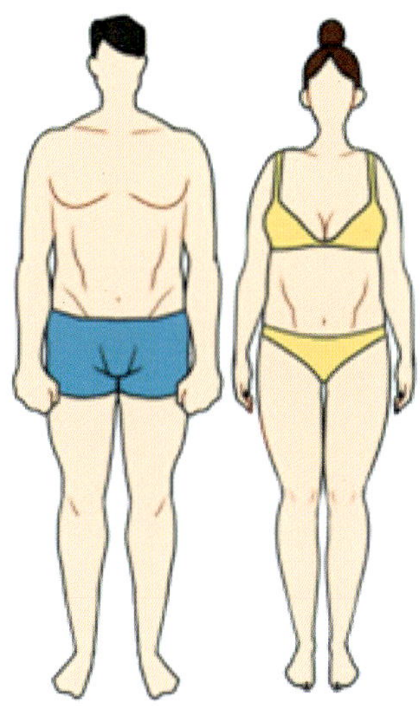
• 좁은 엉덩이와 쇄골 • 작은 관절(손목/발목) • 얇은 체구 • 긴 팔다리 • 피부와 신경이 발달	• 넓은 쇄골 • 좁은 허리 • 얇은 관절 • 길고 둥근 복부 근육 • 근육이 발달	• 뭉툭한 체형, 두꺼운 흉곽 • 넓고 두꺼운 관절 • 쇄골보다 넓은 엉덩이 • 짧은 팔다리 • 내장이 발달

출처 : 교육부(2017). 피부미용 특수관리(LM1201010221,22,23,24,25,26,27). 세종: 한국직업능력개발원 [그림 4-1] 체형의 특징

<table>
<tr><th>판정</th><th>비만도</th><td rowspan="9">표준체중(KG) = (신장cm －100) × 0.9
비만도(%) = (현재체중/표준체중) × 100</td></tr>
<tr><td>저체중</td><td>80미만</td></tr>
<tr><td>경한저체중</td><td>80이상 90 미만</td></tr>
<tr><td>정상체중</td><td>90이상 100 미만</td></tr>
<tr><td>과체중</td><td>110이상 120 미만</td></tr>
<tr><td>경도비만</td><td>120이상 130 미만</td></tr>
<tr><td>중등도 비만</td><td>130이상 150 미만</td></tr>
<tr><td>고도비만</td><td>150이상 200 미만</td></tr>
<tr><td>위험한 비만</td><td>200이상</td></tr>
</table>

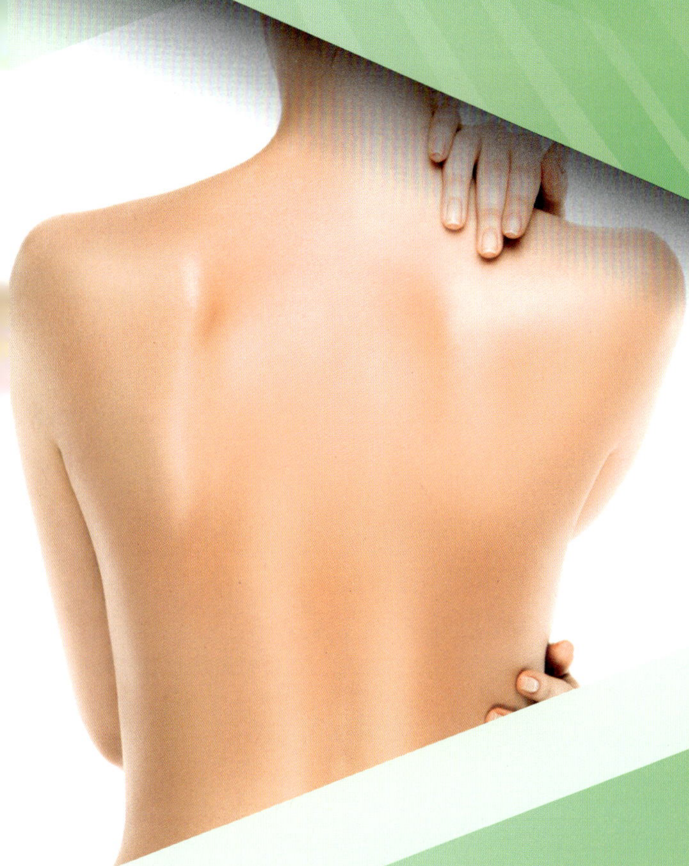

PART Ⅰ
상체관리 이론

PART Ⅰ

상체관리 이론

Chapter 1 인체 분석

인체는 세포의 생존을 위해 적정온도와 균형있는 산소공급, 영양공급이 필요하다.

인체가 생명유지를 위해 항상 적절한 환경을 유지하려는 생리적인 현상을 항상성(Homeostasis) 이라고 한다.

인체는 항상성에 의해, 체온을 조절하는 뇌의 시상하부에 전달하여 더우면 땀이 나서 체온을 떨어뜨리고, 추우면 혈관을 수축하여 땀이 흐르지 못하게 하고, 근육을 수축시켜 떨리게 하여 온도를 상승시켜 체온을 유지한다.

혈압, 혈중산소, 심장박동, 혈당 등을 정상적으로 유지하고자 하는 것도 인체의 항상성에 의해 신경과 내분비로 조절되고 있다.

시상하부는 대부분의 내분비샘을 조절하고 있으며, 배고픔, 갈증, 체액의 균형, 체온조절 등 인체의 생리현상을 조절한다.

1. 오장육부(육장육부)

우리 몸의 주요장기는 오장에 속하는 심장, 간, 비장, 폐, 신장과 오부에 속하는 소장, 담, 위, 대장, 방광으로 나누며, 삼초를 합하여 오장 육부라 하고 심포를 합하여 육장 육부라 한다.

우리 몸은 자신의 상태를 여러 가지 방법으로 표현하여, 좋은 상태와 좋지 않은 상태를 구별하여 어떤 상태인지 알아주기를 바란다.

색깔의 변화나 두께의 변화, 혈관의 상태, 모공의 상태, 각질의 상태, 손톱의 상태, 눈이나 입술의 상태 등 다양하게 변화가 일어난다.

우리는 우리 몸의 각 장기의 상태에 따른 피부의 변화에 대해 바로 인지할 수 있도록 장기의 기능에 대해 올바로 알고 대응할 수 있어야 하겠다.

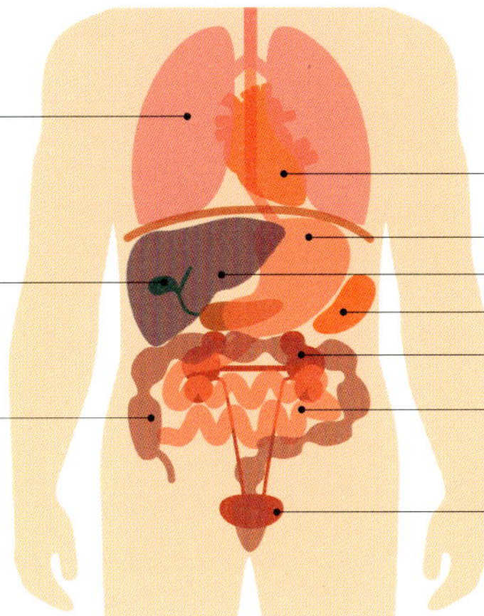

1. 간(Liver)

간은 횡격막 아래 복강 오른쪽 옆구리 쪽에 있으며, 체중의 2%로 약 1.5kg 정도 되며, 가로 20cm, 위아래 16cm, 앞뒤가 12cm로 우리 몸에 있는 기관 중 뇌와 함께 가장 큰 기관이다.

(1) 간의 기능

① 혈액의 저장과 조절

② 기의 소통을 원활히 조절

③ 소화기능 촉진

④ 심리활동 조절

⑤ 손톱의 두께와 색상에 관여

⑥ 탄수화물, 단백질, 지질대사

⑦ 쓸개즙생산, 해독작용

(2) 간의 상태

① 간의 기능이 좋으면 근육의 기능도 좋으며 손톱도 윤택하고 핑크빛이며 두께도 알맞으나 간 기능이 저하되면 손톱이 울퉁불퉁해지고 색이 어두워진다.

② 간은 눈 기능에 가장 중요하게 관여한다. 간의 기능이 좋으면 눈의 기능이 좋아진다. 간에서 열이 올라오면 눈이 피곤해지고 충혈되며 눈꼽이 낀다. 눈물이 비정상적으로 흐르거나 눈에 문제가 생기면 간 기능을 체크해 본다.

③ 간 기능이 떨어지면 옆구리가 비대하여 답답하고, 마음이 울적하며 의심이 많아지고 일시적으로 판단이 흐려지고, 화를 잘 내고 과격해지며, 근육이 무력해져 탄력이 저하된다.

④ 간 기능이 떨어지면 잠을 잘 못자며, 악몽을 꾸거나 불안하고, 잠꼬대 등이 나타나고 지루성피부가 되며 화농성 여드름이 유발될 수 있다.

⑤ 간에 이상이 있으면 피부에 기미가 발생하며, 얼굴과 목덜미가 붉어지고 눈 주위나 콧등이 푸른색이 된다.

(3) 간과 맛, 색

신맛을 적당히 섭취하면 간 기능을 도울 수 있으나 과다섭취 시 근육위축과 입술이 마르고 비장을 상하게 된다. 간 기능이 저하되면 콧등과 눈 주위에 푸른 빛이 돈다.

(4) 간의 기능저하

간 기능 저하	눈 피로, 충혈, 눈꼽 낌, 옆구리 비대, 근육무력, 수족 떨림, 지체마비, 손톱이 약해지고 굴곡생김, 탄력저하, 지루성 피부, 화농성 여드름, 기미(색소침착)
간과 관련된 맛	신맛
간과 관련된 색	청색

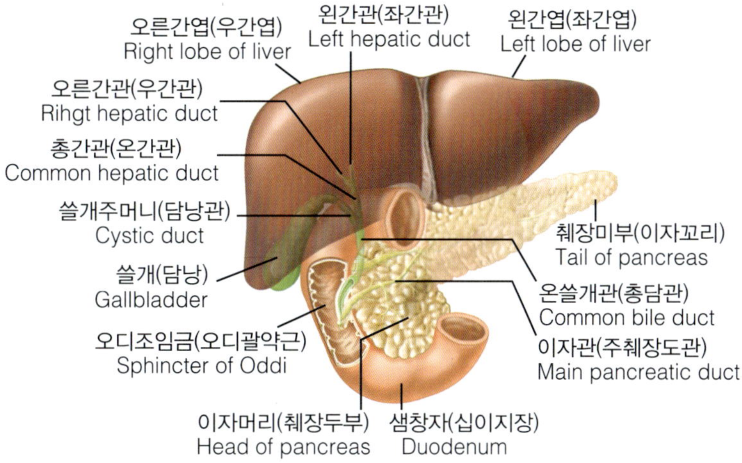

그림 1-1 간의 구조

2. 담낭(Gallbladder)

담낭은 간에 붙어 있는데 오른쪽 상복부 간 바로 아래에 위치하며, 배(pear)와 같은 모양으로 속이 빈 주머니 형태이며 길이는 약 7~10 cm이고, 50 ml 정도의 액체를 포함할 수 있다. 담낭은 크게 세 부분으로, 간과 연결된 간관(cystic duct), 몸체(body), 그리고 십이지장과 연결된 총 담낭관(common bile duct)으로 나눌 수 있다.

(1) 담낭의 기능

간에서 생성된 담즙은 총 담낭관을 통해 담낭으로 들어와 바로 분비되거나 농축되고, 몸체 부분은 근육층으로 이루어져 있다. 십이지장과 연결된 부분은 괄약근으로 되어있어 분비자극을 받으면, 괄약근의 운동을 통해 십이지장으로 담즙이 흘러들어간다.

① 담낭은 담즙을 저장, 배설

② 지방분을 소화하고 흡수를 돕는다.

③ 체액의 평형을 유지한다.

(2) 담낭에 좋은 음식

① **사과** : 섬유질, 비타민 C, 무기질, 칼륨, 폴리페놀 성분이 함유되어 있어 영양이 풍부하여 성인병을 예방한다.

② **미역** : 카라기닌 성분은 항암작용이 강하다.

③ **양배추** : 비타민 C·U·K도 항암효과와 골다공증 예방 효과가 크다.

④ **고구마** : 비타민 A·C·E, 미네랄이 항암효과와 활성산소 제거효과가 크다.

⑤ **익힌 토마토** : 리코펜 성분은 항암효과가 크다.

⑥ **매실** : 담즙분비를 촉진하고 담석을 방지하는 효과가 크다.

⑦ **율무** : 담낭의 결석을 녹여주고 항암효과, 염증 완화효과, 혈당을 내려주며 항산화 효과가 크다. 그 외에도 피망, 감귤류, 녹색채소, 콩, 팥류, 견과류, 두부, 명태, 고등어 등도 좋다.

(3) 담낭에 좋지 않은 음식

오징어, 문어, 새우, 버터, 마가린, 식물성기름, 땅콩기름, 빵, 파스타, 고지방음식, 가공식품 등 콜레스테롤이 높은 식품, 술, 담배, 카페인, 탄산음료 등

(4) 담낭의 기능 저하

담낭의 기능 저하	피부에 기미 등 색소침착이 일어나고 지루성피부가 되기도 하며 탄력이 저하된다.

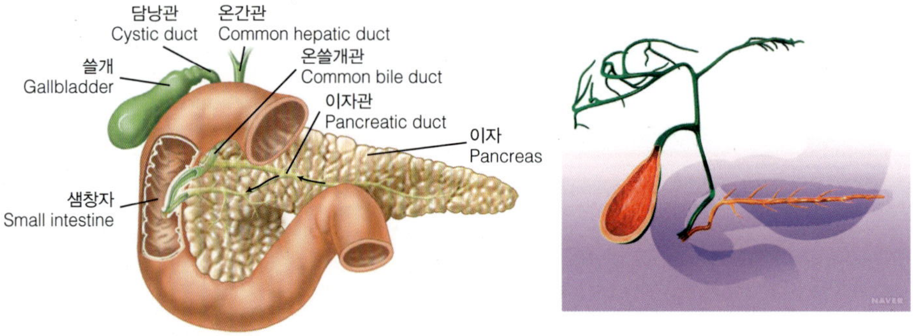

그림 1-2 담낭의 구조

3. 심장(Heart)

심장은 폐관의 하부, 횡격막의 상부, 척주 5번에 부착되어 있으며 성인은 350~600g이며 남자가 여자보다 조금 더 무겁다. 심장은 정신의 중추이며 생명활동을 통제한다. 심장은 즐거움을 표현하는 장기로 심장의 기능이 정상이면 마음이 편하고 온유하며 몸도 건강하다.

(1) 심장의 기능

① 혈액 속의 산소와 영양물질을 전신의 기관이나 조직에 공급
② 노폐물인 이산화탄소를 폐로 운반
③ 혈액, 혈관과 정신활동을 주관

(2) 심장과 맛

심장은 쓴맛과 관계가 있다.
쓴맛을 적절히 섭취하면 심장기능을 도와줄 수 있다. 쓴맛을 너무 많이 섭취하면 피부가 거칠어지며 털이 빠지고 뼈가 약해질 수 있다.

(3) 심장과 색

심장과 관련된 색은 적색이며 심장에 이상이 생기면 얼굴과 혀가 붉어지고 신경성의 화농성여드름이 발생한다.

(4) 심장의 기능 저하

① 미각에 문제가 발생하며 발음에 이상이 생겨 의사소통이 어려워진다.
② 땀은 혈액과 함께 심혈관에 속해 있어서 땀을 많이 흘리면 혈액이 손실되고, 수분이 줄어든다. 지나치게 땀을 흘리면 생명이 위급해질 수 있다.
③ **심장이 안정되면** : 피부색도 안정되고, 광채가 나고 땀과 피지가 알맞게 분비되어 피부가 윤택하다.

④ **심장에 열이 있으면 :** 피부가 붉어지고 염증성 여드름이 발생되며 수분이 증발되어 피지막이 잘 형성되지 못해 예민성 피부가 되고 화농성 여드름이 발생된다.

심장기능 저하	피부가 붉어지고 거칠어지며 신경성 여드름 발생, 예민, 미각이상, 탈모, 뼈가 약해짐 등
심장과 관련된 맛	쓴맛
심장과 관련된 색	적색

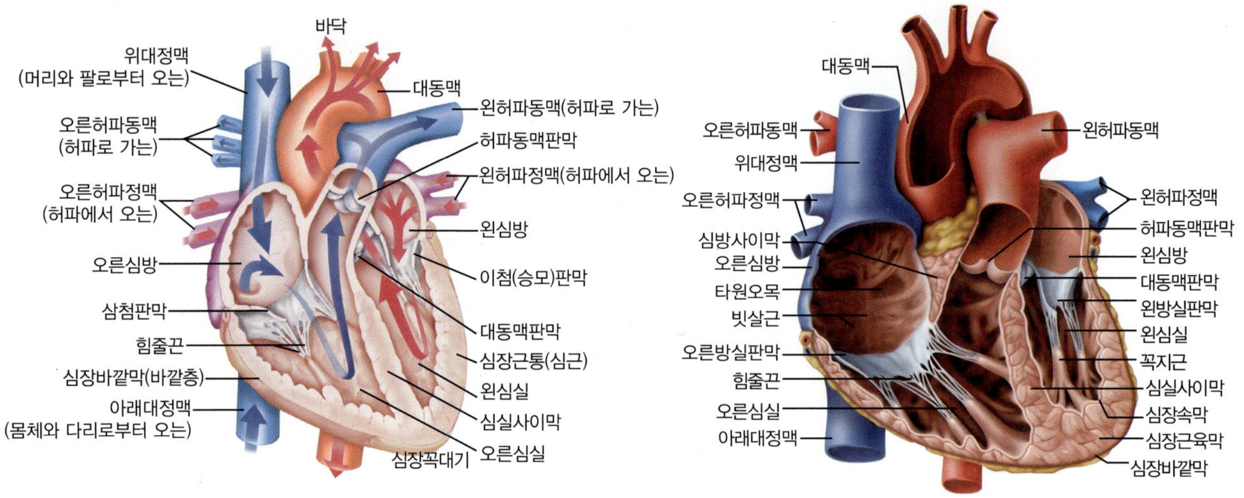

그림 1-3 심장의 구조

4. 소장(small intestine)

소장은 위와 대장 사이의 6~7m에 이르는 소화관으로 소화운동을 하면서 영양분을 소화·흡수하는 중요한 부분이다. 소장은 위로부터 십이지장, 공장, 회장으로 구분된다. 십이지장과 공장의 내면 점막에는 수많은 주름이 있는 융모라고 하는 것이 있는데, 이 융모 사이의 장선으로 장액을 분비한다. 회장에는 주름이 적다.

(1) 소장의 기능

① 운동기능·분비기능·흡수기능의 세 가지가 있다.

② 섭취한 음식물을 분리하여 흡수와 배설로 나누어 찌꺼기는 대장으로 보낸다.

(2) 소장의 기능 저하

소장기능 저하	• 대장으로 배설이 잘 되어 복부에 가스가 차고 팽만하여 무기력해지고 압통이 생긴다. • 이마, 귀밑, 턱선, 코 옆쪽에 여드름이 발생하기도 한다.

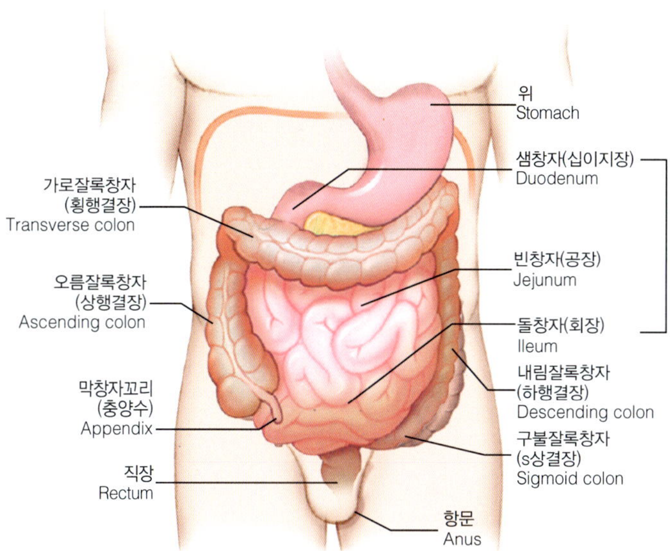

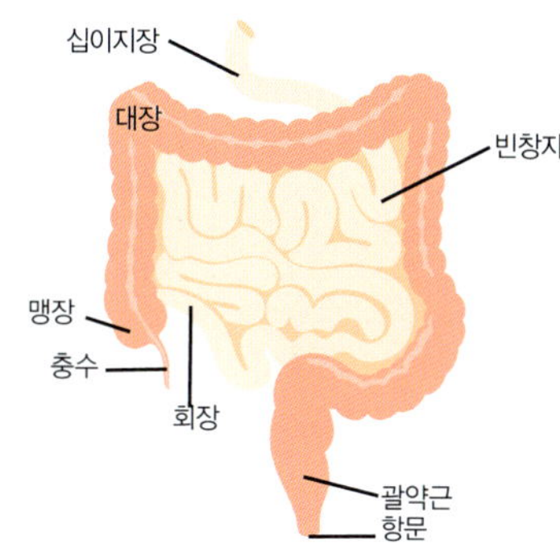

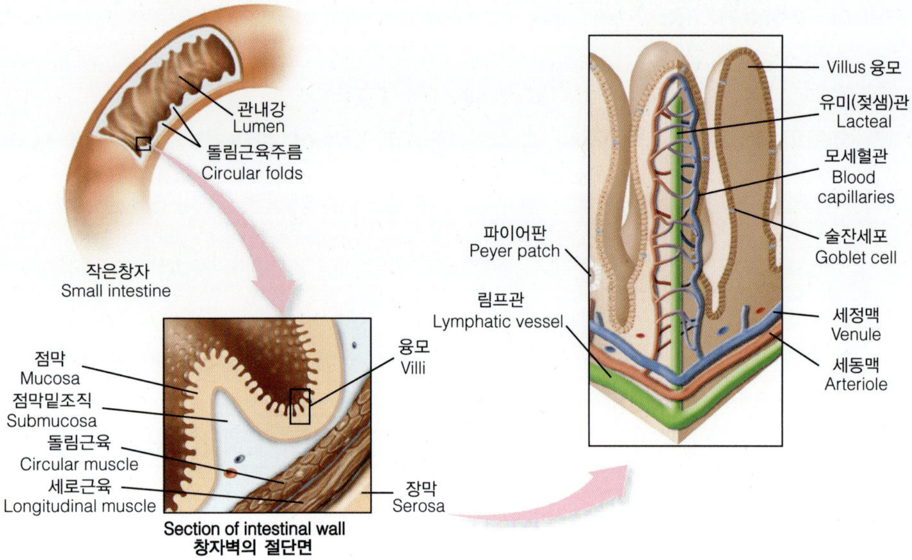

그림 1-4　소장의 단면

5. 비장(Spleen)

비장은 왼쪽 복강 위 횡격막 아래 갈비뼈가 끝나는 부위에 위치한 타원형의 커다란 이차림프기관으로 위와 신장(콩팥)에 붙어 있으며 오목한 형상을 하고 있다. 일반적으로 췌장과 비장을 합해 비장이라고 하고 비장은 이자라고도 한다. 약 200g 정도이고, 길이는 약 12cm 정도이며 편편하고 둥근모양으로 얇은 피막에 쌓여 있다.

(1) 비장의 기능

① 적혈구를 파괴하여 혈색소를 유리시키고 태생기 및 신생아기에는 새로운 적혈구를 조성한다.

② 혈액의 저장소 역할을 하며 림프구와 형질세포를 생산한다.

③ 상처 부위에서 조직의 재생을 돕고, 항체를 생성한다.

④ 커다란 림프절이라고 할 수 있으며 순환계 및 면역체계에 있어 매우 중요한 역할을 한다.

⑤ 오래된 적혈구를 제거하며, 혈액의 구성 성분인 철분을 재활용하고, 출혈 시 혈액을 재생산할 수 있도록 하며, 항체에 둘러싸인 박테리아나 적혈구를 제거하여 혈액을 걸러주는 필터로서의 역할을 한다.

⑥ 위장에서 소화된 것을 재소화, 흡수과정을 거쳐 인체에 이용 가능한 물질로 변화시켜 조직, 장기에 수송한다.

(2) 비장과 맛

비장과 관련된 맛은 단맛이다.

단맛을 적절히 섭취하면 비장의 기능이 잘 유지될 수 있으나, 단맛의 과다섭취는 비장 옆의 신장기능에 이상이 와 뼈가 아프고 탈모를 유발할 수 있다. 비장은 오미(五味)를 알 수 있다.

(3) 비장과 색

비장과 관련된 색은 황색이다.

비장의 기능이 약화되면 얼굴색이 누렇게 되고 입술색이 엷어진다.

(4) 비장기능의 문제

① 비장의 기능이 저하되면 자주 울렁이고 매스꺼움을 느낀다.

② 몸에 찌꺼기가 잘 생겨서 가래 등이 많이 생기기도 한다.

③ 비장은 위장에서 소화된 영양소를 운반하므로 비장기능이 떨어지면 소화가 잘 안 된다.

④ 비장이 약해지면 복부가 더부룩하게 팽창하고, 수액이 몸에 머물러 부종이 된다.

⑤ 수액이 장에 머물면 설사를 하고, 위장에 머물면 꾸르륵 소리가 나며, 몸에 고이면 담이 생긴다.

⑥ 비장이 약한 사람은 피로감, 권태감, 무기력증에 시달리며, 몸이 마르고 영양장애 등 증상이 나타난다.

⑦ 비장이 약하면 사지가 저리고 마비감을 느끼며, 몸이 붓고 무겁다.

⑧ 비장이 약하면 입술이 창백해지고, 입안이 텁텁하고 단내가 나고 입맛이 없으며, 침이 많아진다.

⑨ 비장은 피를 총감독하는 작용이 있어 비장이 약하면 피하출혈로 부딪치지 않아도 멍이 들고 대변 출혈이나 자궁출혈을 하기도 한다.

⑩ 비장은 수분과 영양을 운반하므로 비장기능에 문제가 생기면 몸에 있는 수분이 제대로 순환되지 않아 부종, 살이 찌거나 많이 빠진다.

⑪ 비장의 기능이 저하되면 전신에 영양공급이 잘 되지않아 여위고 사지에 힘이 없으며, 비장의 기능이 항진되면 식욕이 좋아져 비만이 될 수 있다.

⑫ 비장이 정상적이면 입술에 생기가 돌고 아름다우며, 비장에 이상이 있으면 입술색이 누렇게 된다.

⑬ 생각이 많으면 비장이 영향을 받아 셀룰라이트가 형성되어 견갑하부와 허벅지의 비대로 몸매의 균형이 깨어져 비만이 오게 되며, 얼굴도 복합성 피부가 되어 볼과 콧망울에 화농성 여드름과 피지 과다분비로 블랙헤드가 발생된다.

⑭ 비립종, 눈밑 처짐, 눈꺼풀 염증, 피부탄력 저하, 안면부종, 얼굴 붉어짐, 변비로 인한 피부 트러블이 유발된다.

⑮ 팔다리의 부종성 비만, 상·하복부 비대 및 늘어짐, 늑간부위 비대, 둔부늘어짐, 서혜부 경결, 허리 굵어짐, 흉부 피부이상, 가슴 위축·비대 등이 나타난다.

⑯ 비장을 제거하면 감염성 질병에 약해지고, 유아·청소년기에 비장을 잃으면 패혈증에 걸리기 쉽다.

비장기능 저하	복부 더부룩, 메스꺼움, 가래, 안면 및 팔다리 부종, 늑간부위 비대, 소화장애, 피로감, 권태감, 무기력증, 사지가 저리고 마비감, 피하출혈, 멍, 복합성피부, 눈밑 처짐, 눈꺼풀 염증, 화농성 여드름(콧망울), 복부비대 등
비장과 관련된 맛	단맛
비장과 관련된 색	황색

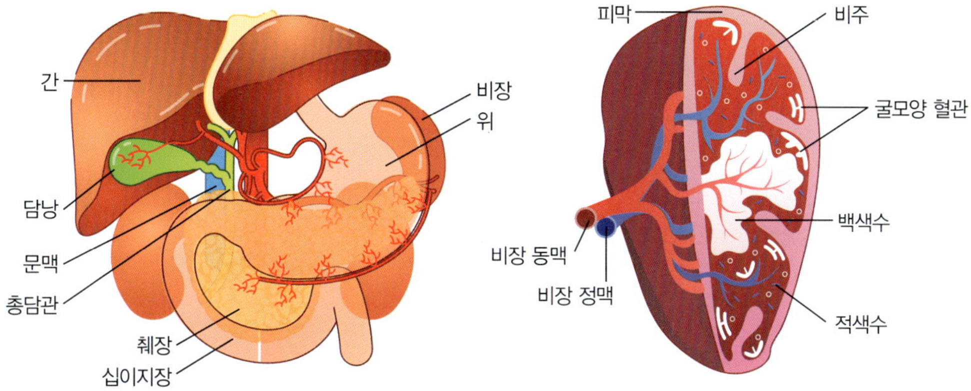

그림 1-5 비장의 구조

6. 위장(Stomach)

위장의 용량은 약 1,500cc이며, 한국인 성인의 평균용량은 남자가 1,407cc, 여자가 1,275cc 정도이다

(1) 위장의 기능

① 음식물을 일시적으로 저장하면서, 소화가 시작된다.

② 위의 내벽세포에서 펩시노겐과 염산을 분비한다.

③ 염산은 강한 산으로 음식물에 섞여있는 세균과 미생물을 없애준다.

④ 펩시노겐을 활성화하여 펩신을 만들어 단백질을 분해하는 소화가 일어난다.

⑤ 내벽에서 뮤신이 분비되어 위에서 분비되는 강한 산과 소화효소로부터 위를 보호한다.

⑥ 음식물 속의 영양분을 분해하여 연동운동으로 소장으로 내려 보낸다.

⑦ 위의 운동은 교감신경과 미주신경에 의해 조절되며 정신적인 스트레스의 영향을 받는다.

(2) 위장의 색

위장과 관련된 색은 노란색이다.

(3) 위장과 맛

위장과 관련된 맛은 단맛이다.

(4) 위장의 기능 저하

위장기능 저하	• 눈 밑이 처지고 눈가주름이 생긴다. • 입이 헐고 갈라지며 입꼬리가 처지고, 입주위에 색소침착이 생긴다. • 미간부위와 턱선 여드름, 화농성 여드름이 발생하고, 안면 붉어짐, 모공확장, 피부예민, 피부알레르기, 복합성피부, 얼굴색이 누렇게 된다. • 턱밑에 살이 많아지며 얼굴선이 불균형해지고, 목주름, 목·어깨가 비대해지고, 볼이 늘어진다. • 셀룰라이트성 비만으로 허리가 굵어지고 복부가 늘어지며, 하지, 상·하복부, 등부위가 비대해진다. • 안면근육과 서혜부, 대퇴부 등 다리가 경직된다. • 발에 열이 나거나 냉하고, 다리·발부종이 생긴다.
위장과 관련된 맛	단맛
위장과 관련된 색	노란색

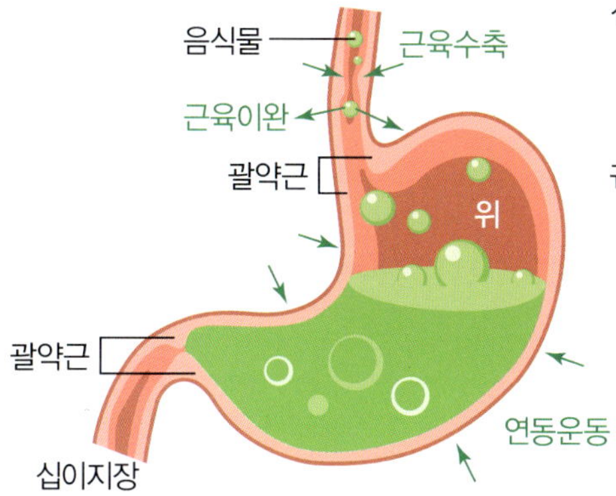

그림 1-6　위의 구조

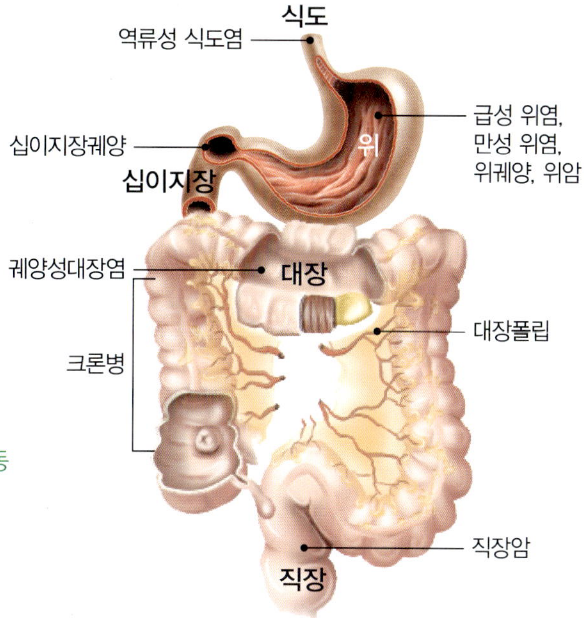

그림 1-7　위에서 발생하는 여러 질병들

7. 폐(Lungs)

폐는 허파라고도 하는 호흡기이며 숨을 쉬는데 필요한 장기이다.

폐의 구조는 가슴 속에 좌우 한쌍, 포도알처럼 생긴 폐포는 직경 2~3mm로 3~5억 개쯤 된다.

기도는 산소가 공기를 통해서 폐속으로 들어가는 통로이며 몸에서 생성된 이산화탄소를 외부로 배출하는 통로다. 코와 연결된 비강, 입과 연결된 구강, 후두, 기관, 기관지로 구성되어 있다. 기도의 끝부분은 기관지로 나뭇가지 모양이며 더 가는 세기관지, 폐포로 이어진다.

폐포는 작은 공기주머니로 성인의 경우 약 3억 개가 있고 산소와 이산화탄소의 교환이 일어나는 곳으로 모세혈관으로 싸여있다.

(1) 폐의 기능

① 공기 중의 산소를 혈액에 공급해 주고, 혈액이 운반한 이산화탄소를 몸 밖으로 내보내는 가스 교환(Gas exchange)이 폐의 허파꽈리(폐포)에서 이루어진다.

② 사람이 한 번에 호흡하는 공기의 양은 약 0.5~1ℓ이며 하루에 대략 1만ℓ 정도의 공기를 이용한다.

③ 폐가 공기를 최대한 흡입할 수 있는 양, 폐활량은 3.5~4.5ℓ쯤 된다.

④ 폐기능은 청소년기를 지나며 점점 증가하다가 25세쯤부터 조금씩 감소한다.

⑤ 폐는 수소이온을 조절하고, 동맥에 투여된 생화학적 활성물질과 약물을 조절하며, 정맥에서 생성된 혈전(血栓)을 걸러낸다.

⑥ 폐는 심장을 감싸는 형태로 발달하여 충격으로부터 심장을 보호하는 완충작용을 한다.

(2) 폐에 좋은 음식

녹차, 브로콜리, 생강 등이며 폐와 관계있는 맛은 매운맛으로, 매운맛을 적당하게 섭취하면 폐기능이 상승된다.

(3) 폐와 색

폐와 관련된 색은 흰색이다.

폐기능이 약해지면 얼굴이 창백해진다.

(4) 폐 기능의 저하

폐 기능의 저하	• 피지의 분비가 적어져 피부가 건조해지고 민감해져 알러지 반응이 생길 수 있다. • 피부가 얇아지고 모세혈관이 드러나 보이며, 털이 윤기를 잃고 약해진다. • 여드름, 민감성피부, 피부건조, 피부 거칠어짐, 피부 처짐, 눈이 붉어짐, 땀이 많아진다. • 머리가 아프고 몸에 열이 나며, 턱이 붓고 굳어진다. • 손바닥에 열감이 있고 손목의 관절에 이상이 오며, 손바닥, 손가락이 아프고 엄지손가락이 잘 움직이지 않는다. • 가슴 처짐, 견갑부위가 굳어지고 통증이 있으며, 팔이 저리고 사지에 부스럼이 생긴다. • 폐에 이상이 생기면 코로 냄새를 맡을 수 없고, 콧물이 많이 나오며, 음성이 탁해지는 등 문제가 생긴다.
폐와 관련된 맛	매운맛
폐와 관련된 색	흰색

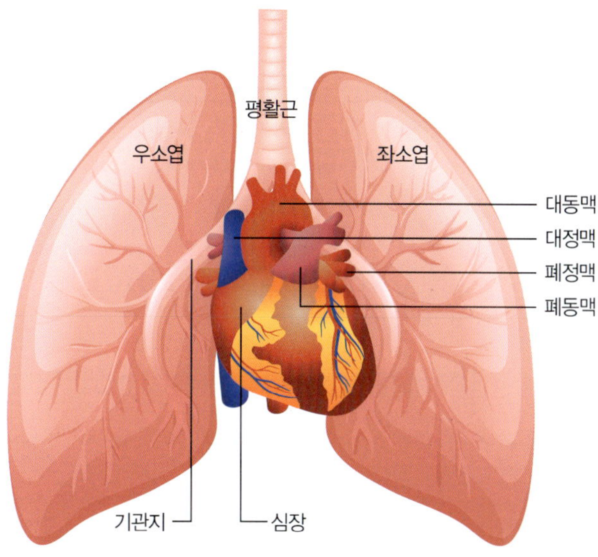

그림 1-8 폐의 구조

8. 대장(large Intestine, Colon)

대장은 소화관의 제일 끝부분으로 우측 장골와에서 시작하여 맹장, 결장(상행 결장, 횡행 결장, 하행 결장, S상 결장), 직장으로 나누어져 있다. 사람의 대장은 소장과 연결되어 있고 오른쪽 허리에서 시작되어 1.5m 정도의 길이로 전체 장의 5분의 1 정도이다.

(1) 대장의 기능

소장 다음에 이어지는 소화관으로 음식물의 수분 흡수, 소화되지 않은 음식물 찌꺼기 저장, 배출을 담당하고 있다. 음식물의 분해 과정은 전혀 이루어지지 않으며 대장에 서식하는 세균(bacteria)들이 생산하는 여러 가지 물질을 흡수하기도 한다. 대장은 소장에서 받아들인 음식물이 대장에 이르러 대장 내에서 12~25 시간을 보내게 되고, 소화과정 중 수분을 흡수하고, 대변으로 변화하여 찌꺼기가 항문을 통하여 배출된다.

(2) 대장의 기능 저하

대장기능 저하	• 피부건조 및 모세혈관 확장 등 민감성피부, 얼굴이 붉어짐, 피부가려움 등 알러지 피부가 될 수 있다. • 안면여드름, 턱 부위의 염증성 여드름, 눈이 누렇고 탁해짐, 입술건조, 안면부종이 나타난다. • 코밑이 헐거나 코 주변 여드름, 뺨과 턱의 종기, 비립종, 볼 부위 경직이 될 수 있다. • 하악부종, 입 냄새, 웃을 때 입이 한쪽으로 쏠림현상이 생긴다. • 검지가 붓고 아픔, 상완부·팔꿈치 통증, 상완비대, 닭살, 경부경직, 어깨부위 비대, 습진이 나타난다. • 목이 경직되어 잘 돌아가지 않고, 어깨와 팔이 잘 올라가지 않으며, 목이 붓고 두꺼워지며 복부비만이 올 수 있다.

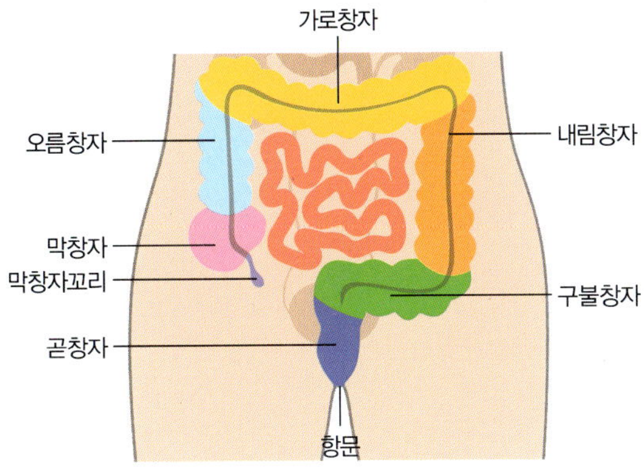

그림 1-9 대장의 구조

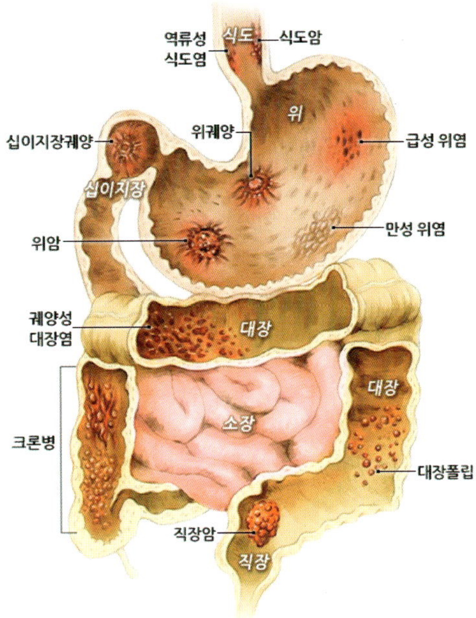

그림 1-10 대장에서 발생하는 여러 질병들

9. 신장(콩팥, Kidney)

신장은 요추 2번의 좌우에 한 개씩 등쪽에 한쌍이 있다. 길이는 약 10~14cm, 폭은 4~6cm, 두께는 2.5~3cm 정도이며 한쪽 콩팥의 무게는 120~190g으로 자신의 주먹크기 정도이다. 색깔은 적갈색으로 팥색이며 형태는 강낭콩 모양이다

(1) 신장의 기능

신장은 혈장성분을 제거 또는 추가하는 기능을 한다. 신장의 기능이 좋으면 근육, 뼈가 튼튼해지고 모발이 윤택하다. 땀, 침, 눈물, 콧물 등은 신장에서부터 시작된다.

① 혈장과 간질액 등 세포외액을 조절하여 소변을 만들어 불필요한 수분을 체외로 배설한다.
② 전신의 물의 대사에 관여한다.
③ 삼투압(농도)을 조절한다.
④ 산, 염기의 균형을 조절한다.(pH조절)
⑤ 조혈촉진호르몬에 의한 조혈작용을 한다.
⑥ 혈압을 조절한다.(혈액량조절)
⑦ 비타민 D 활성화와 칼슘의 흡수에 영향을 준다.
⑧ 정(精)을 저장하며 생장, 발육, 생식을 주관한다.

(2) 신장과 맛

신장과 관련된 맛은 짠맛이다.

짠맛을 적당히 섭취하면 신장의 기능을 도울 수 있으나 과다 섭취하면 고혈압 등을 유발할 수 있다.

1) 신장에 좋은 음식

① 노폐물 배설을 돕고 부종을 방지하는 미역
② 혈액 속의 독소를 제거하여 피를 맑게 하는 양파
③ 부종방지를 돕는 검은콩
④ 불포화지방산이 풍부하고 혈압을 낮춰주고 신진대사와 비타민, 미네랄 공급, 안토시아닌과 항산화성분이 풍부하고, 이뇨작용과 소화를 돕는 음식들 : 고등어, 토마토, 수박, 아스파라거스, 호박, 오이, 팥, 마늘, 아로니아, 블루베리, 밤, 배, 달걀흰자 등

2) 신장 기능저하 시 주의해야 할 음식

① 칼륨이 많은 정제염이나 소시지, 육포 같은 나트륨이 많은 식품
② 우유나 치즈 같은 유제품

③ 당분과 인의 함량이 높은 말린과일

④ 인산염이 많은 탄산음료나 카페인, 밀가루, 알코올 등(과량섭취 시 혈중칼륨농도를 높혀 근육쇠약, 부정맥, 심할 경우 심장마비 주의)

3) 신장과 색

신장과 관련된 색은 흑색이다.

신장의 기능에 이상이 있으면 얼굴이 검어지고 눈 주변, 입 주변, 볼 뼈 아래, 무릎과 복사뼈 주변 및 허리부분이 검어질 수 있다.

4) 신장의 기능저하

신장 기능저하	• 귀와 연관되어 있어 귀가 잘 들리지 않고 이명이 생긴다. • 사고력이 둔화되고 기억력이 감퇴되어 건망증이 생기며 시력이 저하된다. • 머리카락이 가늘어지고 건조하며 탈락된다. • 얼굴에 주름, 색소침착이 생기고 신진대사 둔화, 눈 주변, 손, 발 부종, 부종에 의한 비만이 발생될 수 있다. • 침 감소, 피부 거칠어짐, 버짐이 나타나기도 한다. • 뼈 약화, 허리 결림, 굽어짐, 굵어짐, 피로하여 사지에 힘이 없고 다리가 벌어진다.
신장과 관련된 맛	짠맛
신장과 관련된 색	흑색

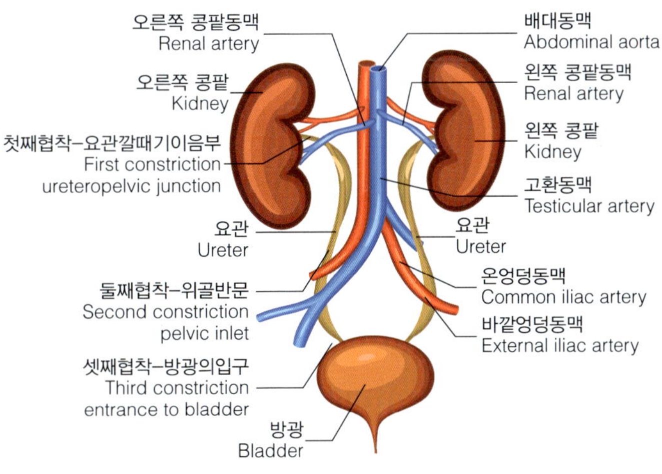

그림 1-11 신장(콩팥)

10. 방광(urinary bladder)

방광은 근육으로 이루어진 주머니와 같은 기관이다. 정상 성인은 400~500cc 정도까지의 소변을 저장할 수 있다. 소아의 방광은 치골 위쪽에 위치하고, 성인의 방광은 골반에 위치한다. 방광은 위로는 신장에서 내려오는 요관이 연결되고 아래쪽으로는 요도가 연결된다.

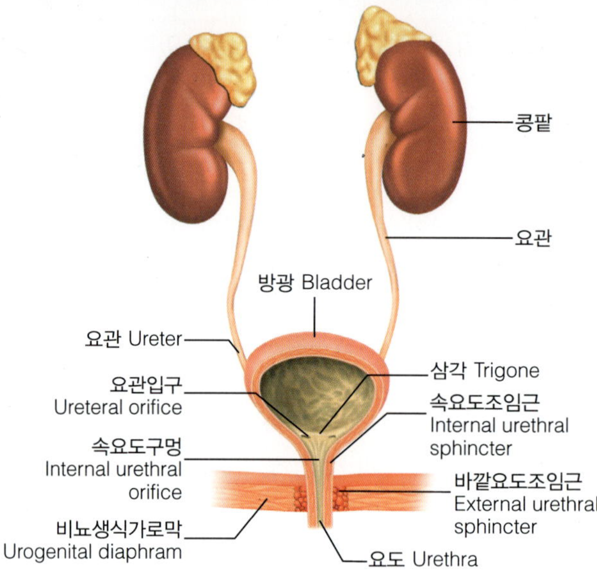

그림 1-12 방광의 구조

(1) 방광의 기능

방광의 주요 기능은 소변을 저장하고 배출하는 것이다.

방광 기능저하	• 얼굴에 탄력이 없어져 주름이 생기고 눈 주변이 검어진다. • 모발이 가늘어지고 푸석푸석하게 윤기 없이 상하게 된다. • 얼굴, 손발 혹은 다리가 붓고 골다공이 나타난다. • 부종에 의한 비만과 노화피부가 될 수 있다.

오행	목	화	토	금	수
오장(음)	간장	심장	비장	폐	신장
오부(양)	담낭	소장	위장	대장	방광
오기	풍	열	습	조	한
오관	눈	혀	입	코	귀
오지	노함	기쁨	우울	슬픔	두려움
오체	근	혈	육	피모	뼈(골수)
신체	신경계	순환계	근육계	조직계	혈액계
오시	아침	낮	한낮	저녁	밤
오미	신맛	쓴맛	단맛	매운맛	짠맛
오색	청녹	적, 홍	황	백, 회	검, 보
오계	봄	여름	환절기	가을	겨울
오방	동	남	중앙	서	북
오취	누린내	불 냄새	단내	비린내	썩은 내
증상부위	손톱	얼굴	입술	솜털	머리카락
역할	운동	순환	소화	호흡	배설, 생식

11. 심포

오장에 심포를 더하면 육장이 된다.

심포는 한의학에서 심장을 싸고 있는 바깥막 즉 기혈이 지나는 통로이며 낙맥이 연결되어 있고 심장을 보호하며 심장의 기능을 돕는 작용을 하는 장기이다.

12. 삼초

삼초는 해부학적으로 무형의 장기로 한의학에서 오장육부 중 육부에 해당하며 상초, 중초, 하초로 나눈다.

(1) 삼초의 위치

① **상초** : 심장·폐를 중심으로 한 흉부로 위장의 분문에서 혀밑까지, 가슴과 횡경막 위, 머리, 심장, 폐를 포함하며, 식도를 따라 상행하여 가슴속에 퍼진다.

② **중초** : 비장·위장·간장 등을 중심으로 하는 복부로 횡경막 아래 배꼽위, 위의 분문에서 유문까지로 윗배와 비장, 위장을 포함한다. 횡격막과 S장결장의 사이가 소화기의 영역이며 중초이다.

③ **하초** : 신장·방광 등을 포함하는 하복부로 배꼽아래 아랫배와 성기를 포함, 위의 유문에서 요도와 항문까지로 배꼽 아래 하복부, 간, 신장, 대장, 소장, 방광 등의 장기를 포함한다.

(2) 삼초의 기능

진액을 기화시키는 것과 인체의 수분을 잘 통하게 하는 것이다.

몸에서 기와 혈액순환을 촉진하며 음식물을 소화시켜 영양물질을 몸 전체에 운반하며 수분의 통로가 잘 통하게 하는 기능을 한다.

① **상초** : 음식물을 받아들이고 소화하며 에너지를 전신에 퍼지게 한다. 심장에 의한 혈액순환과 폐에 의한 산소공급이 없으면 영위하지 못한다.

② **중초** : 음식을 소화, 기혈을 생성하며, 영양을 흡수하여 전신조직에 공급한다.

③ **하초** : 몸의 아래부위에 있는 음식물의 찌꺼기를 대소변으로 배출시키는 배설기관으로, 음식물에서 필요한 영양과 수액을 흡수한 후 탁한 것은 대변으로, 맑은 것은 소변으로 배출시킨다. 위장의 흡수작용 부전 시는 설사, 방광기능 부전 시는 소변불통, 야뇨증 등이 생긴다.

(3) 심포 · 삼초

사람이 생명활동을 하는데 음식을 먹고 호흡해서 에너지를 만들어 세포를 생성하는 기능을 심포가 담당한다.

우리 몸이 활동을 할 때 에너지를 써서 힘을 내고 사용한 후 불필요한 물질을 배설하고, 각종 호르몬을 분비하고, 노후한 세포를 분해하여 배설하는 기능 등은 삼초가 주관한다.

인간의 생명현상, 생체에너지, 생사의 모든 문제를 심포·삼초라는 무형의 장부가 주관하고 있다.

심포와 삼초가 좋은 사람은 질병에 대한 방어력이 강하여 건강하다. 여러 가지 스트레스로 인해 면역력이 떨어지면 심포·삼초가 약해진다.

[심포·삼초에 좋은 음식]

① 떫은맛 나는 음식들

② 떫고 담백한 음식인 옥수수, 녹두, 조, 토마토, 당근, 오이, 고사리, 도토리, 명태 등

심포·삼초 기능 저하	• 근심걱정이 많아지고 신경이 예민해져 불면증으로 가슴이 답답하고 불안 초조하다. • 식은땀이 잘 나고 얼굴이 쉽게 붉어지며 체온조절이 잘되지 않아 열이 올랐다 내렸다 하고, 얼굴 표정이 굳어진다. • 신경성 질환이나 노이로제, 어깨 통증, 신진대사 불량 등이 나타나고, 목과 식도 부위가 쓰리고 아프다 • 손발이 저리고 뒷목과 어깨가 무거우며, 꼬리뼈 통증이 있다. • 만성적으로 변비나 설사가 있으며, 대·소변을 찔끔거린다.

Chapter 2

건강과 몸매관리를 위한 영양소

인체에서 가장 많은 부분을 차지하는 물, 다음으로 많은 지방, 근육과 골격을 유지하는 단백질과 무기질, 우리의 식생활에서 가장 많이 섭취하지만 대부분 에너지로 사용되고 일부를 저장하는 탄수화물, 가장 적은 양이지만 우리 몸의 대사에 꼭 필요한 비타민까지, 모두 6가지의 영양소로, 우리 신체는 우리가 먹는 음식물로 이루어져 있다.

탄수화물(당질), 지방, 단백질, 비타민, 무기질(미네랄), 물을 6대 영양소라 하며 음식물의 구성 영양소이다.

매일 섭취하는 식품에 함유되어 있는 영양소는 우리 몸의 성장과 유지, 활동 에너지를 공급해 주는데, 장기간 제대로 섭취하지 않으면 몸의 상태에 영향을 미치게 된다.

필요한 영양소를 적절히 섭취하면 최적의 영양 상태가 되고 식품의 선택이 적절하지 않으면 영양불량이나 영양과잉 상태가 되고, 여러 질병을 일으켜 삶의 질과 수명에 영향을 미치게 된다.

개인의 몸의 상태는 유전, 성별, 연령, 사회경제적, 물리적 및 생물학적인 환경, 식습관, 생활 방식 등에 달려 있다. 만성질환의 예방과 회복을 위해서도 식사, 음주, 흡연, 운동 및 스트레스 등을 잘 관리하도록 해야 하겠다.

1. 영양과 영양소

생물이 살아가는 데 필요한 에너지와 몸을 구성하는 성분을 외부에서 섭취하여 소화, 흡수, 순환, 호흡, 배설을 하는 과정이나 그것을 위하여 필요한 성분을 영양이라 한다.

영양소는 성장을 촉진하고 생리적 과정에 필요한 에너지를 공급하는 영양분이 있는 물질을 말하고 고등 동물에서는 탄수화물·지방·단백질·비타민·무기질 등이고, 고등 식물에서는 질소·칼륨·인 등을 말한다.

우리 몸은 우리가 먹은 식품으로 이루어진다. 인체의 기본단위인 세포는 6대 영양소인 탄수화물, 지질, 단백질, 무기질, 비타민 및 물로 세포의 구성과 인체의 성장, 발달, 유지, 보수에 필수적인 영양소를 공급한다.

1. 영양소의 기능

인체를 구성하는 원소는 산소가 65%로 가장 많이 차지하고 있고, 탄소 18%, 수소 10%, 질소 3% 등으로 구성되어 있다.

인체의 구성 물질은 수분이 60%로 가장 많으며, 지질 15~18%, 단백질 16%로 인체 체중의 약 94%이며, 무기질 4%, 미량의 당질, 극미량의 비타민으로 되어 있다.

(1) 신체구성 요소 및 성장 발달과 유지

인체는 식품으로부터 영양소(단백질, 지질, 무기질, 수분)를 공급받아 인체의 구성과 성장 발달 및 유지, 소모된 조직의 보수를 한다.

(2) 에너지 공급원

3대 열량 영양소인 탄수화물, 지질, 단백질은 체내에 필요한 에너지를 발생시킨다.

탄수화물과 단백질은 1g당 4kcal의 에너지를 발생하고, 지질은 9kcal의 에너지를 발생하여 체내에서 기초대사량(호흡, 체온유지, 심장박동 등)과 활동을 위한 에너지 그리고 섭취한 식품의 소화, 저장, 이동(특이동적 대사량) 등 대사과정에 이용된다.

(3) 생리적 기능조절

영양소 중에 비타민과 무기질, 물은 체내에서 영양소의 대사 및 생리기능이 원활히 이루어질 수 있도록 도와주는 역할을 한다.

열량 영양소(에너지원)	탄수화물, 단백질, 지질
구성 영양소(신체조직 구성)	단백질, 지질, 무기질, 물
조절 영양소(신체기능을 조절)	비타민, 무기질, 물

[영양소와 부족증]

신체부위	증상	관계되는 영양소
전신	게으름, 무관심함, 과체중, 저체중, 식욕부진	에너지, 단백질, 비타민 B군 등
자세, 골격	어깨처짐, 어깨빈약함, 허리굽음, 골연화증	칼슘, 단백질, 비타민D
근육	근육연약, 무기력. 근육쇠약, 부종, 관절통	단백질
신경계	주위산만, 손발지각 이상, 근육약함, 경련, 반사상실	비타민B_1(티아민), 칼슘, 비타민B_{12}
소화기관	식욕감퇴, 소화불량, 변비, 설사, 간·비장(지라)의 확장	비타민B_1, 비타민A, 단백질, 나이아신
순환계	빠른맥박(100 이상/min), 심장비대, 부정맥, 고혈압	비타민B_1

신체부위	증상	관계되는 영양소
머리카락	윤기없고 건조, 가늘고 숱 적음, 탈모, 변색	단백질, 에너지
피부	각질화, 창백, 변색, 염증, 멍	비타민A, 비타민B_1, 비타민B_{12}, 비타민B_2(리보플라빈), 나이아신, 비타민C. 단백질, 에너지
안면	눈 밑·뺨 색소침착, 코·입 주위 각질, 부스럼	철분, 비타민B_2
입술	건조, 껍질벗겨짐, 부어있음, 구각염, 구각반흔, 피 잘남, 염증, 잇몸 가라앉음	비타민B_2
구강 내	붓고 구멍, 피 잘남, 붉은색 옅음, 염증, 잇몸 가라앉음	비타민B_2, 엽산, 나이아신, 비타민C, 비타민B_{12}
혀	붓고 주황색, 혀돌기충혈, 이상비대, 돌기가라앉음	비타민B_2, 나이아신, 비타민 B_6
치아	충치, 빠짐, 표면닳음, 불규칙, 반점	불소
눈	핏발, 건조, 염증, 눈동자연함	비타민A, 비타민B_2, 철분, 비타민B_6
손톱	스푼형, 세로선	철분, 단백질

2. 6대 영양소

1. 탄수화물(당질, Carbohydrate)

탄수화물(carbohydrate)은 당질이라고 하고 우리나라 사람들이 주식으로 하는 쌀, 보리, 옥 수수, 감자, 고구마 등 식품의 대부분이 열량을 주는 풍부한 급원이며 쌀밥은 탄수화물 식품으로 중요한 역할을 해왔다. 당질은 입에서부터 소화가 시작되며 크기가 작아져 맥아당에서 최종 단위인 포도당으로 되어 소장에서 흡수된다.

당의 크기에 따라 단당류, 이당류, 소당류(올리고당), 다당류로 나누어진다.

탄수화물의 종류	
단당류	포도당(혈액), 과당(과일), 갈락토오스
이당류	엿(맥아)당 : 포도당+포도당, 자당(설탕) : 포도당+과당, 유당 : 포도당+갈락토오스
소당류	당이 3개 이상 10개 미만으로 이루어진 당 : 올리고당
다당류	당이 10개 이상 모여서 구성된 당류 : 전분, 섬유소, 글리코겐, 한천, 펙틴

그림 2-1 단당류와 이당류의 구성

(1) 탄수화물의 기능

탄수화물은 소화 흡수되어 대부분이 포도당으로 전환되어 이용되며 체내에서 중요한 기능을 한다.

1) 에너지 공급 및 혈당유지

탄수화물은 흡수율이 98%로 소화가 가장 잘되는 영양소이며 1g당 4kcal의 에너지를 공급한다. 우리는 총 에너지의 약 50~65% 정도를 탄수화물로 섭취하고 있으며, 뇌세포, 적혈구, 신경조직 등은 주로 포도당을 에너지원으로 사용하므로 꼭 섭취해야 한다.

2) 단백질 절약작용

섭취한 단백질은 신체구성이나 조직의 보수에 사용해야 하는데 주된 에너지원인 탄수화물이 부족하면 단백질이 열량으로 사용된다. 적절한 탄수화물 섭취는 단백질이 에너지로 사용되는 것을 막을 수 있다.

3) 지질대사의 조절

탄수화물이 충분히 공급되지 않으면 체내에서 단백질과 지질이 에너지 대사에 이용되어 단백질이 소모되고, 지방은 불완전 산화로 중간대사 물질인 케톤(ketone)체가 혈액이나 조직에 축적되고 혈액 내에 증가하여 케토시스가 된다. 케톤체가 많이 생성되면 숨 쉴 때 아세톤 냄새가 나고 체액을 산성화하여 피로, 식욕부진, 구토, 두통 등 증상이 나타나는 케톤증(ketosis)을 일으키는데, 인체는 케톤체를 체외로 배설하기 위해 소변량을 증가시켜 탈수가 되기 쉽고, 계속 방치하면 두뇌에 치명적인 손상이 올 수 있다.

케토시스를 예방하기 위해서는 식사 시에 탄수화물을 60%, 1일 100g 이상 섭취해야 한다.

4) 식이섬유소 공급

식이섬유소는 대부분 식물성 식품에 많이 함유되어 있는데 도정하지 않은 곡류와 콩류 및 해조류에도 다량 함유되어 있다.

식이섬유소는 체내에서 쉽게 용해, 팽윤되고 점성이 있어 만복감을 주고 소화 흡수되지 않기 때문에 대변으로 배설되어 장운동을 원활하게 하며 콜레스테롤 등의 흡수를 억제하여 동맥경화증이나 고지혈증, 대장암 등 질병예방에 유익하다.

[수용성, 불수용성 식이섬유의 종류 및 효과]

	종류	급원식품	생리효과
용해성 식이섬유	• 펙틴 • 검 • 해조다당류	• 과실류(감귤, 사과) • 두류, 귀리, 보리 • 해조류	• 만복감 부여 • 포도당 흡수지연 • 혈청콜레스테롤 농도 저하
불용해성 식이섬유	• 셀룰로오스 • 헤미셀룰로오스	• 밀, 보리, 현미 • 곡류, 채소	• 소화관 내의 체류시간 단축, 대변량 증대

그림 2-2 사과 속의 식이섬유소

5) 단맛 제공

탄수화물은 단당류, 이당류 모두 식품의 단맛을 내는 천연의 감미료이며, 그 외에도 인공적으로 합성된 열량을 내지 않는 대체감미료가 사용하고 있다. 설탕의 단맛을 100으로 했을 때 과당은 170, 전화당은 130, 포도당 74, 맥아당 33, 유당은 16이다.

(2) 탄수화물 섭취

탄수화물의 과부족섭취는 피부 조직에 영향을 미칠 수 있으므로 균형있게 섭취해야 한다. 하루 2,000kcal 섭취를 기준으로 탄수화물을 60% 섭취하면 1,200kcal이므로 4kcal로 나누면 하루 300g의 탄수화물을 섭취해야 하며, 키, 활동량, 섭취에너지에 따라 탄수화물 섭취도 달라진다.

1) 과잉 섭취

① 체질의 산성화로 피부의 저항력이 저하되어 세균 감염이 쉽게 일어날 수 있다.

② 탄수화물 대사과정에서 비타민 B_1, 비타민 B_2의 소모가 많아져 피부 건조로 접촉성피부염이 발생될 수 있다.

③ 글리코겐으로 300~400g 간에 저장되고 나머지는 지방으로 변환되어 혈액을 타고 이동하여 지방세포에 저장되므로 체지방이 증가되어 비만이 될 수 있다.

④ 알코올은 1g당 7kcal의 열량을 내므로 과잉섭취 시 음주로 인한 복부비만을 주의한다.

2) 과잉증상

비만	소비되고 남은 당이 지방으로 저장되어 나타나는 증상
유당불내증	선천적으로 유당 분해효소인 락타제(lactase)가 결핍되어 있어 우유나 유제품이 소화되지 않아 복부 경련, 배에 가스가 차는 등 증상
당뇨	인슐린이 부족하거나 효율적으로 이용되지 않아 고혈압과 당뇨가 나타나는 만성대사질환
충치	당 함량이 많고 끈적한 식품은 구강 내 잔류시간이 길어서 박테리아가 당을 발효시켜 pH4 정도의 젖산을 생성, pH5.5 이하의 산에서는 치아의 에나멜층이 녹아 치아를 파괴시키므로 충치 발생
게실증	식이섬유는 흡수되지 않고 배설되므로 수분을 함유한 변의 양이 많아 배변을 용이하게 해주고 대장 내의 노폐물을 청소하여 장건강을 도우는데, 섬유소를 적게 섭취하면 변의 양이 줄고 딱딱해져 힘을 주게 되므로 대장벽의 일부가 부풀어 게실을 형성해 장내의 노폐물이 들어가 박테리아에 의해 산과 가스를 발생시켜 염증이 유발되는 현상.

3) 섭취 부족

에너지원으로 체내의 단백질과 지질을 이용하게 되어 단백질과 지질이 소모되고 세포막 형성의 주성분인 단백질과 지질의 부족으로 피부 조직이 손상되어 피부가 거칠어지고 체중 감소와 영양부족 상태가 된다.

음식별 충치 유발지수(대한치과의사협회 발표)									
음식	탄산음료	고구마	아이스크림	초콜릿	인절미	사탕	비스킷	캐러멜	젤리
지수	10	11	11	15	19	23	27	38	46

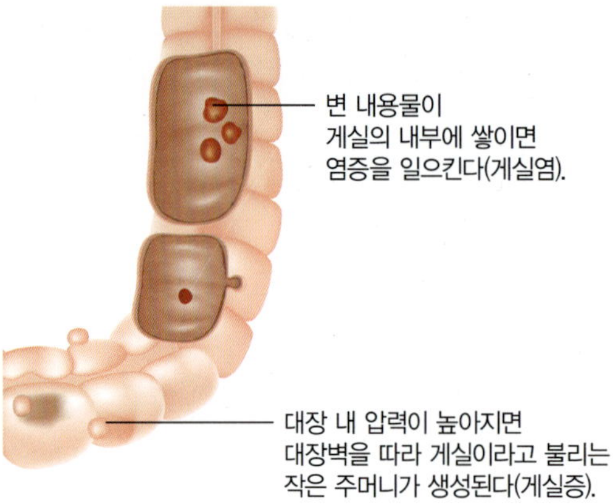

그림 2-3 게실증

2. 지질(지방, lipids)

지질은 물에 용해되지 않고 에테르, 아세톤, 알코올, 벤젠, 클로로포름 등 용매에 용해되는 탄소(C), 수소(H), 산소(O)로 이루어진 유기 화합물이다. 우리 몸의 구성성분이며, 에너지원이 되는 중요한 영양소로 지질 1g은 9kcal의 고에너지 열량원이다.

(1) 지질의 분류

지질은 식품의 급원에 따라 동물성 지질과 식물성 지질로 나누어진다. 상온에서 동물성 지질은 주로 고체이며 식물성 지질은 주로 액체이다.

1) 단순지질

지방산과 알코올의 에스테르 결합으로 중성지방과 왁스가 있으며 아세톤에 용해된다. 지질 중 탄소, 수소, 산소 이외의 원소를 함유하지 않는 것으로 중성지질이라고도 한다.

2) 복합지질

단순지질에 다른 성분이 결합된 것으로 인지질, 당지질, 지단백질이 있다. 복합지질은 대부분 클로로포름에 녹고 아세톤에 녹지 않으며 알코올·에테르·피리딘 등에는 물질에 따라 용해성이 달라진다.

① 인지질(phospholipids)

- 한 분자 내에 친수성 부분과 기름과 결합하는 소수성 부분을 동시에 가지고 있어 물과 기름을 섞이게 하는 유화기능으로 지질의 운반을 용이하게 한다.
- 인지질은 콜레스테롤과 함께 세포막의 주요 구성성분이다.
- 식품에 함유된 인지질의 대부분은 레시틴(lecithin)의 형태로 난황과 콩에 많이 들어있으며 유화력이 좋아 마요네즈, 케이크, 치즈 등 가공식품에 이용된다.

② 당지질(glycolipid)

지방산, 스핑고신(sphingosine), 당류가 결합한 것으로 동물의 뇌, 신경조직에 많이 들어 있다.

③ 지단백질(lipoprotein)

단백질을 함유한 지질로 인체에서 체내지방의 이동을 담당한다.

3) 유도지질–지방산

단순지질 및 복합지질의 가수분해산물 중에 지용성인 것으로 에테르 등의 지질 용제에 녹고 물에 녹지 않는다. 지방산, 각종 알코올, 콜레스테롤, 스핑고신이나 지용성비타민, 스테로이드 등이 여기에 속한다.

① **포화지방산**(saturated fatty acids : SFA)

지방산은 지질의 주요 구성성분으로 탄소수와 포화도에 따라 지질의 구조가 달라진다.

포화지방산은 탄소가 단일결합으로 되어 있는 지방산으로 탄소수가 증가하면 녹는점이 상승하고 물에 녹기 어렵다. 포화지방산은 상온에서 고체로 우유, 치즈의 지방, 버터 등 주로 동물성 식품에 많이 함유되어 있다. 코코넛유와 팜유는 식물성이지만 포화지방산이 불포화지방산보다 많이 함유되어 있다.

② **불포화지방산**(unsaturated fatty acids: USFA)

상온에서 액체의 형태로 융점이 낮아 소화가 잘되며 급원식품은 올리브유, 들기름, 참기름, 대두유, 옥수수기름과 같은 식물성 식품이다. 생선유는 동물성이지만 불포화지방산이 포화지방산보다 많이 함유되어 있다.

※ **필수지방산**(essential fatty acid) : 리놀레산(linoleic acid), 리놀렌산 (linolenic acid), 아라키돈산 (arachidonic acid)

③ **단일불포화 지방산**(monounsatirated fatty acid MUFA)

대표적으로 이중결합이 하나뿐인 올레산이 있다.

④ **다가불포화 지방산**(polynounsatirated fatty acid PUFA)

이중결합이 두 개 이상인 지방산으로 불안정하여 공기 중에서 쉽게 산화된다.

⑤ **트랜스 지방산**(trans fatty acid)

식물성 기름을 고체나 반고체 상태로 가공식품화 할 때 산패방지를 위해 수소를 첨가하는 과정에서 생기는 지방산이다. 마가린이나 쇼트닝, 마요네즈, 파이, 냉동용 피자, 쿠키, 크래커, 전자렌지용 팝콘, 수프, 유제품, 어육제품 등에 들어있는데 체내에서 대사될 때 식물성임에도 체내 혈중 콜레스테롤 농도를 높여 비만, 심장병, 동맥경화증 등 혈관계 질환과 당뇨병, 암 등을 유발할 수 있다. 튀긴 식물성 유지를 다시 튀기거나 같은 기름을 여러 번 가열하면 트랜스 지방이 더 많이 만들어진다. 세계보건기구에서는 트랜스지방산을 1일 섭취 열량의 1% 이하로 권고하고, 우리나라도 1일 섭취 제한량은 2.2g 이하이다.

4) 유도지질–스테롤

① **동물성 스테롤** : 콜레스테롤은 고등동물의 조직 중에 함유되어 있다.

② **식물성 스테롤** : 대두유, 쌀눈유, 옥수수유, 야자유 등(스티그마스테롤 : stigmasterol), 면실유, 대두유 등 고등식물유(스토스테롤 : stosterol)

③ **진균 스테롤** : 곰팡이, 효모, 고등균류, 크로렐라(chlorella), 버섯 등에 들어 있으며 자외선에 의해 비타민 D_2 로 된다.

콜레스테롤(cholesterol)
① **세포막과 조직의 구성성분** : 콜레스테롤은 동물 체세포 내에 들어있으며 특히 간이나 신장, 뇌, 알 종류 등에 많은 양의 콜레스테롤이 존재하며 인지질과 함께 세포막과 조직의 구성성분이다. ② **스테로이드(steroid)계 호르몬 합성** : 콜레스테롤은 부신피질과 고환, 난소에서 생성되는 에스트로겐, 프로게스테론, 테스토스테론 같은 스테로이드계 호르몬을 합성한다. ③ **비타민 D의 합성을 위한 전구체** : 피부에서 자외선에 의해 비타민 D로 전환되는 7–디하이드로 콜레스테롤(7–dehydro cholesterol)을 합성한다. ④ **담즙산의 성분** : 지질의 소화 흡수에 중요한 담즙산을 간에서 생성한다. 담즙산은 담즙 속에서 콜레스테롤을 용해시키는 역할을 한다. ⑤ **체내에서 지방을 혈중으로 운반** : 콜레스테롤은 체내에서 지방을 혈중으로 운반하는 것을 도와준다. 혈중 콜레스테롤 농도가 높으면 고혈압이나 동맥경화를 유발하기도 한다. ⑥ **체내에서 합성이 가능** : 혈액 중의 콜레스테롤은 식품을 통해서, 또는 체내에서 합성되는데, 체내에서 합성되는 콜레스테롤은 사람이 섭취하는 것보다 훨씬 더 많은 양의 콜레스테롤을 합성할 수 있다. ⑦ 콜레스테롤은 계란노른자, 동물의 내장, 오징어, 새우 등에 많이 들어 있고 식물성식품에는 함유되어 있지 않다. 혈액 중의 콜레스테롤의 농도를 낮추려면 식품 중의 콜레스테롤과 포화지방산의 섭취량을 함께 제한해야 한다.

5) 지단백질

저밀도 지단백질 (low density lipoprotein, LDL)	콜레스테롤이 가장 많은 지단백질로 혈관 벽에 콜레스테롤을 침착하여 동맥경화증을 일으키는 원인이 되므로 '나쁜 콜레스테롤'이라고도 하며, 혈중 콜레스테롤의 약 70%가 저밀도 콜레스테롤이다.
고밀도 지단백질 (high density lipoprotein, HDL)	지단백질 중에서 단백질 함량이 가장 많은 HDL은 간에서 생성되어 조직에서 간으로 콜레스테롤 운반하고 말초 혈관에 쌓여 있는 콜레스테롤을 간으로 이동시키는 항동맥경화성 지단백질로, HDL을 '좋은 콜레스테롤'이라고도 한다.

(2) 필수지방산(essential fatty acid)

필수지방산은 체내에서 합성되지 않거나, 합성되는 양이 부족하여 반드시 음식물을 통해서 섭취해야 하는 지방산이다. 필수지방산에는 리놀레산과 리놀렌산(알파, 감마), 아라키돈산, 아이코사펜타엔산(EPA), 도코사헥사엔산(DHA)이 있다.

필수지방산의 기능
① 신체를 정상적으로 성장·유지시키고 두뇌 발달과 시각기능의 유지에 관여한다. ② 세포막의 구성성분으로 세포막의 기능을 유지한다. 인지질에 있는 필수지방산은 콜레스테롤과 결합하여 간에서 담즙산으로 전환되어 콜레스테롤 배설을 촉진하고 혈청 콜레스테롤을 감소시켜 동맥경화를 예방한다. ③ 피부의 정상적 기능과 정상적인 생식기능의 발달에 관여하는 아주 중요한 지방산이다. ④ 다가불포화지방산으로 ω−6(오메가6)계 지방산과 ω−3(오메가3)계 지방산이 여기에 속하고, 기능이 다르므로 두 계열의 지방산을 균형 있게 섭취해야 한다.

1) 오메가3(ω−3)계 지방산(필수지방산)

① **리놀렌산**(linolenic acid, ω-3) : 성장인자이고 체내에서 EPA나 DHA를 합성한다. 아마씨, 호두, 밀배아, 대두유, 면실유 및 들깨에 함유되어 있다.

② EPA(eicosapentaenoic acid, ω-3) : EPA(아이코사펜타엔산)가 많이 함유된 생선의 섭취는 혈액응고 억제와 혈관확장 효과가 있어 혈전생성을 억제하여 동맥경화를 예방하고 혈압강하와 심혈관질환 발생 억제효과가 있다.

③ DHA(docosahexaenoic acid, ω-3) : DHA(도코사헥사엔산)는 두뇌의 성장발달과 태아와 유아의 두뇌 발달에 필요한 성분이며 인지기능, 학습능력 증진과 눈의 망막을 정상 유지하는데 필요하다.

EPA 나 DHA는 참치, 정어리, 고등어, 꽁치 등 등푸른생선에 많이 함유되어 있으며 리놀렌산에서도 합성이 된다.

2) 오메가6(ω−6)계 지방산(필수지방산)

① 리놀레산(linoleic acid, ω-6) : 옥수수유, 대두유, 면실유, 해바라기유, 포도씨유 등에 함유되어 있다.

② 아라키돈산(arachidonic acid ω-6) : 육류에 많이 함유되어 있다.

오메가 지방산		급원식품	지방산 종류
필수지방산	오메가 3	• 들기름 60% – 리놀렌산 • 카놀라유(유채기름) 10% • 홍화유(잇꽃기름) 10% • 콩기름 8% • 등푸른생선 16~22%	• 알파 – 리놀렌산 • EPA, DHA
	오메가 6	• 해바라기유 70% • 면실유 55% • 대두유 54% • 옥수수유 51% • 참기름 44%	리놀레산
비필수 지방산	오메가 9	• 올리브유 76% • 아몬드유 67% • 카놀라유(유채기름) 58% • 홍화유(잇꽃기름) 58%	올레산

(3) 지질과 미용

지질은 인지질이나 필수지방산을 함유하는 1g당 9kcal의 농축된 에너지원으로 지용성비타민의 흡수를 촉진시켜 체온을 보호하고, 피지선의 기능을 조절하여 보호막을 형성하므로 피부의 건조를 방지하여 윤기 있고 탄력 있는 피부를 유지하도록 한다.

포화지방산의 과잉 섭취는 피하조직에 지방의 과잉 축적으로 비만이 되고, 피지 분비의 증가로 지성피부가 되어 피부질환을 일으킬 수 있다. 또한, 콜레스테롤이 혈관이나 조직에 침착하여 모세혈관의 노화를 초래하고, 피부조직의 탄력성이 저하된다.

혈관이나 조직의 정상화를 위해 인지질이 함유된 유화지방 식품이나 필수지방산 함유 식품을 섭취하도록 한다.

3. 단백질(Protein)

단백질은 새로운 세포형성과 신체의 보수에 필수적인 영양소로서 체내에서 효소, 호르몬, 항체 등으로 합성되고, 체조직을 구성하는 근육 등의 성분으로 3대 영양소인 탄수화물, 지질과 함께 우리 인체의 주요한 에너지원이다.

단백질은 식품으로 섭취 후 소화과정을 거쳐 구성단위인 아미노산으로 분해된 후 흡수되어 체내에서 이용된다. 식품으로부터 소화 흡수된 아미노산은 에너지의 공급이 충분한 상태에서는 단백질의 주요 기능인 체 구성성분, 효소, 혈액의 운반단백질, 면역체, 체내 조절인자인 호르몬, 근육을 수축하는 단백질 등으로 합성되어 기능을 한다.

(1) 단백질의 구성 단위

1) 아미노산(amino acid)

단백질의 기본 구성단위인 아미노산은 당질이나 지질과는 달리 탄소(C), 수소(H), 산소(O) 이외에도 질소(N)로 구성되며, 우리 몸에 필요한 질소 성분은 단백질에 의해 얻을 수 있다. 일부 아미노산은 황(S), 인(P), 요오드(I), 철분(Fe), 셀레늄(Se), 구리(Cu) 등을 함유하고 있으며, 자연계에는 300여개의 아미노산이 존재하는데 인체에는 약 40여개의 아미노산이 있어 단백질을 구성하는 아미노산 서열 정보에 따라 세포의 핵 속의 DNA의 유전 정보가 결정된다.

2) 아미노산의 종류

단백질의 구성단위인 아미노산은 체내에서 합성되지 않거나, 합성되어도 그 양이 체내 기능에 불충분한 9개의 필수아미노산과 합성이 되는 11개의 불필수아미노산으로 나누어지며, 필수아미노산은 반드시 식사로 섭취되어야 체내에서 생리기능을 할 수 있다.

필수아미노산	불필수아미노산
페닐알라닌(phenylalanine)	글라이신(glycine)
트립토판(tryptophan)	알라닌(alanine)
발린(valine)	프롤린(proline)
루신(leucine)	타이로신(tyrosine)
이소루신(isoleucine)	세린(serine)
메티오닌(methionine)	시스테인(cysteine)
트레오닌(threonine)	아스파테이트(aspartate)
라이신(lysine)	글루타메이트(glutamate)
히스티딘(histidine)	아스파라긴(asparagine)
아르기닌(arginine, 어린이)	글루타민(glutamine)

성인에게 필요한 필수아미노산은 9종, 어린이에게는 10종의 필수아미노산이 필요하다.

(2) 단백질의 종류

① 구성성분에 따른 분류 : 단순단백질, 복합단백질, 유도단백질

② 형태에 따른 분류 : 구상단백질, 섬유상단백질

③ 필수아미노산의 조성과 양에 따른 분류 : 완전단백질, 부분적 불완전단백질, 불완전단백질

<table>
<tr><th colspan="4">단순단백질</th></tr>
<tr><th>명칭</th><th colspan="2">용해성</th><th>예</th></tr>
<tr><td rowspan="2">알부민
(albumin)</td><td>용해</td><td>물, 염류, 묽은산,
묽은 알칼리</td><td rowspan="2">ovoalbumin(난백), conalbumin(난백), myogen(근육), lactalbumin(젖), ricin(피마자), serum albumin(혈청)</td></tr>
<tr><td>응고</td><td>열, 알코올</td></tr>
<tr><td rowspan="2">글로불린
(globulin)</td><td>용해</td><td>염류, 묽은산, 묽은 알칼리</td><td rowspan="2">ovoglobulin(난백), glycinin(콩), lactoglobulin(젖), serum globulin(혈청), myosin(근육), fibrinogen(혈청)</td></tr>
<tr><td>응고</td><td>열, 알부민과 주로 같이</td></tr>
<tr><td rowspan="2">글루텔린
(glutelin)</td><td rowspan="2">용해</td><td>묽은산, 묽은 알칼리</td><td rowspan="2">oryzenin(쌀), glutenin(밀), hordenin(보리)</td></tr>
<tr><td>알코올에 불용</td></tr>
<tr><td rowspan="2">프롤라민
(prolamin)</td><td rowspan="2">용해</td><td>묽은산, 묽은 알칼리</td><td rowspan="2">hordein(보리), gliadin(밀), zein(옥수수)</td></tr>
<tr><td>70~80% 알코올</td></tr>
<tr><td rowspan="2">알부미노이드
(albuminoid)</td><td rowspan="2">용해</td><td>물, 염류, 묽은산,
묽은 알칼리에 불용</td><td rowspan="2">keratin(피부, 머리털), collagen(연골, 결체조직), elastin(힘줄), fibroin(명주)</td></tr>
<tr><td>강산, 강알칼리에 녹으나
변질</td></tr>
<tr><td rowspan="2">프로타민
(protamine)</td><td>용해</td><td>물, 염류, 묽은산,
묽은 알칼리</td><td rowspan="2">salmin(연어의 정액), clupein(청어의 정액), scobrin(고등어의 정액), sturin(상어의 정액)</td></tr>
<tr><td>응고</td><td>열에 응고되지 않음
핵단백질, 구성단백질</td></tr>
</table>

<table>
<tr><th colspan="4">단순단백질</th></tr>
<tr><th>명칭</th><th colspan="2">용해성</th><th>예</th></tr>
<tr><td rowspan="2">히스톤
(histone)</td><td>용해</td><td>물, 염류, 묽은산,
묽은 알칼리</td><td rowspan="2">globin(혈색소), 흉선 히스톤</td></tr>
<tr><td>응고</td><td>열에 응고되지 않음
핵단백질, 구성단백질</td></tr>
</table>

<table>
<tr><th colspan="4">복합단백질</th></tr>
<tr><th>명칭</th><th>비단백질
부분</th><th>특징</th><th>급원</th></tr>
<tr><td>인단백질
(phosphoprotein)</td><td>인산</td><td>핵단백질과 지단백질
에는 인산이 비단백
성분의 일부를 차지</td><td>casein(우유), vitellin
(난황), vitellenin(난황)
등 동물성 식품에만 존재</td></tr>
<tr><td>핵단백질
(nucleoprotein)</td><td>핵산</td><td>히스톤 혹은
프로타민이 결합</td><td>배아와 효모 등 동식물
세포 핵의 주성분</td></tr>
<tr><td>당단백질
(mucoprotein)</td><td>다당류</td><td>당질 부분에
아미노당 함유</td><td>mucin(타액), mucoid
(난백) 등 동식물 세포,
점성 분비물에 존재</td></tr>
<tr><td>금속단백질
(metalloprotein)</td><td>금속</td><td>철, 구리, 아연 및
마그네슘 함유</td><td>hemocyanin (연체동물
의 혈액), ferritin(비장),
insulin(췌장)</td></tr>
<tr><td>지단백질
(lipoprotein)</td><td>지질</td><td>중성지질, 인지질,
콜레스테롤이
핵단백질, 인단백질,
단순단백질과 결합</td><td>lipovitellin(난황),
lipovitellenin(난황)</td></tr>
<tr><td>색소단백질
(chromoprotein)</td><td>색소</td><td>heme, chlorophyll,
carotenoid,
flavin</td><td>hemoglobin(혈액), myoglo-
bin(근육) rhodopsin(시홍
: 눈의 감각물질), astaxan-
thin(갑각류의 외피), flavo-
protein(황색 색소)</td></tr>
</table>

(3) 단백질의 기능

1) 신체구성 성분

단백질은 신체 조직의 성장과 유지에 중요한 영양소로 체중의 약 16% 가량을 차지하고 있다. 일반 성인의 경우 체조직의 증가는 일어나지 않지만 이미 형성된 근육, 결체조직, 세포막 등 체구성 물질이 계속적으로 퇴화되고 재생하므로 체격, 연령, 건강상태, 단백질의 질 등에 따라 다르지만 성인 남자는 50g, 성인 여자는 45g 매일 단백질을 공급해야 하며, 특히 성장기 아동 및 임신부, 수유부는 단백질 필요량이 일반인에 비해 많이 요구된다.

2) 산·염기 조절

단백질은 체내에서 산으로도, 염기로도 작용할 수 있어 체액이 산으로나 알칼리로 치우치지 않도록 체액의 산도(pH)를 일정하게 약알칼리성(pH 7.35~7.45)으로 유지시키는 작용을 한다.

3) 체액 삼투압 조절

혈액에는 알부민, 글로불린 등 단백질이 있어 체내의 수분량을 조절한다.

단백질 섭취가 부족되면 혈관 내에 단백질이 부족하여 조직보다 삼투압이 떨어져 혈관의 수분이 조직으로 빠져나가 부종이 발생된다.

4) 효소, 항체와 호르몬 합성

단백질은 체내의 각종 생화학적 반응을 촉매하는 효소, 면역세포에서 생성하여 외부의 병원균에 대항하고 질병에 대해 저항력을 갖는 항체 등을 구성한다. 따라서 식이로 섭취되는 단백질이 충분하지 못하면 촉매기능이나 생화학적 대사에 문제가 발생된다.

조직으로 이동하여 특이한 조절 기능을 담당하는 티록신, 인슐린 등 호르몬과 신경전달물질 형성에 단백질이 필요하다. 기분을 조절하는 호르몬이며 신경전달물질인 세로토닌은 필수아미노산인 트립토판으로부터 형성된다.

5) 에너지원

체내의 에너지가 부족할 때 간에서 아미노산은 포도당을 형성하여 부족한 에너지를 보충한다. 사용하고 남은 아미노산은 지방산으로 전환되어 지방조직에 저장된다. 뇌, 신경조직, 적혈구는 포도당을 에너지원으로 사용하므로 탄수화물이나 지질 섭취가 부족하면 에너지가 부족하여 단백질이 에너지원으로 사용되게 되어 체내구성 역할을 할 수 없게 된다.

(4) 단백질 섭취

1) 결핍증

단백질이 결핍되어 필요량보다 섭취량이 적게 되면 체단백질을 유지하기 어렵고 성장 저해와 피부의 탄력성 저하 및 빈혈 또는 면역 기능의 저하로 질병이 나타나기 쉽다.

유아에게 나타나는 단백질 부족으로 콰시오커(Kwashiorkor)와 마라스무스(Marasmus)가 발생된다.

특징	콰시오커	마라스무스
	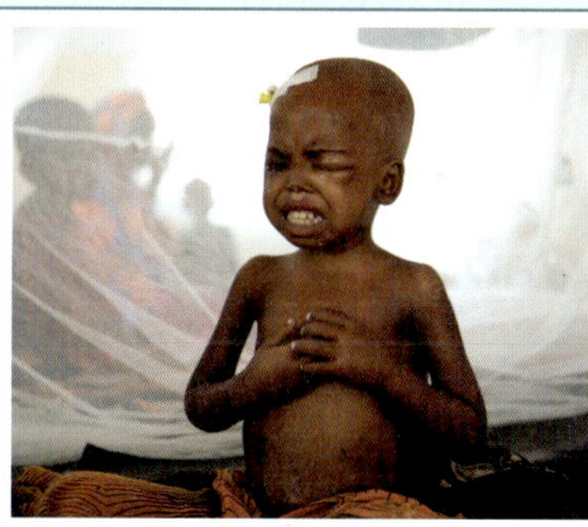	
발생시기	12개월~48개월 어린이	6개월~18개월 어린이
외모	저체중, 둥근얼굴, 부종, 근육약화, 복수가 차며 머리털의 탈색, 피부염, 부스럼, 지방간, 면역력 감소와 성장 지연	심한 저체중, 근육쇠퇴, 체지방감소, 호흡부전 및 탈수증상으로 피골이 상접
신경계	무감각, 냉담, 의욕상실	신경질적, 잘 놀람

2) 과잉증

동물성 단백질로 고단백식이를 하면 신장결석 및 골다공증, 대사항진, 혈압 상승, 체중증가, 피로, 요독증, 간성혼수 등이 유발된다. 동물성 단백질에 많이 들어 있는 산성의 황아미노산이 뼈에서 칼슘을 용출시켜 칼슘의 손실이 많아지게 되고 여분의 단백질은 체내에서 지방으로 전환하여 지방조직에 축적되므로 체지방이 증가할 수 있다.

단백질 섭취량은 하루 에너지 권장량의 15~20% 정도를 유지한다.

3) 질소평형

체내에서 단백질의 기능을 원활히 하기 위해서는 충분한 양의 단백질이 매일 공급됨으로써 질소평형이 유지되어야 한다. 질소평형이란 섭취된 단백질 속의 질소의 양과 배설된 질소가 동일한 경우 질소평형을 이루게 된다.

4) 선천성 대사이상

① 페닐케톤뇨증(Phenylketonuria; PKU)

필수아미노산 중 페닐알라닌 대사의 선천적 장애로, 간의 페닐알라닌 수산화효소(phenylalanine hydroxylase)의 유전적인 결함이다.

② 호모시스틴뇨증

시스타치온 합성효소의 결핍으로 호모시스테인의 혈중농도가 증가하여 소변으로 배출되는데 호모시스테인이 증가되면 동맥경화로 심장병, 뇌졸중 등의 심혈관 질환이 발병된다.

③ 단풍당뇨증

선천성 대사 이상으로 소변과 타액, 눈물, 땀에서 단풍시럽 냄새가 나고, 경련, 경직, 근육이완이 나타난다.

페닐케톤뇨증	호모시스틴뇨증	단풍당뇨증
간의 페닐알라닌 수산화효소 대사의 선천적 장애	호모시스테인의 혈중농도가 증가	선천성 대사 이상
페닐알라닌이 티로신으로 전환 되지 못하고 혈액, 조직에 축적, 페닐피루브산으로 전환 소변으로 배설, 페닐케톤뇨증이 됨.	시스타치온 합성효소의 결핍으로 호모시스테인의 혈중농도가 증가하여 소변으로 배출	소변과 타액, 눈물, 땀에서 단풍시럽 냄새, 경련, 경직, 근육이완이 나타남.
생후 3~6개월 사이에 증상이 나타나고 정신 발달 부진. 생후 3주 전에 관리하지 못하면 뇌 손상으로 정신지체 발생	호모시스테인이 증가되면 동맥경화로 심장병, 뇌졸중 등의 심혈관 질환이 발병	생후 1주일 내 조기발견 못하면 신경장애 정신지체 발생, 치료지연으로 대사성 산혈증, 혼수상태로 사망. 조기발견 치료하면 정상아로 자랄 수 있음.
페닐알라닌 제거 특수 분유공급, 티로신 함유식	효소의 활성화, 호모시스테인 축적방지 비타민 B_6, 엽산, 비타민 B_{12} 등 충분히 섭취	특수 측쇄아미노산 분유, 비타민B_1 섭취. 감염에 주의

5) 급원 식품

동물성 단백질은 필수아미노산이 풍부한 질 좋은 완전단백질이 들어있으며, 어류, 난류, 우유 및 유제품, 콩류에도 완전단백질이 많이 함유되어 있다. 식물성 단백질 중 대두는 질 좋은 단백질을 함유하고 있으나 대부분의 식물성 단백질은 불완전단백질이다.

100g당 단백질의 양은 육류, 어류, 두류 등의 20g 내외로 높은 편이고 밀가루, 된장은 10g 내외, 쌀밥과 감자는 2g 정도로 단백질 함량이 낮은 편이다.

(5) 단백질과 피부

단백질의 체내 기능 중 피부, 근육, 골격, 혈관 및 내장과 같은 새로운 조직을 형성하고 보수하는 역할을 한다. 단백질은 피부조직의 형성, 발달, 유지, 재생, 피부저항력 증진과 각화현상을 원활하게 하여 윤택하고 탄력있는 피부 유지, 콜라겐은 피부의 탄력과 재생에 도움을 준다.

단백질의 섭취가 부족하면 피부는 거칠어지고 잔주름 발생, 체중감소, 빈혈, 저항력 약화로 인한 세균감염과 모발의 윤기가 없어지며 손톱과 발톱이 부러지기 쉽다.

균형된 식사와 적절한 단백질 섭취로 아름다운 피부와 모발을 간직할 수 있다.

4. 비타민(Vitamins)

Vitamin은 Vital(생명)과 Amine(화합물)의 복합어로 '생명에 꼭 필요한 물질'을 의미한다. 당질, 지질, 단백질처럼 에너지원이나 신체 구성영양소는 아니지만 탄수화물, 지질, 단백질 대사와 체내에서 생리기능을 조절해 주는 중요한 영양소이다.

(1) 비타민의 역할

비타민은 대부분 체내에서 합성되지 않고 세포의 정상적인 대사 활동을 위해 꼭 필요한 영양소로 매일 외부에서 섭취해야 하므로 부족 시 결핍증이 나타날 수 있다.

대부분의 비타민이 체내에서 합성되지 않지만 비타민D는 햇빛의 자외선을 받으면 피부에서 합성되고, 아미노산인 트립토판으로부터 나이아신이 합성되며, 장내 박테리아에 의해 비타민 B_{12}, 비타민 K 등이 합성된다.

비타민은 체내에서 에너지원인 3대 열량영 양소의 대사과정을 원활하게 진행시키기 위해 필요한 보조 효소로 작용하며, 세포분열 등 세포의 성장을 촉진시키고 시력이나 혈액의 응고 등 다양한 생리기능의 보조역할과 상처 치유, 질병 예방, 질병에 대한 저항력을 증진하는 역할을 한다.

(2) 비타민의 분류

약 13여종의 비타민이 알려져 있고 비타민 A, D, E, K 등 기름과 유기용매에 녹는 지용성 비타민과 비타민 B 복합체(B_1, B_2, 나이아신, B_6, 판토텐산, 비오틴, 엽산, B_{12})와 비타민 C 등 물에 녹는 성질을 가진 수용성 비타민으로 나눈다.

수용성 비타민은 필요량 이상 섭취 시 체내에 저장되지 않고 소변으로 배설되므로 독성이 비교적 적으나 지용성 비타민은 필요량 이상 섭취 시 간이나 지방조직에 축적되며 체외로 방출되지 않아서 독성을 유발할 위험이 크다.

(3) 비타민의 흡수

지용성 비타민은 담즙에 의해 유화된 후 소장 상피세포를 통해 지질과 함께 흡수되므로 지질을 포함한 식품과 같이 섭취하여 흡수를 좋게 한다.

수용성 비타민은 소장 상피세포를 통해 물과 함께 흡수되어 혈액으로 들어간 후 사용되고 남은 여분은 소변으로 배설된다.

(4) 지용성 비타민

지용성 비타민은 비타민 A, D, E, K의 4종류가 있다.

1) 비타민 A

식품 중에 있는 비타민 A는 활성형과 전구체의 두 가지 형태로 존재한다.

① **레티놀(활성형)** : 동물성 식품에 존재하고 체내에서 비타민 A의 활성을 나타낸다.

② **프로비타민 A(비타민 A 전구체)** : 식물성 식품에 카로티노이드로 존재하고 일부는 레티놀로 전환되며 β-카로틴이 가장 대표적이다. β-카로틴의 흡수율은 레티놀의 약 1/3이므로 비타민 A를 카로틴으로 섭취하게 되면 3배가 필요하다.

[기능]

- 정상적인 시력 유지

비타민 A는 간상세포가 어두운 곳에서 물체를 볼 수 있게 해주는 색소인 로돕신을 합성하는데 필수적으로 필요하다.

- 상피세포의 보호, 성장
- 생식기능
- 카로티노이드의 항산화 작용

비타민 A의 전구물질인 카로티노이드는 유해산소로부터 피부 내부의 산화를 막아 햇빛에 의해 손상되는 DNA를 재생에 관여하고 진피층의 콜라겐 섬유가 햇빛이나 노화에 의해 변성되는 것을 방지하는 항산화제 기능으로 탄력있는 피부를 유지시키고 주름을 예방한다.

비타민 A	과잉 증상	• 급성 : 오심, 구토, 현기증, 시력이 불선명하고 의욕상실, 무력감, 가려움증 • 만성 : 두통, 탈모, 입술균열, 간비대, 골관절 통증, 수면장애, 식욕부진, 피부거칠어짐 등 • 임신기 : 기형발생으로 사산, 기형, 출산아의 영구적 학습장애 • 4,000IU 이상 섭취 시 고칼슘혈증으로 체내 연조직에 칼슘 축적, 혈관경화 및 신장결석 등 유발
	결핍 증상	• 어두운 곳에서 적응하기 어려운 야맹증 • 피부, 눈, 소화기관, 호흡기 및 생식기 등을 덮고 있는 상피세포의 형태 파괴, 각질화, 점액분비 저하로 박테리아에 쉽게 감염 • 망막조직이 각질화되면 결막염, 건조성 안질, 각막연화증으로 심하면 실명, 피부 각질화 • 소화기관의 상피세포 이상으로 소화가 잘되지 않고 설사, 미각, 후각기능 저하 • 성장과 발육이 부진하고 골격 이상 현상
	함유 식품	• 레티놀(동물성 비타민 A) : 간, 어유, 난황, 버터 등 • 카로티노이드(식물성 비타민 A) : 당근, 시금치, 토마토, 호박, 감, 귤, 김 등
	1일 권장량	성인 남녀 750RE, 하루 3,000RE 이하로 섭취를 제한

2) 비타민 D

비타민 D 의 활성을 가진 물질은 10여종인데 그 중 비타민 D_2 와 비타민 D_3 가 가장 중요하다. 비타민 D_2 와 프로비타민 D_2 는 식물계에 존재(버섯, 효모 등)하며 동물계에는 비타민 D_3 및 프로비타민 D_3 가 존재한다. 비타민 D는 체내에서 합성할 수 있어 음식뿐만 아니라 태양 광선을 충분히 쬐면 비타민 D를 공급받을 수 있으나 햇빛의 자외선은 피부 노화를 촉진하고 피부암을 유발할 수 있다.

햇빛을 보지 못하는 사람들은 비타민 D와 칼슘 함유식품이나 보충제를 섭취하도록 한다.

프로비타민 D는 자외선에 의해 활성형인 비타민 D가 되어 비타민 D의 효능이 나타난다.

자외선에 의해 합성되는 비타민 D는 햇빛에 과잉 노출 시에도 독성이 유발되지 않으나, 고단위의 비타민 D 장기 복용 시에는 독성이 발생할 수 있다.

비타민 D는 지용성이므로 몸속에서 지방조직에 흡수되어 잘 사용되지 않아 비타민 D 부족증이 오게 된다.

① 기능

- 칼슘과 인의 흡수를 촉진, 혈액 중의 칼슘 농도를 일정하게 유지한다.
- 뼈에 칼슘과 인을 증가시켜 정상적인 뼈를 형성하게 한다.
- 지방이나 기름과 함께 섭취해야 흡수률이 높아진다.
- 장기간 보존이나 조리과정에서 쉽게 파괴되지 않는다.

비타민 D		
	과잉 증상	• 4,000IU 이상 섭취 시 고칼슘혈증으로 체내 연조직에 칼슘 축적, 혈관경화 및 신장결석 등 유발 • 탈모, 구토감, 갈증, 허약, 체중감소, 흥분, 변비, 설사 등 • 고칼슘뇨증 • 가임 여성 : 기형 유발 • 과잉 시 어린이에게 독성이 강함 • 영아 : 정신발달장애, 혈관수축 • 중독증상 : 식욕부진, 메스꺼움, 근력약화, 두통, 신장결석, 관절염, 동맥경화, 고혈압 등
	결핍 증상	• 성인 : 골연화증, 골다공증, 충치, 뼈에서 칼슘이 빠져나가 골밀도 저하, 골절 발생 • 비만, 당뇨병, 심장병, 퇴행성관절염, 대장암 발생 증가 • 임산부 : 자궁근육이 약해져 자연분만이 어려움 • 어린이 : 구루병
	함유 식품	• 어유, 난황, 버터, 효모, 버섯, 우유, 콩류, 마가린, 연어, 정어리, 고등어(등푸른 생선), 말린생선 등
	1일 권장량	• 성인 남녀 (20~49세) 5μg, 임산부, 수유부 (10μg) • 50세 이상 성인 : 골다공증과 일광 노출 시간의 감소로 10μg

구루병			
	원인	비타민 D 결핍으로 주로 발생하는 병이며, 햇빛을 쬐지 못할 경우, 음식으로 비타민 D를 충분히 섭취하지 못해 발생	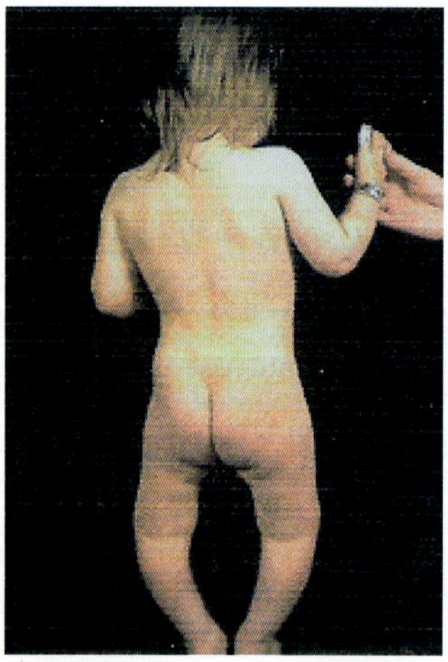 그림 2-4 구루병
	초기증상	창백한 피부, 땀을 많이 흘림, 근육 이완 등	
	진행	복부팽창, 임파선이 붓고 커짐.	

3) 비타민 E(tocopherol)

① 기능

비타민 E는 강력한 환원력을 가지고 있어서 쉽게 산소와 결합하여 다른 물질의 산화에 필요한 산소를 제거하여 산화를 방지하는 역할을 한다. 불포화지방산이 많이 들어있는 식물성 기름을 너무 많이 섭취하면 불포화지방산이 체내에서 산화되어 세포막을 파괴하고 노화를 촉진하게 된다. 비타민 E는 세포막에서 유리라디칼(Free radical)의 연쇄반응을 차단하여 지질과산화(지방산과 산소의 결합물)를 방지하여 세포막 손상과 노화를 방지한다.

- **항산화제 역할** : 다불포화지방산의 산화와 세포막의 손상을 방지, 신체의 면역기능 강화, 노화방지
- **생식기능 정상유지**
- **혈액순환 촉진** : 혈관내의 해로운 콜레스테롤 수치를 내려주고 혈관벽을 깨끗하게 유지시켜 혈액순환을 촉진하여 피부주름 개선, 두피의 혈행 개선으로 모발성장을 촉진, 치매 예방효과가 있다.

비타민 E		
	결핍증	척추와 망막을 포함 신경, 근육계의 기능저하, 생식기능의 저하, 미숙아에서 적혈구막 약화로 인한 용혈성 빈혈
	과잉증	혈중 중성지방 증가, 갑상선호르몬 저하, 심한설사, 구토, 두통, 피로감, 시력흐림, 근육약화, 발한, 맥박증가, 혈액응고 손상 등
	함유식품	곡류의 배아, 견과류, 종실류, 콩류, 푸른잎 채소, 아보카도, 식물성 기름
	1일 권장량	성인 10~12mg, 1일 최대 540mg

4) 비타민 K

① 기능

프로트롬빈(혈액응고 관여 단백질 트롬빈의 전구체)이 체내에서 합성되는 과정에 비타민 K가 조효소로 작용하므로 혈액응고 비타민이라고 한다.

비타민 K는 동맥에 쌓인 미네랄을 제거해 혈압을 낮추므로 혈액순환이 좋아져 뇌졸중, 심근경색 등의 발병을 낮출 수 있으며, 염증을 줄이고 혈관 속 세포를 보호한다.

뼈 생성 시 칼슘이 사용될 때 비타민 K가 필요한데 부족하면 골다공증이 생긴다.

체내 저장량은 소량이며 피부, 근육, 심장, 신장 등에 저장되어 있고 대사산물은 담즙과 소변으로 배설된다.

건강한 사람의 경우 1일 필요량의 절반정도가 장내 박테리아에 의해서 합성된다.

비타민 K	결핍증상	담즙 생산과 지방 흡수가 되지 않고 설사 등의 증상, 혈액응고 소요 시간 연장, 골다공증
	독성	적혈구 용혈, 황달, 뇌손상 등
	함유식품	시금치, 양배추, 브로콜리, 파슬리 등 녹색잎 채소
	1일 권장량	성인 남자 75㎍, 성인 여자 65㎍ 절반은 체내에서 합성

(5) 수용성 비타민

수용성 비타민은 비타민 B 복합체(비타민 B_1, 비타민 B_2, 나이아신, 비타민 B_6, 판토텐산, 비오틴, 엽산, 비타민 B_{12})와 비타민 C를 포함한다. 비타민 B 복합체는 체내에서 일어나는 대사를 촉매하는 효소의 보조 역할을 하여 당질, 지질 및 단백질의 대사에 관여한다.

1) 비타민 B_1(thiamin, 티아민)

독특한 냄새를 가진 황(S)을 함유한 비타민으로 음식을 에너지로 바꾸는 역할을 한다.

① 기능

• 피로, 당뇨예방

체내에서 당질 대사의 보조효소로 열량의 섭취량에 따라 필요량이 증가된다.

쌀밥 위주의 식사 시 티아민이 부족하면 포도당이 완전히 분해되지 못해 피로, 식욕감퇴, 무기력 증상, 각기병 등이 나타난다.

• 뇌 신경계질환 예방

활성형인 피로인산 성분은 인체 신경전달물질인 아세틸콜린 합성 과정에 관여하여 심부전, 뇌 질환인 베르니케-코르사코프 증후군(Wernike-Korsakoff syndrome, WKS), 알츠하이머 등을 예방한다.

• 세포의 성장 발달

세포의 성장 발달을 돕고 해독작용, 항산화작용으로 조직의 노화를 예방한다.

비타민 B_1	결핍증상	피로, 식욕감퇴, 무기력 증상, 각기병으로 인한 근육의 약화, 건망증, 신경조직의 퇴화, 정신혼란, 흥분, 권태, 부종, 우울증, 불면증, 혈압저하, 체중감소, 백내장 등
	함유식품	두류, 돼지고기, 쇠고기, 닭고기, 곡류배아, 해바라기씨·땅콩 등 견과류, 종실류, 효모 등
	1일 권장량	성인 남자 1.2mg, 성인 여자 1.1mg(1,000kcal 섭취당 0.5mg)

비타민B_1 (티아민) 결핍증	
각기병(beriberi)	• 신경조직, 특히 팔, 다리에 신경염으로 통증이 심하고 붓는다. • 근육이 허약해지고 심하면 심장병이나 경련이 나타날 수 있다.
베르니케-코르사코프 증후군(Wernike-Korsakoff syndrome, WKS)	• 티아민을 충분히 섭취하지 못한 경우나 알코올 과다 섭취로 나타나는 증상이다. • 정신적인 혼란, 우울증, 심하면 정신이상, 혼수, 기억력 상실 등이 나타난다.

2) 비타민 B_2(riboflavin, 리보플라빈)

① 기능

성장촉진인자로 3대 영양소의 체내 대사에서 산화, 환원반응의 보조효소로 관여한다. 열량의 섭취량에 따라서 리보플라빈의 필요량이 증가된다.

시각, 점막, 피부, 손톱, 두발조직의 세포성장과 유지에도 필수적이다.

에너지나 지방의 섭취량이 많을 때, 임신 시, 상처 치유기 등 세포증식이 활발한 시기에 필요량이 증가한다. 장내 세균에 의해 합성되므로 항생제 복용으로 설사가 지속될 때 장내 세균의 수가 감소되어 결핍될 수 있다.

비타민 B_2	결핍증상	지루성피부염, 성장부진, 구순구각염, 구내염, 설염, 결막염, 백내장, 광선공포증 등
	함유식품	우유, 유제품, 치즈, 쇠간, 생선, 달걀, 육류 등 동물성 식품, 녹색채소
	1일 권장량	성인 남자 1.5mg, 성인 여자 1.2mg

3) 나이아신(niacin, 니코틴산 비타민 B_3)

① 기능

열량대사 효소의 활성화 보조효소로서 체내에서 60mg의 트립토판이 나이아신 1mg으로 전환된다. 중성지방과 LDL-콜레스테롤을 감소시키고 HDL-콜레스테롤을 증가시키는 작용이 있다. 수개월 동안 지속적인 나이아신과 트립토판 동시 부족 식사에 의해 결핍 시 초기에는 피로, 식욕감퇴, 체중감소로 시작하여 피부염, 설사, 치매 등이 나타나는 펠라그라증상이 나타나는데 심하면 사망에 이르게 된다.

모든 조직세포의 정상적인 생명현상을 유지하는 데 없어서는 안 되는 물질이다.

나이아신	결핍증상	피로, 식욕상실, 체중감소, 설사, 치매, 피부질환, 근육허약, 정신혼란, 우울증, 신경장애, 펠라그라 등
	함유식품	버섯, 가금류, 땅콩, 우유, 지방이 적은 육류, 내장, 어류, 전곡류, 콩류, 트립토판 함량이 풍부한 단백질 식품 등
	1일 권장량	성인 남자 16mg NE, 성인 여자 14mg NE (에너지 섭취 1,000kcal 당 6.6mg)

4) 판토텐산(pantothenic acid, 비타민 B_5)

① 기능

에너지 대사의 보조효소인 'coenzyme(코엔자임) A'의 구성성분이며, 신경전달물질인 아세틸콜린의 합성을 돕고, 호르몬, 콜레스테롤, 헤모글로빈 등의 합성에 보조효소로 작용하며, 탄수화물, 지방, 단백질의 에너지 생성, 피부와 머리카락의 구성물질인 콜라겐 생성에 필수적이다.

당질, 지질, 단백질로부터 에너지 생성을 위해 판토텐산을 포함한 coenzyme A가 필수적으로 작용하며 정상식사를 하는 경우 결핍증이 잘 나타나지 않는다.

심한 영양 결핍 시, 갑상선기능 항진증, 임산부, 수유부, 고콜레스테롤혈증, 급만성질환, 알콜중독, 변비, 수술 후 장관마비 등에 의해 결핍이 생긴다.

판토텐산	결핍증상	장내 세균에 의해 합성되므로 결핍증은 거의 없음. (식욕부진, 소화불량, 우울증, 팔·다리 경련, 빈혈 등)
	함유식품	효모, 배아, 콩류, 간, 육류, 생선류, 달걀, 땅콩, 전곡 등 동·식물계에 널리 분포
	1일 권장량	성인 5 mg

5) 비타민 B_6(pyridoxine, 피리독신)

① 기능

동식물계에 널리 존재하며 아미노산 대사와 단백질 합성의 각종 효소반응의 보조효소 역할을 하고 헤모글로빈 구성 성분의 헴(heme) 합성에 관여하며, 피부나 점막, 신경의 기능을 유지시킨다. 입덧, 멀미 등 구토 증상 치료에 효과가 있으며, 장내세균에 의해 합성, 장에서 흡수·이용되므로 결핍은 잘 일어나지 않지만, 알코올 중독, 경구피임약, 결핵치료제 복용으로 체내 비타민 B_6가 감소되어 결핍증이 유발된다.

비타민 B_6	결핍증상	경련성 발작, 말초신경 장애, 복통, 피부염, 구각염, 구내염 등, 코, 턱, 입 가장자리에 피부가 거칠어지고 붉은 색을 띄는 피부질환
	과잉증상	지각신경 장애, 말초신경 장애, 감각 이상
	함유식품	어류, 육류, 효모, 가금류, 배아, 바나나, 해바라기씨, 브로콜리, 시금치, 감자, 밀, 옥수수, 간, 달걀, 단백질식품 등 대부분의 식품에 분포
	1일 권장량	성인 남자 1.5mg, 성인 여자 1.4mg, 과잉 섭취 시 신경장애를 초래하므로 1일 100mg 이하 섭취

6) 비오틴(biotin, 비타민 H, 비타민 B_7)

① 기능

비오틴은 체내에서 장내 미생물에 의해 합성되어 대장에서 흡수되는 유황을 함유하는 비타민으로 탄수화물, 아미노산, 지방산 대사에 관여하여 지방산 합성과 포도당 합성과정에서 보조효소로 작용하며, 피부와 모발에 영향을 미친다.

달걀의 흰자를 날 것으로 다량 섭취 시 흰자의 단백질 아비딘과 결합되어 흡수가 방해될 수 있으며, 급속한 체중감량이나 항생제의 장기복용, 만성 흡수장애를 겪는 사람에게서 결핍될 수 있다.

비오틴	결핍증상	우울증, 식욕부진, 원형탈모, 지루성피부염, 설염, 습진, 오심, 구토, 권태, 근육통, 빈혈, 환각, 정신이상 등
	함유식품	난황, 간 등 동물내장, 두류, 견과류, 생선, 효모, 해조류, 닭고기, 우유, 토마토 등 채소, 과일, 동·식물계에 널리 분포
	1일 권장량	성인 30μg

7) 엽산 (folate, 폴산, 비타민 B_9)

① 기능

엽산은 세포분열, 성장인자로 작용한다. 비타민 B_{12}와 같이 골수 내에서 적혈구 형성 및 아미노산인 메티오닌 합성에 필요하다.

엽산이 부족하면 핵산 합성에 문제가 생겨 세포분열이 정상적으로 진행되지 못하므로 골수에서 적혈구 조성이 원활하지 않아 거대적혈구성 빈혈이 유발된다.

거대적혈구성 빈혈 (megaloblastic anemia)	적혈구 생성 과정에서 비타민 B_{12}나 엽산(B_9)결핍 등 여러 원인에 의한 DNA 합성 장애로 크고 미성숙한 적혈구인 거대적아구가 생성되어 유발되는 빈혈. 비타민 B_{12} 결핍일 때에는 말초신경증이나 척수·뇌신경 이상이 나타난다.

엽산		
	결핍증상	거대적혈구성 빈혈, 임신 초기 부족되면 태아의 신경관 손상으로 전신 마비, 뇌수종, 지능장애, 설염, 미각감소, 우울증, 혼돈, 체중감소 등
	함유식품	오렌지 주스, 계란, 육류, 간 등과 시금치, 근대, 상추, 브로콜리 등 푸른색 채소, 곡류, 두류 등
	1일 권장량	성인 남녀 400μg

8) 비타민 B_{12}(cobalamin)

비타민 B_{12}는 코발트를 함유하는 비타민으로 체내에서 엽산대사에 관여하며 항악성빈혈 비타민이다.

① 기능

비타민 B_{12}는 신경 섬유간의 연결을 유지시키고 신경조직의 대사를 돕는다. 엽산의 적혈구 형성, DNA 합성 시 보조효소로 작용하며, 활성화를 위해 필요하다.

비타민 B_{12}의 결핍 증세로는 엽산 대사장애로 거대적혈구성 빈혈이 발생하고 신경장애 등 증세가 나타난다. 특히, 노인기에는 위벽세포의 노화로 소장에서 비타민 B_{12}의 흡수가 감소하여 빈혈증세 및 신경손상이 나타날 수 있다.

장내에서 합성이 가능하나 필요량에 비해 부족하고, 육류를 적절히 섭취하면 필요량을 충족하나 채식주의자, 고령자, 위장질환자, 췌장을 절제한 경우 결핍될 수 있다.

DNA의 합성과 대사, 탄수화물, 지방, 단백질의 대사에 관여하며, 엽산과 함께 세포분열에 관여한다.

비타민 B_{12}	결핍증상	거대적혈구성 빈혈(악성빈혈), 신경장애, 빈혈증세 및 신경손상, 신경통, 요통, 어깨결림, 수족저림(말초신경 장애)
	함유식품	해산물(굴, 대합), 생선(연어, 정어리), 동물 간, 육류 등 동물성 식품에 풍부
	1일 권장량	성인 남녀 2.4μg

9) 비타민 C(ascorbic acid)

비타민 C(아스코르브산)는 세포산화에 의한 조직의 손상을 방지하는 강력한 항산화제이다. 건조 상태나 산성 용액에서는 비교적 안정하나, 수용액 중에서는 열, 알칼리 등에 의해 쉽게 산화되고, 철분, 구리, 산소에 파괴되므로 식품의 조리 및 저장에 주의한다. 사람, 원숭이, 모르모트, 조류, 어류를 제외한 대부분의 동물은 체내에서 비타민 C를 합성할 수 있다.

① 기능

• 항산화 기능

비타민 C는 항산화제로 세포 내에서 생성되는 활성산소를 제거하여 세포를 보호해 주며 햇빛, 약물, 오염 등으로 발생되는 피부의 손상과 노화를 예방한다.

• 콜라겐 합성

콜라겐 합성에 관여하여 피부, 모세혈관, 연골, 근육, 치아 등을 단단하게 구성하고 건강하게 해준다.

• 철분 흡수 촉진

비타민 C는 식물성 식품에 있는 비헴철을 환원시켜 철분의 장내흡수를 돕는다.

• 면역기능

화학적 해독작용에 관여하고, 면역체에 중요한 기능을 하므로 결핍 시 감염성 질환에 걸리기 쉽다.

<table>
<tr><td rowspan="4">비타민 C</td><td>과잉증상</td><td>1일 1 ~ 2g 이상 장기간 섭취하면 위염, 위경련, 구토, 불면증, 두통, 설사, 복통, 신장결석, 통풍 유발</td></tr>
<tr><td>결핍증상</td><td>• 감염성 질환
• 안구건조증, 신경장애, 식욕부진, 우울증, 전신부종
• 콜라겐 형성의 저하로 결합조직 변화, 연골과 근육조직 변형
• 모세혈관, 세포벽 약화로 멍, 피부나 점막 출혈, 상처 회복 늦음
• 성장기 어린이 성장지연
• 괴혈병 등 잇몸출혈 현상, 멍, 관절이 붓고 골격통증, 골절 등</td></tr>
<tr><td>함유식품</td><td>감귤류, 딸기 등 신선한 과일, 고추, 토마토 등 녹황색 채소, 발아곡류, 콩류 등</td></tr>
<tr><td>1일 권장량</td><td>성인 남녀 100mg, 1일 상한 섭취량은 2000mg</td></tr>
</table>

(6) 비타민과 미용

비타민은 건강뿐만 아니라 피부에도 큰 영향을 주기 때문에 피부 미용상 없어서는 안 되는 필수적 영양소이다.

지용성 비타민				
비타민	작용	결핍증	과잉증	함유식품
비타민 A	• 면역의 조절작용 • 시각,상피세포의 보호, 성장 • 항산화작용 • 뼈, 치아 성장 • 어두운 곳에서 사물 볼 수 있게 함	• 야맹증 • 각막 건조 • 거친 피부 • 모낭각화증 • 여드름, 색소침착 • 성장발육부진, 태아기형 • 결막염, 각막연화증	• 피로, 권태, 식욕부진 • 두통, 오심, 구토, 현기증 • 무력감, 가려움증, 탈모 • 입술균열, 간비대, 간경화 • 골관절통증, 뼈비후 • 수면장애, 피부거칠어짐, 피부벗겨짐 등	간, 난황, 우유, 호박, 당근, 시금치, 토마토, 어유, 버터
비타민 D	• 자외선에 의해 비타민 D합성 • 피부젊음 유지 • 흉선에서 면역세포 생산을 도움 • 신장에서 칼슘과 인산염의 재흡수를 도움 • 혈액내의 칼슘, 인산염농도유지 • 부갑상선호르몬 분비억제 • 1일 2,000IU 이하 섭취	• 구루병(어린이) • 습진, 건선 • 퇴행성관절염 • 대장암, 자가면역질환유발 • 복부비만, 당뇨병, 심장병 • 성인 : 골연화증, 골다공증, 충치, 뼈에서 칼슘이 빠져나가 골밀도 저하, 골절 발생 • 비만, 당뇨병, 대장암발생증가 • 임산부 : 자궁근육이 약해져 자연분만이 어려움	• 탈모, 구토감, 갈증, 허약, 체중감소, 홍분, 변비, 설사 등 • 고칼슘혈증, 고칼슘뇨증, 연조직에 칼슘축적 • 가임 여성 : 기형 유발 • 영아 : 정신발달장애, 혈관수축 • 어린이에게 독성이 강함 • 중독증상 : 식욕부진, 메스꺼움, 근력약화, 두통, 신장결석, 관절염, 동맥경화, 고혈압 등 혈액의 칼슘농도증가	간유, 난황, 효모, 버섯, 우유, 연어, 콩류, 등푸른 생선, 동물간
비타민 E	• 항산화작용(피부노화방지) • 고지혈증예방 • 혈액순환 촉진 • 생식기능정상유지	• 조로피부, 피부건조, 낙설, 탈모, 지루두피 • 혈색약화 • 영양 장애성 피부 • 척추와 망막, 신경, 근육계의 기능저하 • 생식 기능의 저하 • 미숙아의 적혈구막 약화 용혈성 빈혈	• 두통, 피로, 현기증 • 혈중 중성지방 증가 • 갑상선호르몬 저하 • 심한설사, 구토 • 피로감, 시력흐림 • 근육약화 • 발한, 맥박증가 • 혈액응고 손상	식물성 기름, 밀의 배아, 잣, 아몬드

지용성 비타민				
비타민	작용	결핍증	과잉증	함유식품
비타민 K	• 혈액응고인자 생합성 • 간기능개선 • 세포신진대사 산화환원에 관여	• 출혈 • 노화촉진 • 습진, 피부염 • 신생아흑색변(생후1주일 이내의 소화관출혈)	• 용혈성빈혈 • 황달	곡류, 녹황색 채소, 간, 콩류, 차

수용성 비타민				
비타민	작용	결핍증	과잉증	함유식품
티아민 (비타민 B_1)	• 탄수화물 대사 촉진 • 신경세포의 정상적인 기능 유지	• 각기병(말초신경증상) • 베르니케뇌증(중추신경증상) • 심장장애 • 알레르기, 피로 • 불면증, 우울증, 건망증 • 식욕감퇴, 무기력 • 근육약화, 혈압저하		효모, 곡물의 배아, 현미, 보리, 콩류, 돼지고기, 견과류
리보플라빈 (비타민 B_2)	• 효소의 산화환원반응에 관여 • 탄수화물, 지방, 단백질 대사 • 시각, 점막, 피부, 손톱, 두발 조직의 세포성장과 유지에 필수적	• 구순구각염, 구내염, 설염 • 습진, 지루피부염 • 눈병(눈피로, 눈부심, 흐린시야, 눈물흘림, 결막염, 백내장)	• 섭취부족, 알코올중독, 흡수장애 증후군 등 • 에너지나 지방의 섭취량이 많을 때 • 임신 시, 상처치유기 등 세포증식이 활발한 시기 등 필요량이 증가된 경우	간, 우유, 육류, 계란, 생선류

수용성 비타민				
비타민	작용	결핍증	과잉증	함유식품
나이아신(니코틴산, 비타민 B_3)	• 피부탄력유지 • 산화환원작용 • 당질,지질대사(에너지대사)	• 피부염, 식욕부진, 구토, 변비, 설사, 위점막염증, 피로, 불면증, 우울증, 기억상실증 등 • 조금결핍: 신진대사저하로 추위를 타고 견디기 어려워함 • 펠라그라증상(3D) – 피부증상(dermatitis) : 햇빛노출부에 홍반, 색소침착 – 소화기증상 : 설사(diarrhea) – 정신 및 신경증상(치매) demenentia : 인지증, 우울감, 경련	• 100mg이상 복용: 두통, 근육경련, 메스꺼움 • 1,000mg이상복용: 부정맥, 황달, 간질환 등 발생 • 하루15g~30g복용 시: 소화기장애, 간기능이상, 피부홍조, 시력약화 등	닭고기, 우유, 계란, 내장 기관, 땅콩, 콩류, 어류, 녹색잎 야채 등
판토텐산(비타민 B_5)	• 생화학반응에 필수적인 조효소 코엔자임 A의 전구체 • 탄수화물, 지방, 단백질이 에너지 생성 시 필수적 • 아세틸콜린합성을 돕고, 콜레스테롤, 스테로이드, 지방산합성 과정에 역할 • 콜라겐 생성에 필수 • 스트레스 해소 • 면역력 증진 • 장내세균에 의해 합성	• 결핍이 잘 일어나지 않는다 • 식욕부진 • 피부염 • 소화관궤양 • 발통증, 팔다리저림 • 피로, 졸음 • 구역질 • 복부경련 • 근육약화로 인한 손발감각이상 • 심혈관계 불안정(심박수 증가) • 기립성저혈압		곡류, 효모, 배아, 콩류, 간, 닭고기, 달걀, 땅콩, 생선류, 육류 등

수용성 비타민				
비타민	작용	결핍증	과잉증	함유식품
비타민 B_6(피리독신)	• 피부염증예방 • 피지분비조절 • 입덧예방 • 아미노산대사 • 효소의 보조인자 • 헤모글로빈합성에 관여 • 호모시스테인(심혈관계질환 위험인자)분해에 관여 • 피부, 점막, 신경기능유지	• 구각염, 구내염 • 접촉성피부염 • 지루성여드름 • 불면증, 우울증 • 다발성 말초신경염 • 동맥경화위험상승 • 빈혈		간, 우유, 육류, 곡류, 효모, 밀, 옥수수, 생선류
비오틴(비타민 H, 비타민 B_7)	• 항피부염인자 • 탄수화물, 지방, 아미노산대사 등 다양한 대사기능에 관여 • 피부, 모발에 영향 • 날달걀 흰자의 아비딘과 결합하여 비오틴흡수를 막는다	• 장내세균에 의해 합성 결핍이 많지 않다 • 신경염, 설염, 습진 • 비늘성피부염 • 원형탈모, 지루성피부염 • 식욕부진, 오심, 구토 • 우울증, 환각, 정신이상 • 빈혈, 근육통, 권태		간, 대두, 난황, 전곡, 두류, 견과류, 효모, 우유, 생선, 토마토, 해조류
엽산(폴산, 비타민 B_9)	• 체내 DNA합성 • 아미노산합성 • 태아의 신경발달 • 적혈구생성 • 핵산합성	• 미각감소 • 거대적아구성빈혈 • 혀붉어지고 쓰림 • 체중감소 • 우울증, 혼돈 • 임산부결핍 시 영아 신경관결손(이분척추, 무뇌증) • 점막재생불가(설사, 설염 등)		녹색잎 채소, 감귤류 등 과일, 간, 곡류, 두류

수용성 비타민				
비타민	작용	결핍증	과잉증	함유식품
비타민 B_{12}(시아노코발라민)	• 적혈구생성 • 핵산합성 • 악성빈혈예방 • 신경세포형성, 기능유지 • 대사 촉진	• 악성빈혈 • 거친피부 • 신경손상, 요통 • 수족저림, 어깨결림 • 점막장애 • 신경증상, 동맥경화위험 상승		간, 내장기관, 우유, 생선, 달걀
비타민 C(아스코르브산)	• 콜라겐합성,유지 • 피부탄력유지 • 항산화작용 • 미백 효과 • 면역력향상 • 상처치유 • 연골, 뼈, 치아 유지 • 철분흡수도움	• 괴혈병(피부출혈) • 기미, 색소침착증가 • 출혈 현상, 멍 • 관절붓고 골격통증 • 골절, 결합조직변화 • 연골, 근육조직변형 • 감염성 질환 • 동맥경화위험상승 • 빈혈, 면역력저하(발암) • 머리카락갈라짐,코피 등	• 위염, 설사, 복통 • 신장결석 • 통풍 유발	브로콜리, 양배추, 시금치, 감자, 고구마, 토마토 등 신선한 채소와 감귤류, 키위, 망고, 딸기 등 과일류

5. 무기질(미네랄, Minerals)

미네랄이라고 하고 신체를 구성하는 요소이며 당질, 단백질, 지질, 비타민, 물은 탄소(C), 수소(H), 산소(O) 및 질소(N) 등의 원소가 서로 결합되어 구성되어 있지만, 무기질은 단일원소 영양소이다. 탄소를 함유하지 않기 때문에 체내에서 에너지를 발생하지 않으며, 필수 영양소로 반드시 식품으로 섭취하여야 한다.

신체의 구성성분이며, 대사를 촉매하는 효소의 구성성분 및 보조효소, 체액에 녹아 이온의 형태로 삼투압을 조절하고, 식품 속에서 알칼리와 산을 형성하여 산, 알칼리의 균형을 조절한다. 알칼리성 식품이란 신맛을 내는 식품과는 관계없이 칼륨, 칼슘, 나트륨, 마그네슘, 철 등의 무기질이 많이 함유되어 있는 식품이고, 산성 식품이란 인, 황, 염소와 같이 물과 결합하여 산성을 주는 원소가 많이 함유되어 있는 식품을 말한다.

혈액은 약알칼리성이므로 산성식품을 너무 많이 섭취하지 않도록 한다. 산성 혈액의 증상으로는 무기력, 불안감, 메스꺼움, 구토, 두통, 불면증, 심신 약화, 식욕부진, 근육통이 발생하며, 입안이 산성화되어 치아의 법랑질 손상이 일어나기도 한다. 또한, 산성식품을 과도하게 지속적으로 섭취하면 고혈압, 신장병, 조직괴사, 뇌졸증을 유발하는 혈관질환이 발생할 수 있다.

무기질은 인체의 약 4%를 차지하고 있으며 함유량에 따라서 다량원소(다량무기질)와 미량원소(미량무기질)로 구분된다. 무기질은 단일원소이므로 식품으로부터 무기질이 분리되어 장내로 흡수되는데, 비타민과 무기질, 식이섬유소와 무기질, 무기질과 무기질 간에 무기질의 장내 흡수를 위해 도움을 준다.

비타민 D는 칼슘의 흡수를 돕고, 비타민 C는 철분의 흡수를 증진시키며, 과잉의 식이섬유소는 모든 무기질의 흡수를 저해하는 등 영향을 준다.

[산성 식품과 알칼리성 식품]

산성 식품	쌀, 보리, 밀 등의 곡류, 육류 및 육가공품, 생선류, 난류 등	강산성 식품	흰쌀밥, 메밀, 청어, 참치, 닭고기, 뱀장어, 넙치, 쇠고기, 돼지고기, 소시지, 달걀, 햄, 청주, 양주, 버터, 백설탕, 과자류, 스넥류 등
		약산성 식품	오징어, 조개, 전복, 도미, 새우, 미꾸라지, 어패류, 완두, 버터, 땅콩, 초콜릿, 치즈 등
알칼리성 식품	채소류, 과일류, 감자, 고구마, 콩 등	강알칼리성 식품	미역, 다시마, 표고버섯, 감자, 오이, 당근, 시금치, 토마토, 레몬, 밀감, 포도, 아보카도, 셀러리, 사과, 마늘, 멸치, 바나나, 토란, 뼈 등
		약알칼리성 식품	고구마, 호박, 양배추, 양파, 파, 포도, 포도주, 배, 복숭아, 파인애플, 두부, 우유 등

다량무기질과 미량무기질

다량무기질 (다량원소)	Ca, P, K, Na, Cl, Mg, S	1일 권장량이 100mg 이상이거나 인체 체중의 0.05% 이상
미량무기질 (미량원소)	Cu, Fe, Zn, I, F, Se, Mn, Cr, Mo, Co	1일 권장량이 100mg 이하이거나 체중의 0.05% 이하

(1) 다량무기질

1) 칼슘(Calcium, Ca)

칼슘은 체내에서 무기질 중 가장 많으며 체중의 약 1.5~2.2% 차지하여, 성인의 경우 약 1,200g 정도 체내에 보유하고 있다. 칼슘의 99% 이상이 골격과 치아의 구성성분이고 1% 가량은 혈액, 체액에 존재하여 중요한 생리적 조절기능을 한다.

① 기능

- 골격과 치아 형성 : 골격과 치아를 형성하고 유지하는 구성성분이다.
- 혈액응고 : 혈액 내 칼슘 이온은 혈액 응고에 관여하는 프로트롬빈이 트롬빈으로 전환하는데 작용한다.
- 근육기능 유지 : 근육의 수축과 이완작용을 조절한다.
- 신경 전달 : 세포 내 칼슘이온이 증가하면 신경전달물질이 방출되어 신경자극이 전달된다.
- 신경 흥분 억제 : 혈액 내 칼슘 이온의 농도가 정상 이하로 내려가면 신경흥분이 유도되며, 심하면 손·발·안면의 근육이 수축·경련을 일으키는 테타니증상을 초래한다.

② 흡수

소장에서의 칼슘의 흡수에는 섭취된 다른 영양물질과 칼슘 급원 식품들의 종류, 개인의 칼슘 영양상태, 연령 등에 따라 흡수율의 차이가 있다. 폐경기 이후 여성은 폐경으로 여성호르몬인 에스트로겐의 분비가 중단되어 골밀도가 낮아지는 골다공증이 나타날 수 있다.

③ 골격 내의 보유

골격 내 칼슘 보유를 위해 적당한 양의 칼슘과 인, 불소의 섭취와 적당량의 운동이 도움이 된다. 권장량 2배 이상의 고단백 식사는 칼슘의 배설이 증가되어 칼슘의 결핍을 초래할 수 있다.

칼슘의 흡수를 촉진시키는 인자	• 비타민 D, 비타민 C, 유당 • 식사 내 칼슘과 인의 비율이 같을 때 • 에스트로겐(비타민 D의 활성화, 칼슘의 장내 흡수를 촉진, 골격으로부터 칼슘의 용출 억제)
칼슘의 흡수를 저해시키는 인자	• 권장량의 2배 이상인 고단백 식사, 과량의 섬유소와 알코올, 흡연, 운동부족, 지방·나트륨·인산염 과잉 섭취, • 시금치, 근대, 무청, 날곡식, 식이섬유소의 과잉 섭취, 차의 탄닌, 운동 부족, 스트레스 등 • 에스트로겐의 분비 저하

칼슘 부족으로 나타나는 증상

골연화증	• 어른에게 발생하는 구루병으로 뼈의 조성이 비정상적인 상태를 말하며 골반뼈나 갈비뼈의 골절이 쉽게 나타난다. • 햇빛을 충분히 받지 못하거나 비타민 D, 칼슘 등 영양소의 섭취가 불충분한 임신부나 다산 여성에게서 주로 나타난다.
골다공증	• 노령화에 따른 골격대사 이상이나 칼슘대사 불균형으로 뼈의 조성은 비교적 정상이나 질량이 1/3 이상 감소되는 현상으로 골절이 되기 쉬우며 뼈조직이 엉성해지는 증상이다. • 뼈의 무기질 감소 범위에 따라 키의 감소와 같은 골격의 형태 변형이나 치아의 손상, 허리통과 같은 통증이 나타나기도 한다.

칼슘으로 인한 증상과 연령별 1일 권장량

<table>
<tr><td>과잉 증상</td><td colspan="3">결석이 잘 생기는 사람의 경우 신장결석이 발생, 변비, 철분이나 아연 등 다른 무기질 흡수 방해</td></tr>
<tr><td>결핍 증상</td><td colspan="3">한국인의 식생활에서 가장 결핍되기 쉬운 영양소, 골격이나 치아, 손톱 등 약화, 구루병(어린이), 골연화증, 골다공증, 테타니병(근육경련)</td></tr>
<tr><td>함유 식품</td><td colspan="3">우유(200ml에 1일 권장량의 1/3함유), 치즈, 요구르트 등 유제품(유당이 칼슘흡수 촉진), 멸치, 미꾸라지 등 뼈째 먹는 생선, 김, 굴, 해조류, 깨, 대두, 깻잎 등</td></tr>
<tr><td rowspan="6">1일 권장량</td><td rowspan="3">남</td><td>(12~14세) : 1,000mg, (15~18세) : 900mg</td><td>상한 3,000mg</td></tr>
<tr><td>(19~49세) : 800mg</td><td>상한 2,500mg</td></tr>
<tr><td>(50~64세) : 750mg, (65세 이상) : 700mg</td><td>상한 2,000mg</td></tr>
<tr><td rowspan="3">여</td><td>(12~14세) : 900mg, (15~18세) : 800mg</td><td>상한 3,000mg</td></tr>
<tr><td>(19~49세) : 700mg</td><td>상한 2,500mg</td></tr>
<tr><td>(50세 이상) : 800mg</td><td>상한 2,500mg</td></tr>
</table>

2) 인(phosphorous : P)

인은 생명을 유지하는데 필수적인 원소이다

① 기능

- 골격과 치아 형성 : 체내 존재하는 인의 85%가 Ca과 결합하여 뼈, 치아 조직에 인산칼슘의 형태로 함유되어 있고, 15%는 모든 세포에 골고루 분포되어 있으며, 성인 남자의 경우 체내에 약 660~700g 정도 보유하고 있다.
- 핵산 및 세포막의 구성 성분 : 세포 핵 안의 DNA, RNA와 같은 핵산물질, 세포막과 지단백질을 구성하는 인지질의 성분이다.
- 산·염기의 평형 조절 : 체액의 pH를 일정하게 유지시키는데 관여한다.
- 생체 신호전달 기능을 한다.

② 흡수

인은 식품 중에 유기화합물의 인산염 형태로 존재하며 이러한 인산염은 장에서 소화되어 무기인으로 유리되어 장내 세포로 흡수된다. 인의 흡수는 성장기, 임신기, 수유기와 같은 생리적 요구량이 높아지는 시기에 증가한다. 칼슘보다 인의 섭취량이 많아지면 칼슘의 흡수가 저해되므로 칼슘과 인의 섭취비율을 동량으로 하는 것이 가장 효율적이다.

③ 급원

어육류나 곡류에는 인의 함량이 칼슘 함량보다 많아서 한국인의 경우 인의 섭취가 칼슘의 섭취보다 비교적 많은 편이며, 인산염이 많은 가공식품과 탄산음료 섭취로 인해 인의 과잉으로 칼슘과 인의 균형이 깨어져, 뼈에서 칼슘이 혈액으로 이동하여 뼈가 약해질 수 있다.

인(P)의 결핍증상과 연령별 1일 권장량

결핍증상	대부분의 식품에 함유되어 있어 일반적인 식사로는 결핍이 되지않음		
함유식품	어육류, 난류, 우유 및 유제품, 곡류, 견과류, 채소, 두부 등		
1일 권장량	남	(9~18세) : 1,200mg	상한 3,500mg
		(19~74세) : 700mg	상한 3,500mg
		(75세 이상) : 700mg	상한 3,000mg
	여	(9~18세) : 1,200mg	상한 3,500mg
		(19~74세) : 700mg	상한 3,500mg
		(75세 이상) : 700mg	상한 3,000mg

3) 나트륨(sodium, Na)

나트륨(소듐)은 소금의 주요성분으로 체내에서 세포외액의 주요 양이온이다. 인체에 약 105g 정도로 체중의 약 0.15~0.2% 차지하고 있다. 1g의 소금에는 0.4g(400mg)의 나트륨이 들어 있다. 소금은 나트륨과 염소(Cl)로 이루어져 있는데 염소는 위액의 염산(Hcl)의 주성분이다.

① 기능

- **삼투압, 수분평형 유지** : 나트륨이온(Na+)의 농도에 따른 삼투압에 의해 세포 내·외의 수분 이동이 이루어진다.

세포 내·외의 삼투압의 유지는 주로 나트륨이온(Na+)과 칼륨이온(K+)에 의해 조절된다.

- 산, 알칼리 균형 조절 : 나트륨이온은 체내에서 산, 알칼리 평형 유지에 관여하는 수소이온과 교환이 가능한 염기이다.
- 신경자극 전달 및 근육수축 : 나트륨이온은 신경을 자극하여 근육의 흥분성, 과민성에 관여한다.

② 필요량

건강한 성인의 1일 나트륨 충분섭취량은 1,500mg으로 식염 3.8g이다.

1일 10g 이상의 소금을 섭취하면 고혈압의 발병률이 증가되고, 고혈압인 사람이 소금 섭취를 감소하면 혈압이 감소하는 효과가 나타나므로 고혈압 환자는 나트륨 섭취를 주의해야 한다.

심한 운동과 고온 환경의 노동자는 많은 땀으로 염분과 수분이 배출되므로 충분한 양의 물과 소금(나트륨)의 보충이 필요하다.

③ 급원

- 천연식품의 나트륨

동물성 식품이나 식물성 식품에는 자연적으로 나트륨을 함유하고 있으며 동물성 식품이 식물성 식품보다 일반적으로 더 많이 함유하고 있다.

- 조리 시 첨가되는 나트륨

총 나트륨 량의 상당부분을 조리 시 양념의 형태로 섭취한다. 우리나라의 경우 간장, 고추장, 된장 등 장류와 젓갈류의 이용으로 나트륨의 섭취량은 다른 민족보다 상당히 많은 편이다.

- 가공식품의 나트륨

가공식품의 제조 시 다양한 식품첨가제인 안정제, 방부제, 팽창제, 발색제 등이 이용되는데 이들은 나트륨을 함유하고 있고 화학조미료인 MSG(monosodium glutamate)에도 나트륨이 포함되어 있다.

식품의 100g당 나트륨(Na) 함유량

밀가루	4mg	식빵	346mg
토마토	3mg	토마토 케첩	1,300mg
완두콩	5mg	완두콩 통조림	1,250mg

나트륨으로 인한 증상과 연령별 1일 충분섭취량

<table>
<tr><td rowspan="2">과잉증상</td><td>나트륨</td><td>오심, 근무력증, 혼수</td><td rowspan="2">고혈압, 뇌졸중, 심근경색, 심부전, 신장질환, 위암, 골다공증, 천식, 비만 등</td></tr>
<tr><td>염소</td><td></td></tr>
<tr><td rowspan="2">결핍증상</td><td>나트륨</td><td colspan="2">혈압저하 등</td></tr>
<tr><td>염소</td><td colspan="2">식욕저하, 무기력, 알칼리혈증, 고나트륨·고칼륨혈증</td></tr>
<tr><td>함유식품</td><td colspan="3">간장, 고추장, 된장 등 장류, 젓갈류</td></tr>
<tr><td rowspan="7">1일
충분섭취량</td><td></td><td>나트륨(Na)</td><td>염소(Cl)</td></tr>
<tr><td rowspan="3">남</td><td>(9~11세) : 1,400mg</td><td>(9~11세) : 2,100mg</td></tr>
<tr><td>(12~64세) : 1,500mg
(65~74세) : 1,300mg</td><td>(12~64세) : 2,300mg
(65~74세) : 2,000mg</td></tr>
<tr><td>(75세 이상) : 1,100mg</td><td>(75세 이상) : 1,700mg</td></tr>
<tr><td rowspan="3">여</td><td>(9~11세) : 1,400mg</td><td>(9~11세) : 2,100mg</td></tr>
<tr><td>(12~64세) : 1,500mg
(65~74세) : 1,300mg</td><td>(12~64세) : 2,300mg
(65~74세) : 2,000mg</td></tr>
<tr><td>(75세 이상) : 1,100mg</td><td>(75세 이상) : 1,700mg</td></tr>
</table>

4) 마그네슘(Magnesium, Mg)

마그네슘은 엽록소의 구성성분으로, 식물의 엽록소는 헤모글로빈과 같은 구조를 가지고 있어 철분 대신 마그네슘이 함유되어 있다.

성인의 체내에는 20~35g 정도 존재하는데, 그 중 70%는 뼈와 치아의 구성성분으로, 나머지는 모든 세포에 존재한다.

① 기능

- **뼈, 치아 구성** : 뼈의 표면을 덮고 있으며 치아와 뼈의 구성성분이다.

- **에너지 이용에 필요** : 마그네슘은 세포내 미토콘드리아에서 여러 반응을 촉진하는 촉매의 역할을 하며, ADP(아데노신2인산)와 ATP(아데노신3인산 : ADP+인산+에너지)의 가역반응과 그 외 여러 생리작용에 관여한다.
- **신경자극 전달과 근육기능 유지** : 마그네슘은 칼슘, 나트륨, 칼륨과 함께 신경의 자극 전달과 근육의 긴장 및 이완작용을 조절하고, 신경을 안정시키는 양이온 무기질 중의 하나이며, 세포막을 안정시키고 생명현상을 유지하기 위한 필수 무기질이다.

② 결핍증

마그네슘이 부족하게 되면 신경전달과 근육의 수축·이완작용의 조절 이상으로 신경이나 근육에 경련이 일어난다.

알코올은 마그네슘의 배출을 증진하므로 중독증은 신경성 근육의 경련, 마그네슘 테타니(상피소체 기능감퇴증)의 현상이 생긴다. 칼슘의 다량 섭취 시 마그네슘의 배설을 자극해서 결핍이 되기도 하며, 콰시오카(단백질 결핍증) 환자, 설사, 구토 시에도 결핍증이 생길 수가 있다.

마그네슘으로 인한 증상과 연령별 1일 권장량

<table>
<tr><td>결핍증상</td><td colspan="4">테타니, 혈청칼슘농도저하, 신경자극 전달과 근육의 수축·이완작용의 조절 이상으로 신경이나 근육 경련</td></tr>
<tr><td>과잉증상</td><td colspan="4">설사, 탈수 등</td></tr>
<tr><td>함유식품</td><td colspan="4">코코아, 견과류, 대두, 통곡식, 녹황색 채소, 옥수수, 조개, 굴 등</td></tr>
<tr><td rowspan="5">1일 권장량</td><td rowspan="3">남</td><td>(15~18세) : 400mg</td><td rowspan="5">1일 상한 섭취량</td><td>(15~18세) : 350mg</td></tr>
<tr><td>(19~29세) : 350mg</td><td>(19~29세) : 350mg</td></tr>
<tr><td>(30세 이상) : 370mg</td><td>(30세 이상) : 350mg</td></tr>
<tr><td rowspan="2">여</td><td>(15~18세) : 340mg</td><td>(12~14세) : 350mg</td></tr>
<tr><td>(19세 이상) : 280mg</td><td>(19세 이상) : 350mg</td></tr>
</table>

5) 칼륨(Potasium, K)

성인 체내에는 0.2%, 약 250g의 칼륨이 존재하고, 그 중 뼈에 약 8%, 세포외액에 약 2%, 그리고 90% 세포내에 존재한다.

① 기능

- **삼투압 조절** : 나트륨과 함께 세포 내·외의 삼투압을 조절하여 수분평형을 유지한다.
- **산·알칼리 평형** : 체내의 수분량과 체액의 산·알칼리 평형을 조절한다.
- **근육의 수축·이완** : 근육의 수축과 이완에 관여한다.
- **정상혈압의 유지** : 정상적인 혈압유지에 관여한다.
- **에너지대사** : 혈당이 글리코겐으로 저장될 때, 근육과 세포의 단백질내 질소 저장과정에 관여한다.
- **정상적인 심장박동** : 심장박동을 정상적으로 유지하고 뇌에 산소를 보낸다.

② 급원

모든 동식물에 분포되어 있으므로 정상적인 식생활로 충분히 섭취된다. 열량이 증가하면 칼륨의 섭취도 증가한다.

칼륨으로 인한 증상과 연령별 1일 권장량

<table>
<tr><td>과잉증상</td><td colspan="2">신장기능이 저하될 때, 고칼륨혈증으로 심부정맥의 위험, 심한 탈수, 부신피질 호르몬 부족 시 말초신경의 마비, 근육의 약화, 호흡불량 등</td></tr>
<tr><td>결핍증상</td><td colspan="2">• 모든 식품에 분포되어 있어 결핍증은 드물다.
• 기아상태, 알코올 중독, 신경성 식욕감퇴, 화상, 수술, 간경변, 당뇨성 산혈증(아시도시스 acidosis)일 때 겹핍이 생기며, 구토, 원기부족, 불안, 근육의 이완, 마비성 장폐쇄 등이 나타난다.</td></tr>
<tr><td>함유식품</td><td colspan="2">푸른잎 채소, 오렌지, 바나나, 사과 등 과일, 코코아, 말린 콩, 고구마, 감자, 단호박, 토마토, 우유, 육류 등</td></tr>
<tr><td rowspan="5">1일 권장량</td><td rowspan="3">남</td><td>(6~8세) : 2,600mg</td></tr>
<tr><td>(9~11세) : 3,000mg</td></tr>
<tr><td>(12세 이상) : 3,500mg</td></tr>
<tr><td rowspan="2">여</td><td>(6~8세) : 2,600mg</td></tr>
<tr><td>(9~11세) : 3,000mg</td></tr>
</table>

(2) 미량무기질

1) 철분(iron, Fe)

인체에 함유되어 있는 철분의 함량은 0.004%로 체내에 약 3~4g 정도 존재한다. 체내에 존재하는 철분의 약 70%는 혈액 중에, 20%는 간, 지라, 골수에 페리틴(철과 단백질인 아포페리틴의 복합물)인 저장철의 형태로 저장되어 있고, 5%는 근육의 미오글로빈 성분으로, 나머지 5%는 산화효소의 구성성분으로 존재한다.

① 기능

- 헤모글로빈의 구성요소
- 미오글로빈(근육 세포속의 헴단백질)의 구성요소

② 분류

식품 내의 철분은 주로 헴철과 비헴철로 종류에 따라 흡수율도 달라진다.

헴철이란 헤모글로빈과 미오글로빈의 구성성분으로 존재하는 철분으로 육류나 어류에 들어있으며, 비헴철이란 주로 채소나 곡류 등 식물성 식품에 존재하며 육류 등의 동물성 식품에도 헴철과 같이 존재하고, 계란이나 우유에도 들어있다.

③ 흡수

철분은 십이지장에서 주로 흡수되며 일반 식이에서 하루 약 10~20mg의 철분을 섭취하는데 헴철의 흡수율은 약 40%, 비헴철의 흡수율은 약 10% 정도이다. 약 15%인 1~3mg 정도의 철분만이 흡수된다.

성인 남성(20세 이후) 10mg, 15~19세 남녀 16mg(근육량 증가), 20세 이후 여자 14mg(월경으로 소실), 임신기간 24mg(태아성장, 태반, 모체조직 증식)의 철분이 필요하다.

[철분의 흡수를 촉진시키는 인자]

- 육류, 어류, 가금류에 존재하는 헴철이 비헴철보다 흡수율이 높다.

- 성장기 아동, 임신기 및 수유기의 경우처럼 철분의 요구량이 증가될 때
- 체내 저장 철분량이 저하될 때
- 비타민 C와 유기산, 위산은 철분의 흡수를 높이는 역할을 한다.

[철분의 흡수를 저해시키는 인자]

- 인산염이나 곡류나 콩에 많이 들어 있는 피틴산, 시금치에 많이 들어 있는 옥살산, 차의 탄닌, 과량의 식이섬유소 등은 철분과 결합하여 철분의 흡수율을 낮추므로 식사 시 차나 커피를 함께 섭취하지 않도록 한다.
- 소장 내 칼슘, 아연과 같은 다른 무기질의 함량이 높거나 철분이 충분하면 흡수가 저해된다.
- 위산의 분비가 저하되거나 위장질환 및 감염 시에 철분의 흡수율이 감소한다.

철분으로 인한 증상과 연령별 1일 권장량

<table>
<tr><td>결핍증상</td><td colspan="3">철분 결핍성 빈혈, 어린이의 운동실조, 발달장애, 인지능력 손상, 임산부 빈혈, 조산, 사산, 미숙아 등</td></tr>
<tr><td>과잉증상</td><td colspan="3">위장장애, 아연흡수율 감소, 혈관질환, 암발생 증가 등</td></tr>
<tr><td>함유식품</td><td colspan="3">육류, 어패류, 가금류와 곡류 가공식품, 말린 콩, 견과류 및 녹색채소 등</td></tr>
<tr><td rowspan="7">1일 권장량</td><td></td><td>권장섭취량</td><td>상한섭취량</td></tr>
<tr><td rowspan="3">남</td><td>(12~18세) : 14mg</td><td>(12~18세) : 40mg</td></tr>
<tr><td>(19~64세) : 10mg</td><td>(19~64세) : 45mg</td></tr>
<tr><td>(65세 이상) : 9mg</td><td>(65세 이상) : 45mg</td></tr>
<tr><td rowspan="3">여</td><td>(12~14세) : 16mg</td><td>(12~14세) : 40mg</td></tr>
<tr><td>(15~49세) : 14mg</td><td>(15~49세) : 45mg</td></tr>
<tr><td>(50~74세) : 8mg, (75세 이상) : 7mg</td><td>(50세 이상) : 45mg</td></tr>
</table>

2) 요오드(iodine, I)

요오드는 체내에 15~20mg 정도 존재하며 이 중 70~80%가 갑상선에 존재한다.

① 기능

- 요오드는 갑상선에서 분비되는 호르몬인 티록신(thyroxine)의 구성요소이다.
- 티록신은 기초 대사율 조절과 성장 발달 촉진에 관여한다.
- 중추신경계 발달에 관여한다.

해조류를 많이 섭취하는 우리나라 사람의 경우 요오드의 결핍은 큰 문제가 되지 않는다.

요오드로 인한 증상과 연령별 1일 권장량

과잉증상	기초대사율 증대, 갑상선호르몬 합성증대, 바세도우씨병(갑상선 중독증: 심계항진, 손떨림), 안구돌출, 미열, 발한, 빈맥, 불면, 피로감, 초조감 등
결핍증상	갑상선 비대증, 갑상선종, 비만, 피부거칠어짐, 부종, 탈모, 크레틴증(정신박약, 성장지연, 왜소증), 유산, 사산, 기형아 등
함유식품	다시마, 미역, 김 등 해조류, 고등어, 갈치, 어패류 등 해산물
1일 권장량	성인 150μg, 상한섭취량 : 3,000μg

3) 구리(cupper, Cu)

구리는 성인의 경우 체내에 약 100~150mg 정도 존재하며 주로 간, 뇌, 신장, 심장에 단백질과 결합하여 존재한다. 구리는 철분의 흡수와 이동을 돕고 헤모글로빈 합성의 과정에 관여하고 있으며 결핍증은 드물다.

① 인체에 독성이 없으며, 항균작용이 있다.

② 세포의 손상을 방지하는 항산화기능에 관여한다.

③ 여러 가지 효소의 생산과 활성, 공기 호흡에도 관여하므로 구리가 결핍되면 신체 이상을 일으킬 수 있다.

④ 혈청의 철산화효소에도 들어있어 철산화효소의 기능을 돕는다. 갑각류, 연체동물, 일부 절지동물의 혈액에는 헤모글로빈(hemoglobin) 대신 구리가 주성분인 헤모시아닌(혈청소, hemocyanin)이 있어 푸른색을 띤다.

구리로 인한 증상과 1일 권장량

결핍증상	빈혈증세, 철분과 구리를 함께 보충해야 회복된다. 뼈와 관절의 손상, 색소침착저하, 백반증, 성장장애, 당·지질대사 이상 등
과잉증상	윌슨병 : 체내에 구리가 과다하게 축적되어 뇌, 간, 신장기능에 영향을 미치고 정신 질환을 일으킨다.
함유식품	동물의 간, 견과류, 콩류, 굴, 게, 오징어, 전복, 소라, 가재, 패류 등 해산물과 코코아, 초콜릿, 버섯, 곡류의 배아 등
1일 권장량	800μg(0.8mg)

4) 아연(zinc, Zn)

아연은 필수 미량원소로 체내에 약 1.5~2.5g 정도 존재하며 여러 효소의 구성성분으로 대사과정이나 반응을 조절한다. 또한, 아연은 DNA나 RNA와 같은 핵산의 합성에 관여하고 상처의 회복을 돕고 면역 작용에 관여한다. 어린이의 경우 성장 발달에 필수적이므로 체중에 비해 많은 양을 권장한다.

아연으로 인한 증상과 1일 권장량

결핍증상	성장발육 부진, 미각·후각의 기능 저하, 생식기능 저하, 빈혈 등
과잉증상	불규칙한 근육기능, 위장장애 등
함유식품	육류, 간, 굴, 게, 새우, 밀기울, 밀 눈, 쌀겨 등
1일 권장량	성인 남자 10mg, 여자 8mg

5) 셀레늄(selenium, Se)

셀레늄은 글루타치온 과산화효소, 다른 효소들, 단백질의 성분으로 세포에서 생성된 독성의 과산화수소와 세포손상, 항상성장애를 유발하는 유리라디칼을 물과 해롭지 않은 분자로 전환시켜 세포를 보호하고 항산화작용을 하는 필수

미량원소로 면역에도 매우 중요하다.

셀레늄으로 인한 증상과 1일 권장량

과잉증상	구토, 설사
결핍증상	근육의 약화, 성장 장애, 근육소모, 심근병증, 갑상선저하 기능 악화
함유식품	새우, 패류, 어류, 견과류, 통밀
1일 권장량	성인 남녀 50μg

(3) 무기질의 중독현상

중금속인 납, 수은은 우리 신체에 필수적인 무기질보다 분자량이 무겁기 때문에 중금속(重金屬)이라 한다. 중금속은 우리 몸에 들어오면 축적되어 강한 독성을 나타낸다. 중금속은 우리 인체에 필요하지 않고, 식품의 구성성분은 아니지만 공기오염 등으로 호흡이나 오염된 동·식물성 식품을 통해서 우리 체내로 들어온다.

1) 납중독(lead poisoning)

납을 한 번에 대량으로 흡수하면 급성납중독이 되어 위장염증상이 되는데, 하루 1mg 이하의 납을 장기간 지속적으로 섭취하면 만성 납중독이 되므로 더 문제가 된다. 초기에는 식욕부진, 변비가 나타나고 진행되면 발작적인 복부통증과 두통, 권태감, 빈혈, 구토, 불면증이 함께 나타난다. 또한, 정신적인 문제와 잇몸에 청회색의 납착색이 나타나고 얼굴은 창백해지며 적혈구에 반점이 나타난다.

어린이의 경우 성장지연 및 정신박약 등 뇌와 신경계에 손상을 줄 수 있으며 체중감소, 메스꺼움, 모발손실, 생식기능 장애 등의 위험성이 있다.

납의 흡수를 막아주는 철분과 칼슘, 비타민을 충분히 섭취하도록 한다.

주거용 페인트, 장난감, 놀이기구, 상당수의 구이용 불판, 납이 포함된 수도관, 납이 함유된 페인트로 칠한 사기그릇, 납이 함유된 크리스탈 유리잔 등을 통해 체내 유입

2) 수은 중독(mercury poisoning)

수용성의 수은염을 먹거나, 치료제인 수은연고, 수은이뇨제 등의 과잉 투여로 일어난다. 공장의 폐수에 오염된 물고기 섭취나 수은증기의 흡입에 의하여 만성중독이 일어나는 경우도 많다. 부식작용이 강하므로 구강·인두·식도에 심한 통증과 설사·구토·탈수·쇼크가 일어나며, 내복 후 15분 정도 후에 오심·구토·복통이 일어난다.

0.1~0.5g의 복용으로 중독이 일어나며 응급처치를 하지 않으면 사망한다.

수은에 오염된 물고기, 조개류, 갑각류를 가임기 여성이 섭취한다면 선천성 기형을 일으킬 수 있다.

만성인 경우에는 구내염·설사·신경염·빈혈·피부염 및 잇몸의 색소침착 등이 나타나는데 우선 수은과의 접촉을 피하는 것이 가장 중요하다.

또한, 수은 중독은 심장, 신장, 면역계와 신경계 질병의 원인이 되며, 뇌 속에서 운동신경 장애, 기억상실, 학습장애, 우울증 등의 원인이 된다.

3) 카드뮴 중독(cadmium poisoning)

공장 폐수의 카드뮴에 의한 쌀 등 식품의 오염, 광산 등 폐수의 카드뮴증기 흡입에 의해 코, 목구멍, 폐, 위장, 신장의 장애로 호흡기능 저하, 단백뇨, 당뇨검출과 소변량이 많아지는 증상이 나타난다.

이타이이타이병	카드뮴 중독증으로 요통, 하지 근육통으로 시작하여 수년 후에는 보행이 불가능하고 골절이 심해 "아프다 아프다"라는 일본말인 "이타이이타이"라고 고통을 호소하여 붙여진 이름이다. 피부가 검어지며 목 윗부분을 제외한 전신에 통증과 키가 줄어들고 골연화증이 나타난다.

4) 알루미늄 중독(alminium poisoning)

알루미늄은 중금속과 달리 가벼우며 식품첨가제로 케이크·팬케이크 믹스, 팽창제가 첨가된 밀가루·가공치즈·베이킹파우더, 피클제조 시 과일이나 야채를 더 단단하게 유지시키는 첨가제, 제산제, 발한억제제, 진통제, 지사제, 수렴

제, 립스틱, 음식포장용 호일이나 캔 음료, 통조림 등에 많이 함유되어 있으며, 열 전도성이 커서 주방용기 등에 많이 사용하므로 중독될 수 있으며, 알루미늄의 독성은 신경계에 작용해서 떨림, 경련성 동작 등이 나타나며 기억력 상실과 관련한 알츠하이머, 언어상실, 골연화증, 치매, 운동 불능, 파킨슨병 등을 유발할 수도 있다.

6. 수분(Water)

물은 우리가 생명을 유지하는데 필요한 탄수화물, 단백질, 지질, 비타민 그리고 무기질과 더불어 6대 영양소 중 하나이다.

우리 인체도 약 60~70%가 물로 구성되어 있어 사람은 수분으로 구성된 유기물이며 사람에게 물은 생명이라고 할 수 있다.

물은 신체 모든 세포에 분포되어 있으며 산소와 함께 사람의 생명을 이루는 근본 물질로 인간은 물 없이는 신진대사가 원활히 이루어지지 않고 체내의 독소배출이 어려워 1주일 내로 사망하게 된다.

(1) 체내 수분 함량 및 수분 분포

1) 체내 수분 함량

우리 인체 내 수분 함량은 각 개인의 신체 구성에 따라서 달라지며 체지방 함량과 반비례 한다. 근육이 많으면 수분 함량이 많고 지방조직이 많아지면 수분 함량이 적어진다. 성인 여자가 성인 남자보다 수분 함량이 적은 이유는 여자가 남자보다 체내 지방조직을 더 많이 보유하기 때문이다. 인체 수분 함량은 나이가 들수록 낮아져서 60세 이후에는 50% 정도에 이르게 되는데 피부 수분 함량 감소로 인한 노화는 피부의 탄력저하로 나타난다.

2) 체내 수분 량

신체 내 조직의 수분 분포를 보면 혈액이 83%로 가장 수분을 많이 함유하고 있고, 근육에 75.6%, 피부에 72%, 지방조직에 20% 수분을 함유하고 있다.

[신체 내 조직의 수분 량]

조직	혈액	신장	심장	폐	비장	근육	뇌	장	피부	간	골격	지방	치아
수분%	83.0	82.7	79.2	79.0	75.8	75.6	74.8	74.5	72.0	68.3	22.0	20.0	10.0

7. 영양과 미용

아름다움은 건강한 삶을 바탕으로 이루어진다. 생물학적, 심리학적, 사회학적인 건강을 모두 갖추어 삶을 살아가는 것이 완전한 행복이라고 할 수 있을 것이다.

미용관리의 주 대상은 피부로, 피부의 아름다움은 영양의 균형과 건강이 필수적이다.

(1) 내면 미용

영양상태가 균형을 이루면 피부도 좋아진다. 내부 장기의 상태가 피부에 반영되며, 위장질환, 변비, 간 기능 등에 의한 피부색과 피부상태가 기준이 된다. 혈액순환이 원활하면 영양공급과 노폐물의 배설이 원활하여 피부의 기능이 잘 유지된다. 정서적으로 안정되고 건강한 마음 상태이면 아름다운 피부를 유지할 수 있다.

(2) 영양과 미용의 관계

개인의 식습관은 개인의 몸 상태와 아름다움에도 영향을 준다.

1) 비타민과 피부

① 피부는 세포교환이 일생동안 매우 빠르게 진행되는 조직으로 피부 건강을 위해 평소 필수적인 영양소의 균형 잡힌 식사가 중요하다.

② 과도한 체중감량, 아침결식, 불규칙한 식사, 잦은 외식 등 바람직하지 못한

식생활 및 생활습관으로 인한 영양소 불균형이 오기 쉬우므로 생활습관부터 고쳐나가야 한다.

③ 곡류, 어육류, 채소류, 과일류, 유제품, 지방류 등의 6가지 식품군을 골고루 섭취하여, 필수지방산, 비타민, 무기질 등의 섭취가 부족하지 않도록 균형식을 실천하여 피부를 아름답게 유지하도록 한다.

④ 충분한 양의 과일과 채소 등 다양한 식품 섭취로 미량 영양소들의 섭취가 부족하지 않도록 균형 잡힌 영양섭취로 정상적인 피부색과 탄력성 및 면역성을 유지하도록 하고, 비타민의 결핍으로 피부의 색소침착, 건성화가 생기지 않도록 한다.

⑤ 피부에 좋지 않은 음식이라고 하여 특정 식품섭취를 지나치게 제한하면 영양소 결핍으로 오히려 피부의 상태를 악화시킬 수 있으므로 주의한다.

2) 미네랄과 피부

① 과체중의 경우 체중을 지탱하는 관절에 부담을 줄 수 있으므로 체중을 조절하여 관절염의 발생과 위험을 줄이는 것이 중요하다.

② 무절제한 체중 감소는 영양결핍을 초래하여 뼈와 관절에 부정적인 영향을 미치므로 뼈와 관절에 적절한 영양공급을 위한 균형 잡힌 식사섭취가 필요하다.

③ 연골 손상의 예방과 치료에 항산화 영양소의 섭취가 도움이 될 수 있으므로 비타민 C, 비타민 E, 베타카로틴, 셀레늄과 같은 항산화 영양소가 많이 함유된 채소와 과일을 충분히 섭취한다.

④ 평소 뼈와 관절에 주요 영양소인 칼슘과 칼슘 흡수를 촉진시켜 줄 수 있는 식품을 섭취한다.

8. 균형있는 식생활

여러 가지 식품이 골고루 함유된 균형있는 식사의 계획과 실천으로 올바른 식생활을 영위할 수 있다.

(1) 다섯 가지 기초식품군

우리가 먹는 식품을 영양소의 구성에 따라 다섯 가지 기초식품군으로 구분하여 매일 골고루 섭취하도록 권장하고 있다.

1) 곡류 및 전분류

당질(탄수화물) 식품은 곡류나 전분류, 콩류로 쌀을 주식으로 하는 우리 식단의 주된 식품이다. 곡류는 도정 정도에 따라 식이섬유소와 각종 비타민의 공급이 가능하여 미용식이라고 할 수 있다. 한국인의 곡류 및 전분류의 섭취비율은 전체 열량의 60~70% 정도이며 영양의 불균형으로 비만이 건강문제로 대두되고 있다.

2) 채소 및 과일류

채소류와 과일류는 비타민, 무기질, 수분 및 식이섬유소의 급원 식품으로 녹황색 채소에는 β-카로틴이 많이 함유되어 있어 비타민 A 공급원이다.

3) 고기, 생선, 달걀 및 콩류

신체의 구성, 성장, 조직의 유지 및 보수에 꼭 필요한 단백질의 주된 급원으로 필수 아미노산을 충분히 함유하고 있는 식품들이다. 포화지방산이 함유되어 있어 적당한 양을 섭취하도록 한다.

4) 우유 및 유제품

우유 및 유제품은 뼈째 먹는 생선과 함께 칼슘의 급원으로 성장과 골격의 건강 유지를 위한 식품이다.

5) 유지 및 당류

유지류는 열량을 공급하고 식욕을 높이며, 지용성 비타민의 흡수를 돕는다. 당류는 단맛이 나므로 다량섭취로 인해 고열량 섭취가 되기도 한다.

(2) 식품구성탑

식품구성탑은 식품군의 중요성과 권장섭취량을 탑 모양으로 나타낸 것이다.

유지 및 당류는 가장 적게 권장하므로 좁은 맨 위층에, 위에서 두 번째 층에는 우유 및 유제품을, 세 번째 층에는 단백질 식품인 고기, 생선, 달걀 및 콩류를, 많은 양을 섭취하고 있는 식물성 식품인 채소와 과일류는 밑에서 두 번째 층에, 주식인 곡류 및 전분류는 가장 넓은 맨 아래층에 위치하도록 하였다.

(사)한국영양학회

우리나라 국민은 과일·채소 섭취가 부족하고 나트륨이 과잉 섭취되고 있으며, 어린이들의 당류 과다 섭취가 문제되므로, 식품 및 영양섭취 관련 지침에 따라 영양 식생활 개선이 필요하다.

에너지와 단백질은 권장량에 알맞게 섭취하고, 칼슘, 철, 비타민 A, 리보플라빈(비타민 B_2)의 섭취를 늘린다. 지방의 섭취는 총 에너지의 20%를 넘지 않도록 하고, 소금(나트륨)은 1일 10g 이하로 섭취, 알코올은 줄인다.

바른 식사 습관으로 건강 체중(18.5 〈 BMI〈 25)을 유지하여 비만을 예방하고 건강한 삶을 영위하도록 한다.

BMI(Body Mass Index : 신체질량지수) = 체중(kg) x 신장$(m)^2$

한국인을 위한 식생활 지침

1. 매일 신선한 채소, 과일과 함께 곡류, 고기·생선·달걀·콩류, 우유·유제품을 균형 있게 먹자.
2. 덜 짜게, 덜 달게, 덜 기름지게 먹자.
3. 물을 충분히 마시자.
4. 과식을 피하고 활동량을 늘려서 건강 체중을 유지하자.
5. 아침식사를 꼭 하자.
6. 음식은 위생적으로, 필요한 만큼만 마련하자.
7. 음식을 먹을 땐 각자 덜어 먹기를 실천하자.
8. 술은 절제하자.
9. 우리 지역 식재료와 환경을 생각하는 식생활을 즐기자.

출처 : 보건복지부, 2021

(3) 피부 타입에 따른 음식

피부 타입	좋은 음식	좋지 않은 음식
노화피부	아보카도, 마늘, 연자육, 연근, 시금치, 고구마, 토마토, 녹차, 베리류, 견과류, 달걀, 녹황색채소, 등푸른 생선 등	매운음식, 가공육, 탄음식, 카페인, 패스트푸드, 탄산음료, 튀김, 쿠키, 케익, 아이스크림 등 찬음식 등
색소침착피부	브로콜리, 베리류, 율무, 오이, 시금치, 알로에, 콩, 팥, 마늘 등	맵고, 짜고 자극적인 음식, 찬음식, 카페인 등
건성피부	견과류, 베리류, 달걀, 아보카도, 파프리카, 등푸른 생선 등	커피, 패스트푸드, 탄산음료, 아이스크림 등 찬음식 등
민감피부	감귤류, 아몬드, 버섯류, 브로콜리, 파프리카 등	맵고, 짜고 자극적인 음식, 찬음식, 카페인, 과자류, 화학제 첨가식품 등
여드름피부	도라지, 포도, 녹두, 알로에, 당근, 시금치, 아보카도, 율무, 매실, 인삼 등	빵, 떡, 면, 과자, 지방함유식품, 튀김, 냉음료(당이 들어있는), 초콜릿, 인스턴트 식품 등

PART Ⅱ 상체관리 실기

PART Ⅱ

상체관리 실기

3. 등 관리
4. 복부 관리
5. 팔 관리

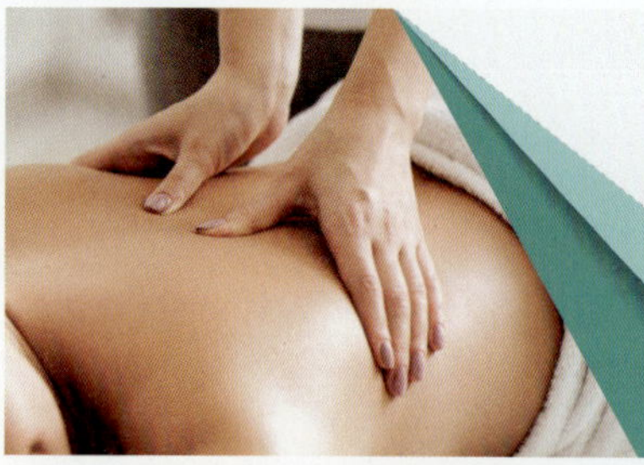

Chapter 3 등 관리

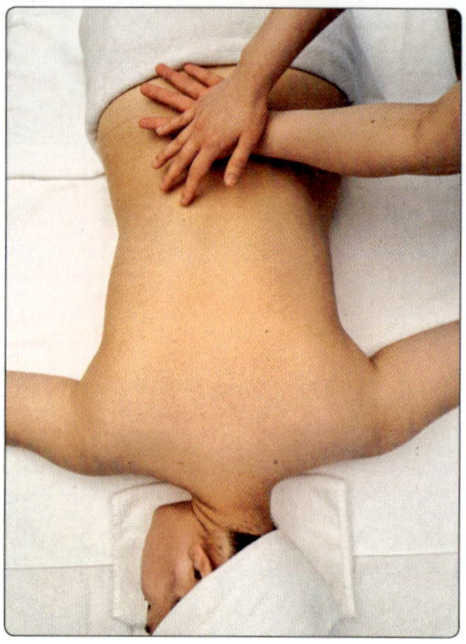

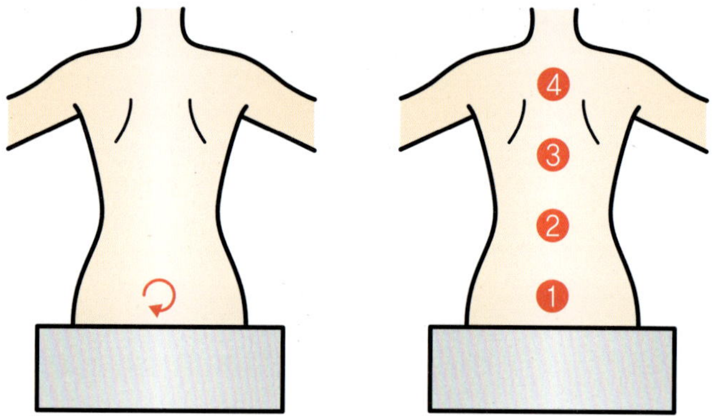

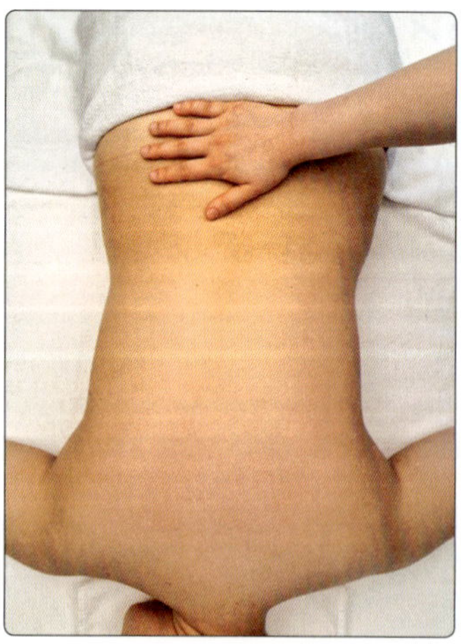

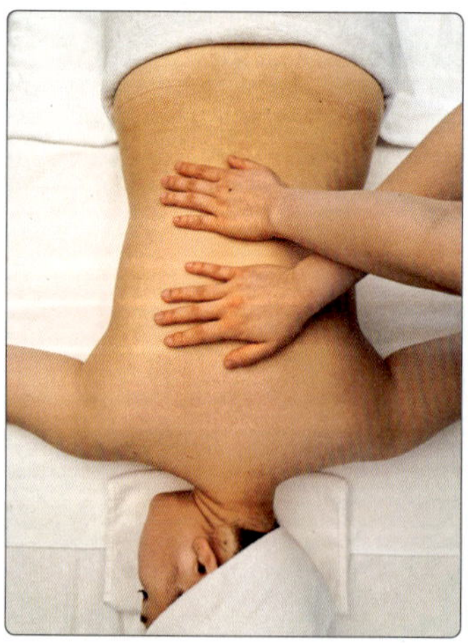

1. 도포

① 손바닥으로 크림 동글려 러빙하기

② 선골 위에 대고 다시 한번 동글리기

③ 등 (밑 → 위) 양 손바닥 번갈아 손도장 찍으며 올라가기

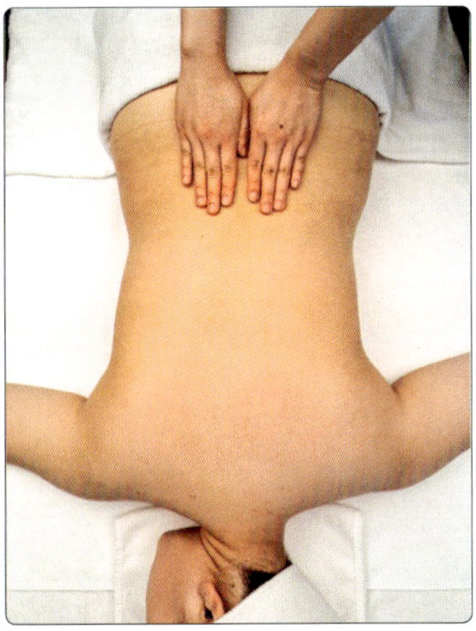
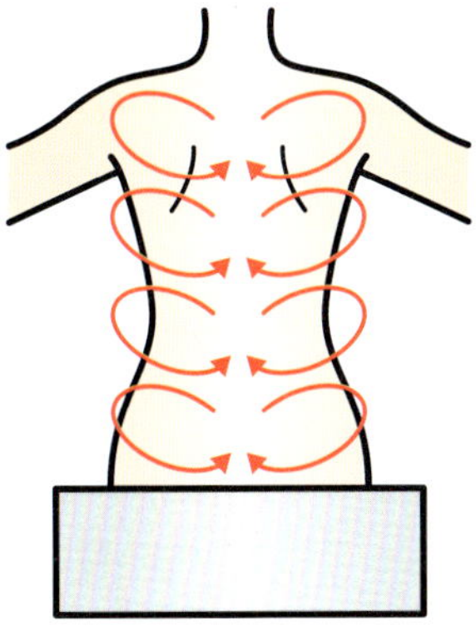
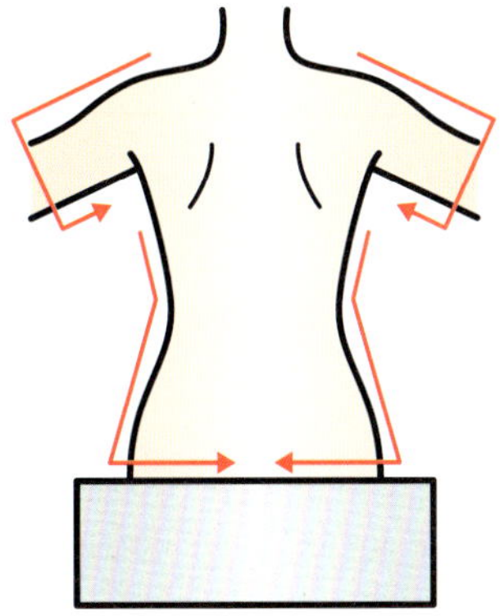

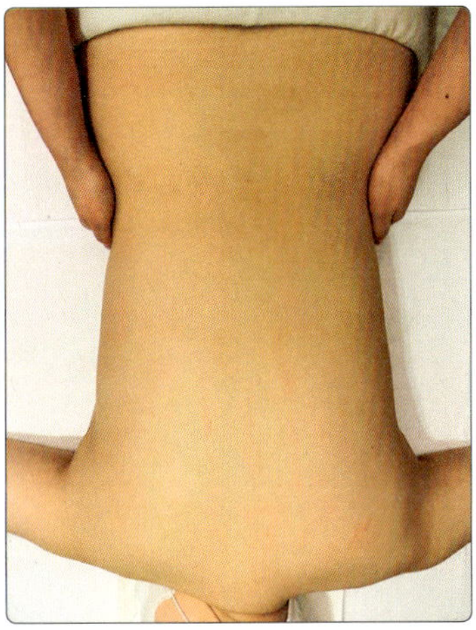

④ 등(밑 → 위) 하트 4개 그리며 올라가기

⑤ 팔 2/3 돌아 옆구리 감싸 선골로 내려오기

④,⑤ 다시 반복하기

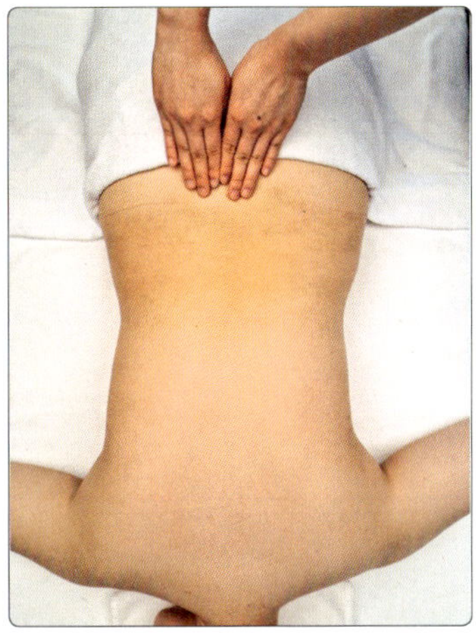

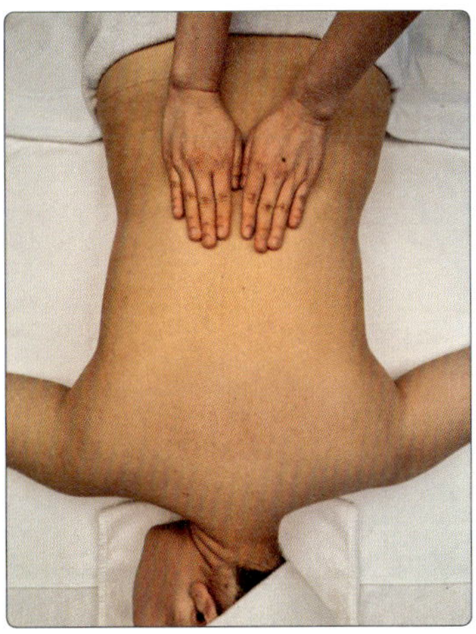
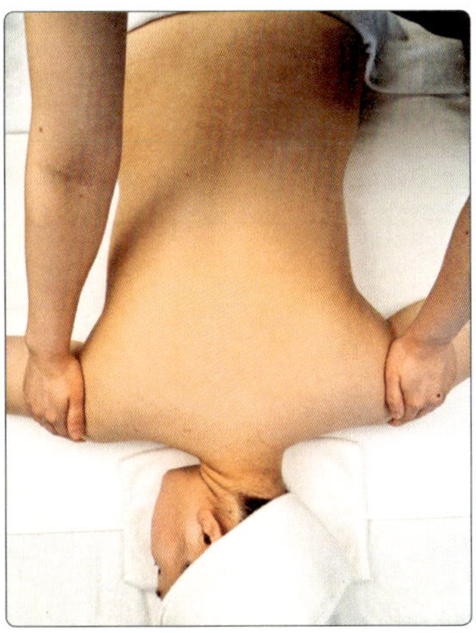
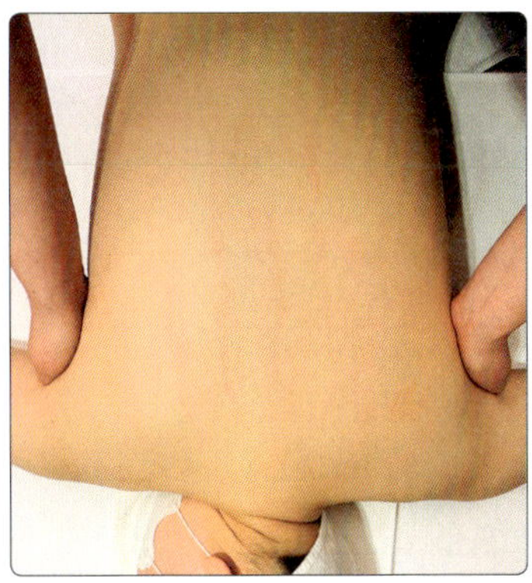

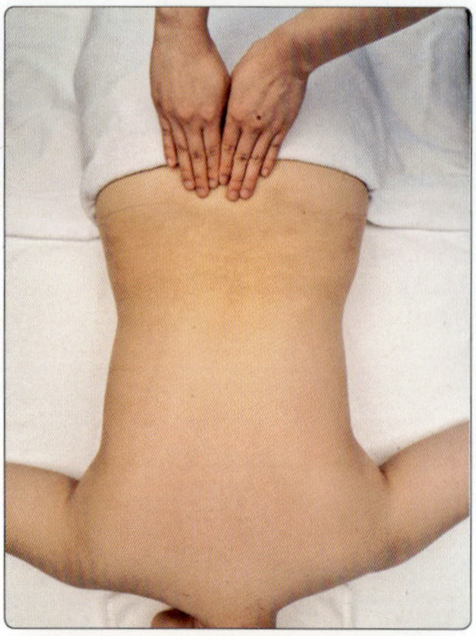

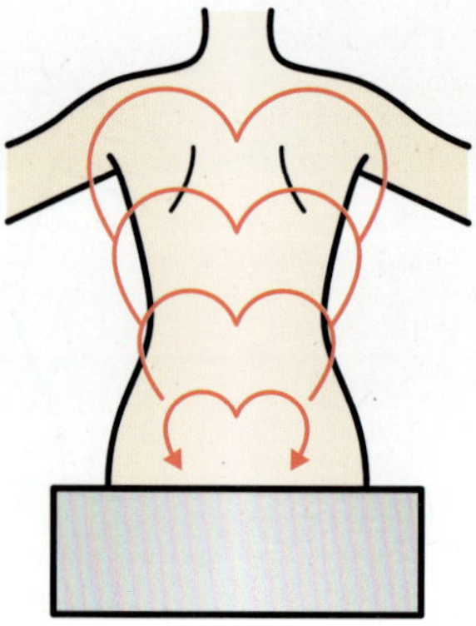

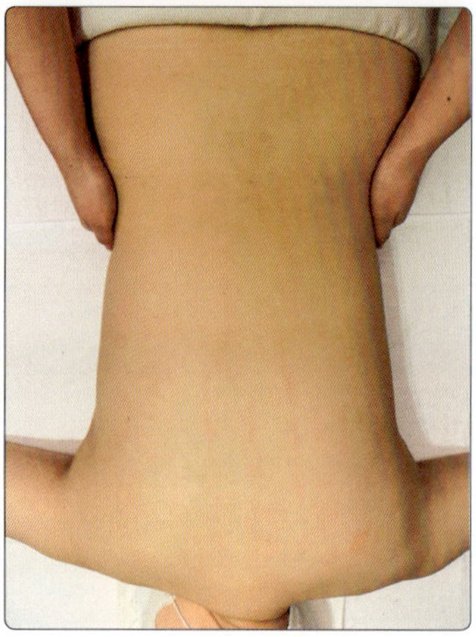

2. 점점 크게 하트 그리기(4번)

양 사지를 선골에 나란히 두고 지문에 힘줘서 하트그리며 대추까지 올라가 선골로 내려온다.

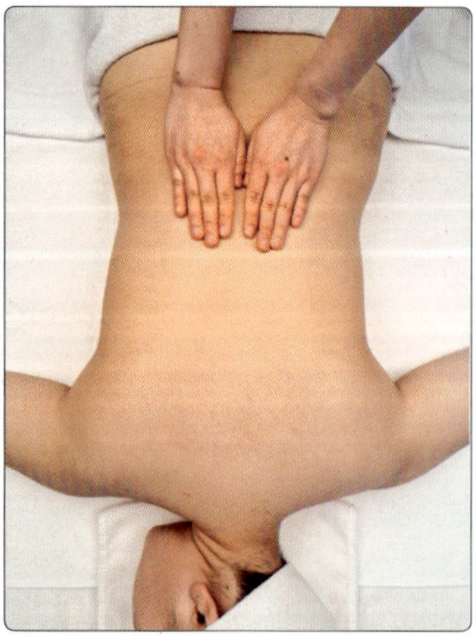

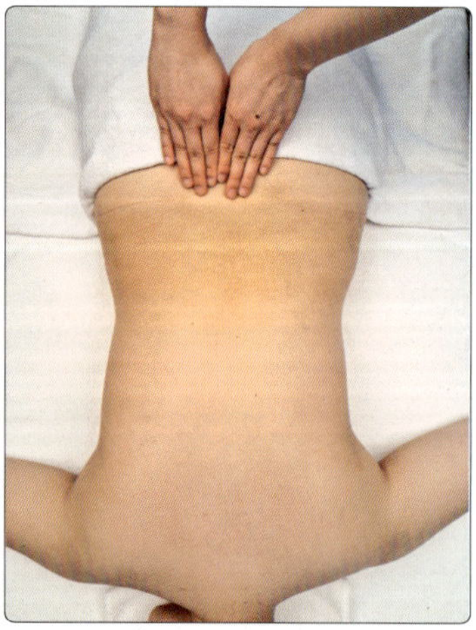

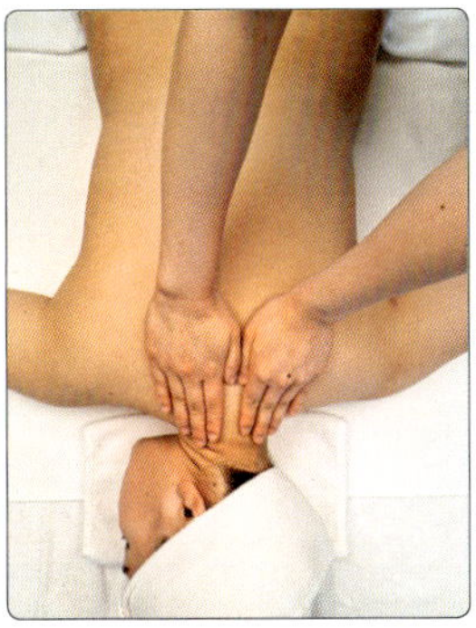

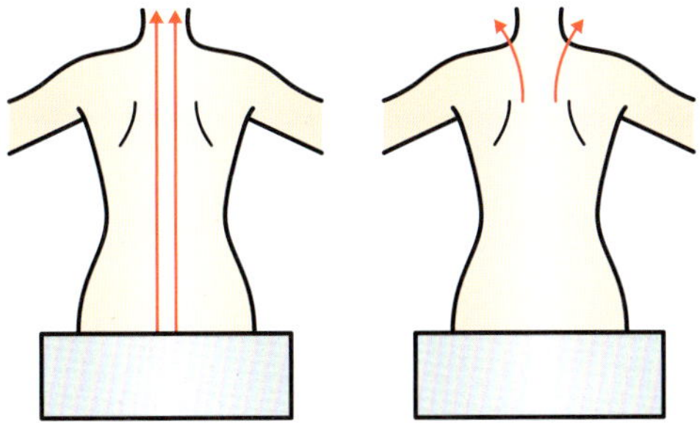

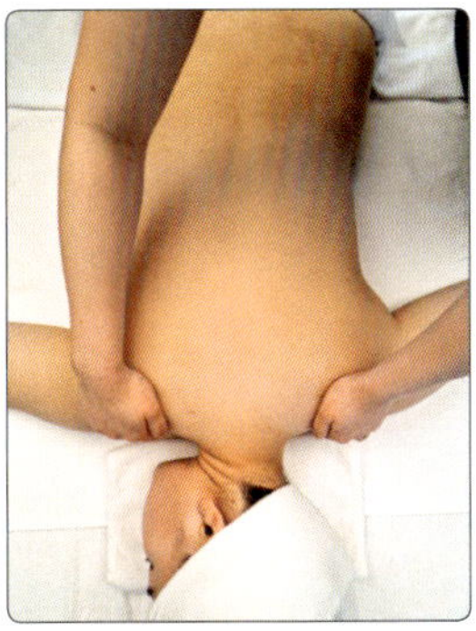

3. 옵션(끝난 자리에서 시작한다.)

양 사지 나란히 두고 목 중앙까지 갔다가 힘빼고 돌아온 뒤 다시 힘줘서 터미누스로 간다.

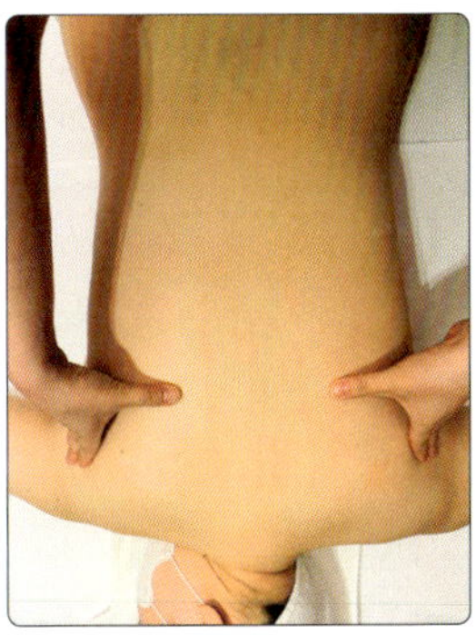

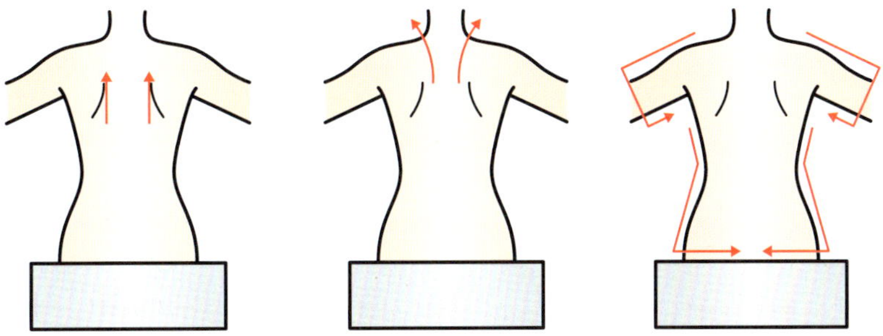

엄지로 견갑골 안쪽 쓸어올리기 8번 → 다시 양 사지로 간혈 → 터미누스 → 팔 돌아 옆구리 → 선골 순서로 감싸 내려온다.

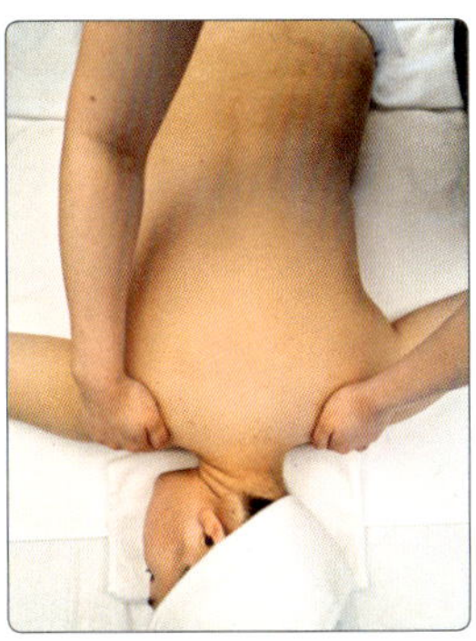

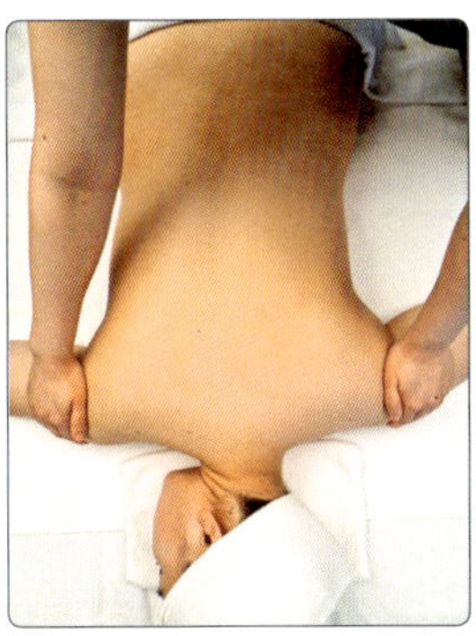

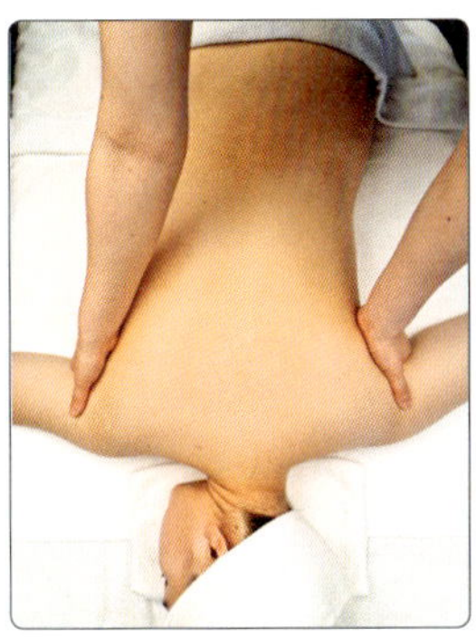

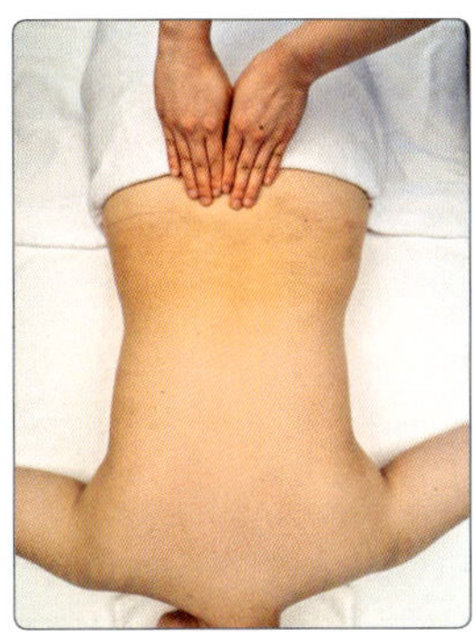

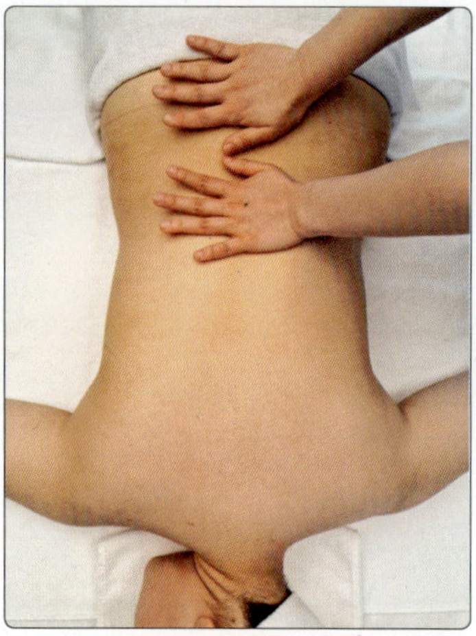

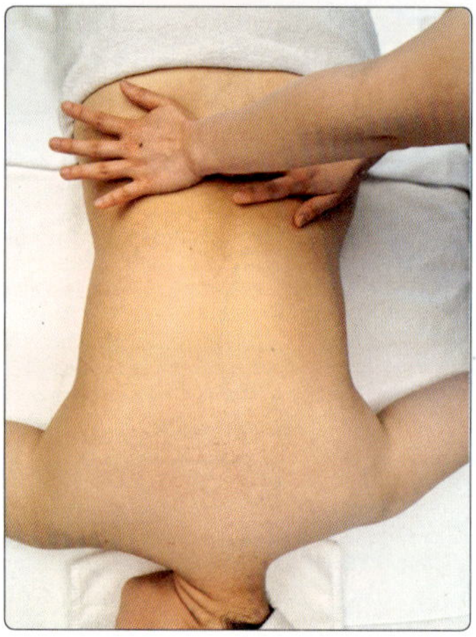

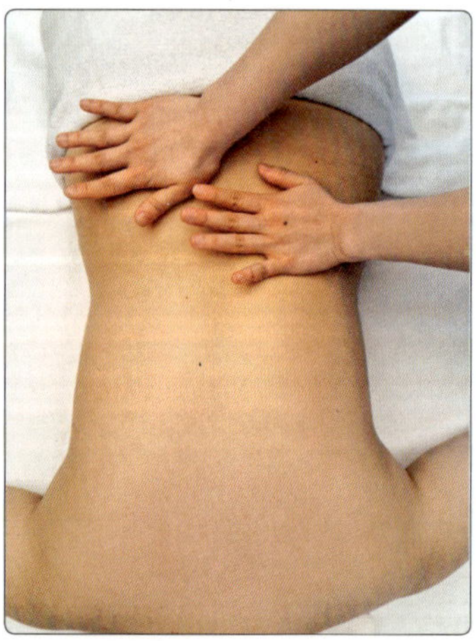

4. 2번과 3번의 동작을 다시 한 번 반복한다.

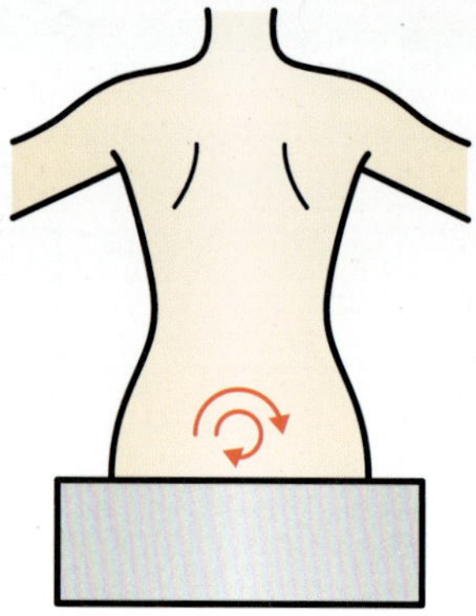

5. 양 손바닥을 나란히 두고 엉덩이 골 윗부분(선골)에 동그랗게 원을 그린다.

오른손은 한바퀴, 왼손은 반바퀴

총 8회

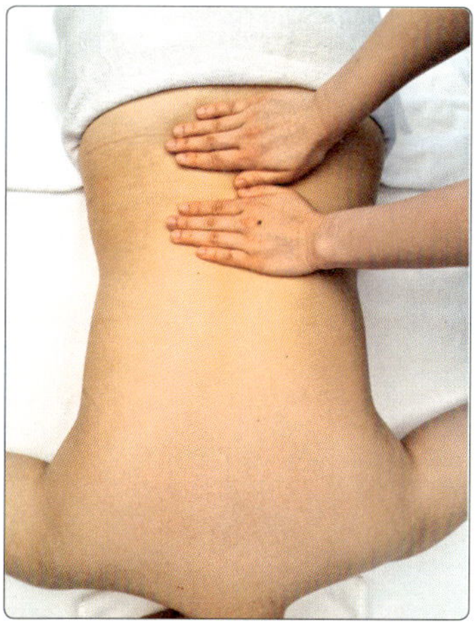

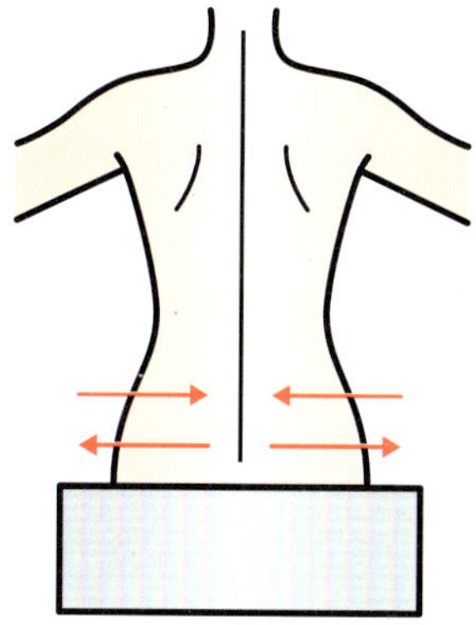

6. 양 손바닥을 선골에 나란히 두고 가로로 늘렸다가 지문으로 끌어모으기

→ 촘촘하게 늘리고 모으면서 대추까지 올라간다. → 옵션동작하고 내려오기

총 2세트

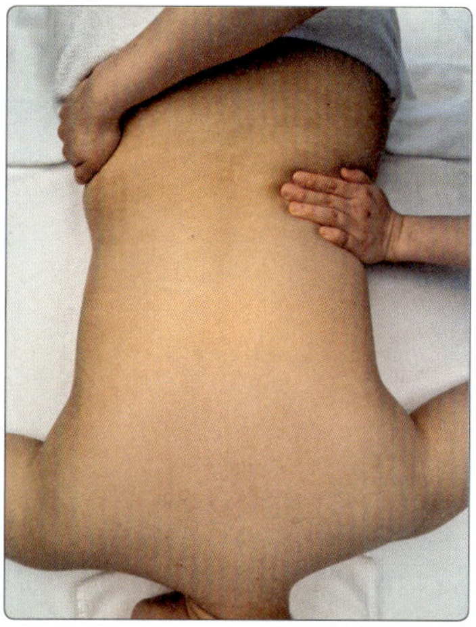

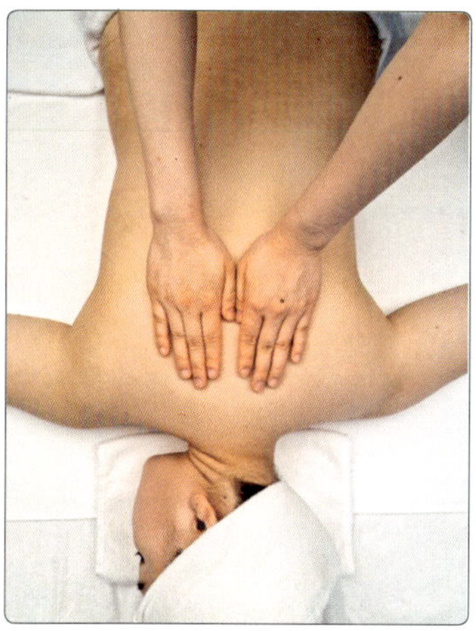

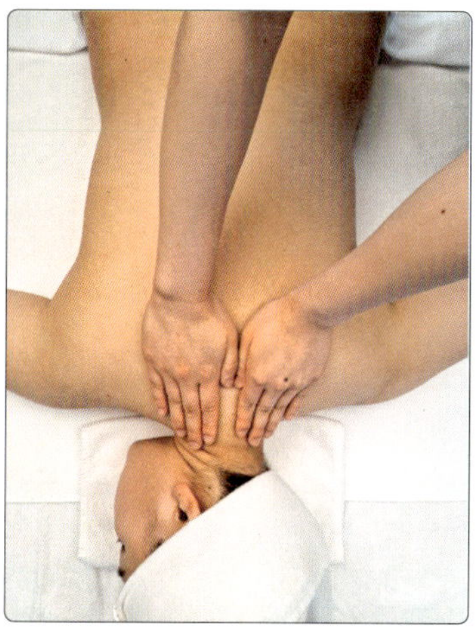

※ 옵션은 끝난 자리에서 하기 때문에 이때의 옵션은 견갑골 중앙에서 시작한다.

왼쪽의 사진 이후 동작은 동일하게 진행한다.

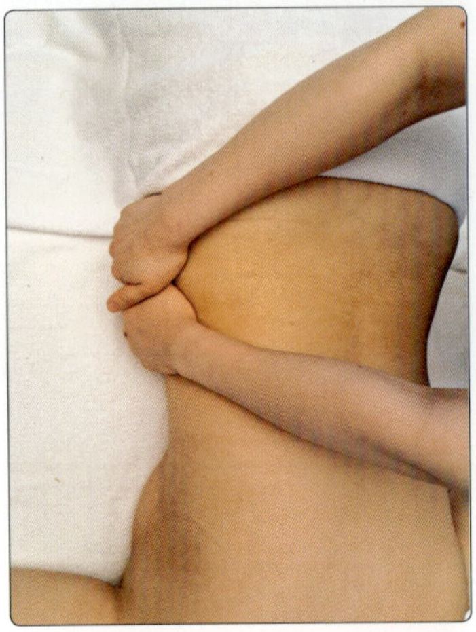

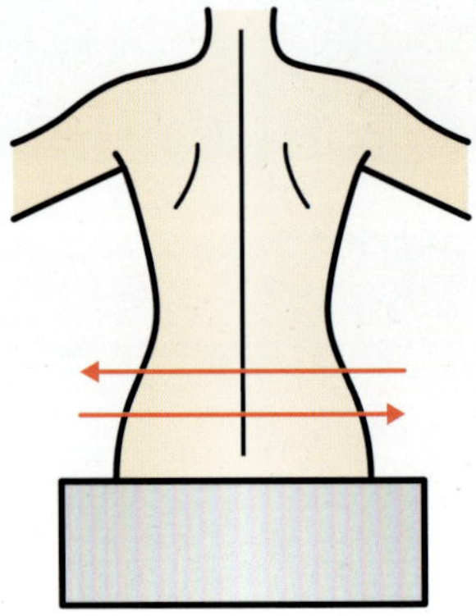

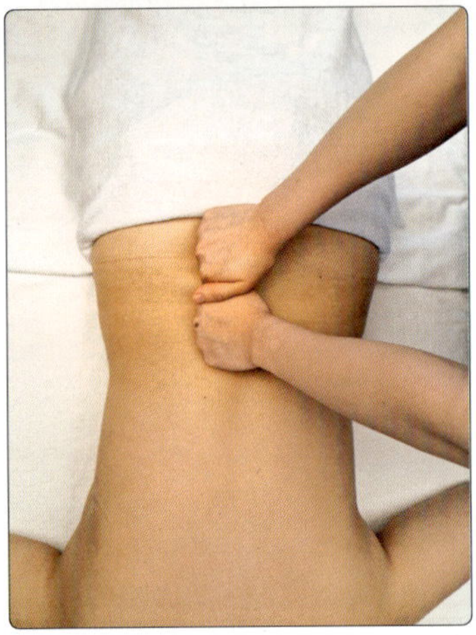

7. 양 각권면 나란히 두고 옆구리 길게 당기고 밀기

반대쪽 1번, 내쪽 1번 → 촘촘하게 겹쳐서 대추까지 올라간다.
→ 옵션동작하고 내려오기

총 1세트

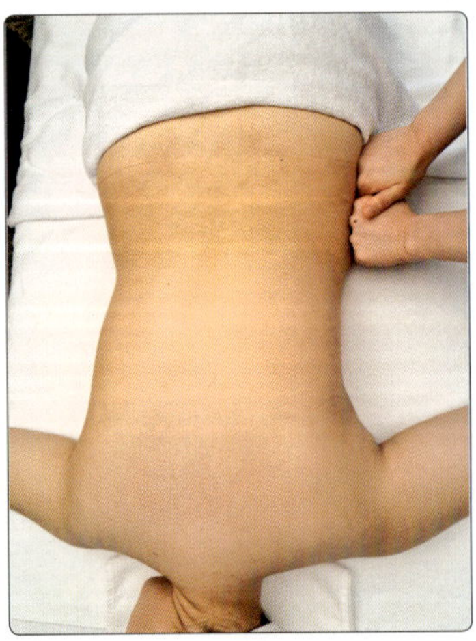

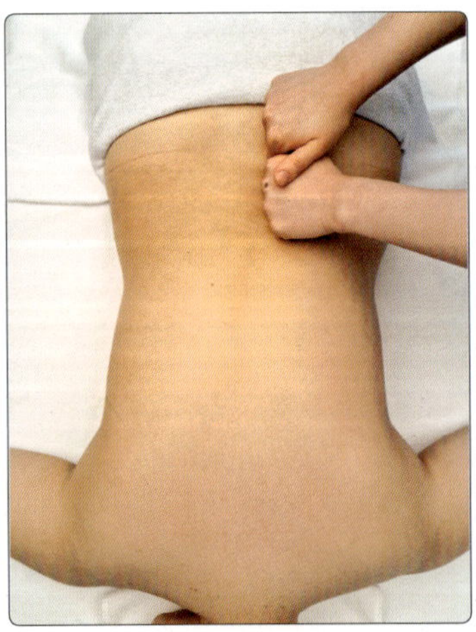

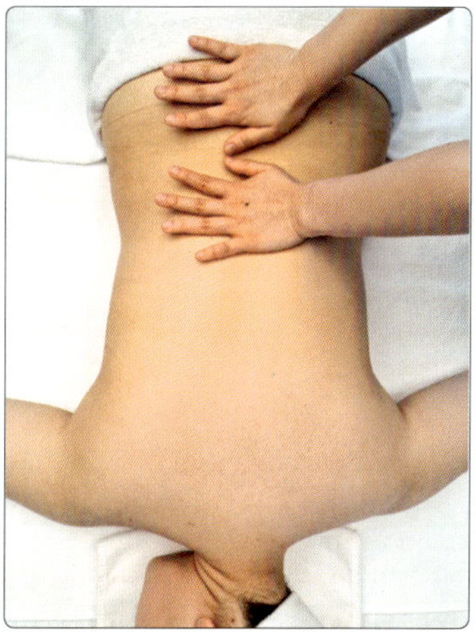

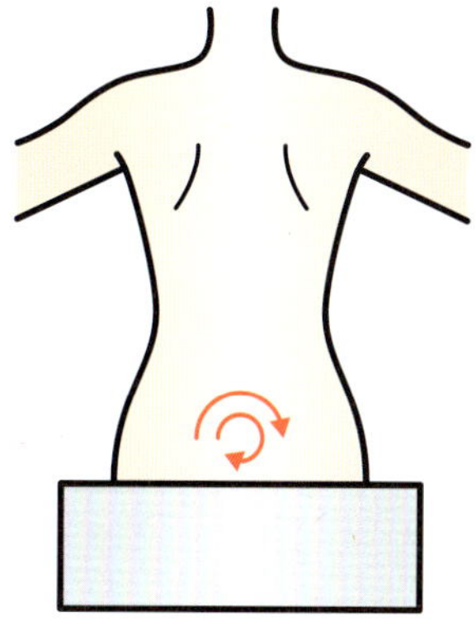

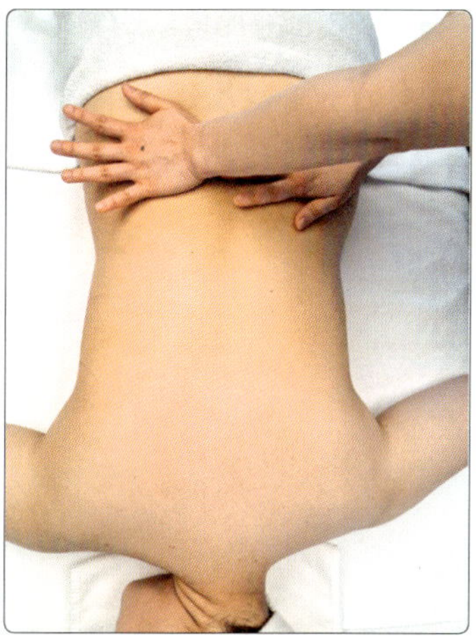

8. 양 손바닥을 나란히 두고 엉덩이 골 윗부분(선골)에 동그랗게 원을 그린다.

오른손은 한바퀴, 왼손은 반바퀴

총 8회

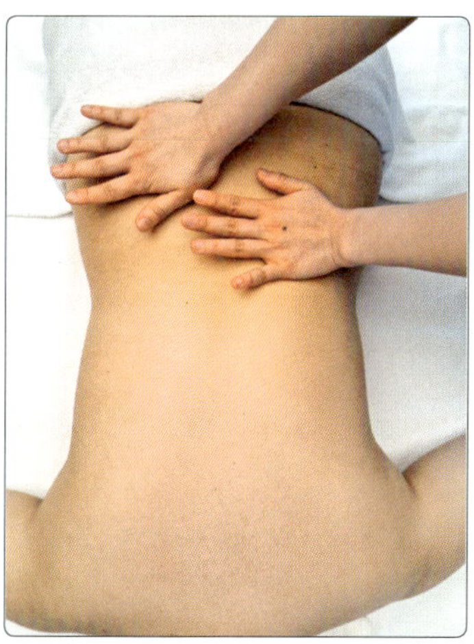

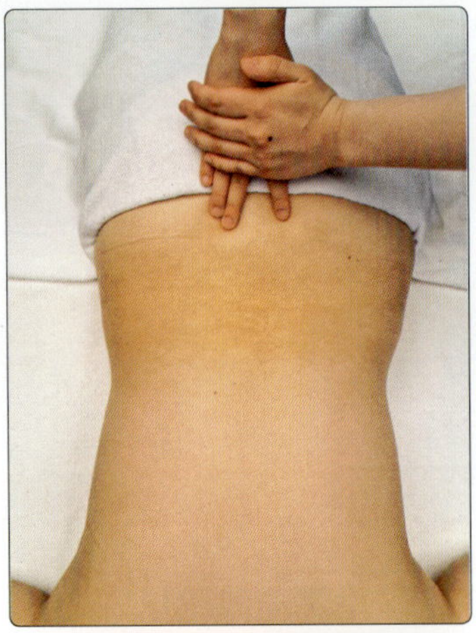

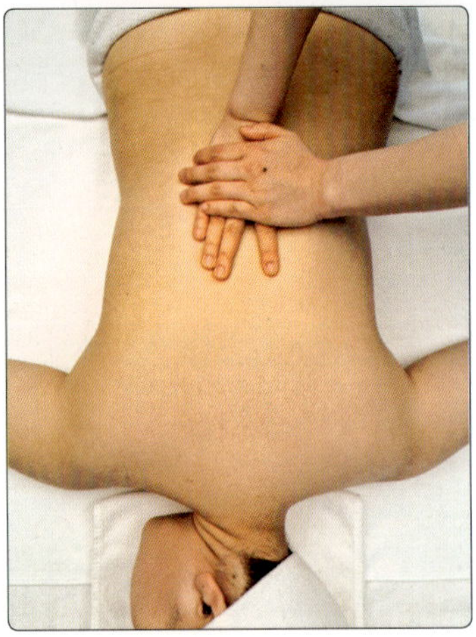

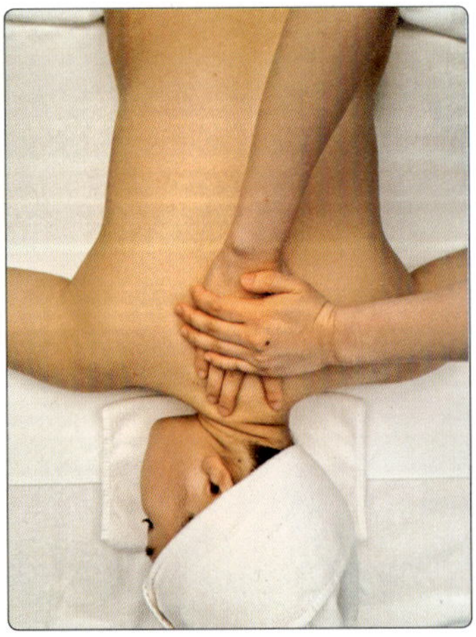

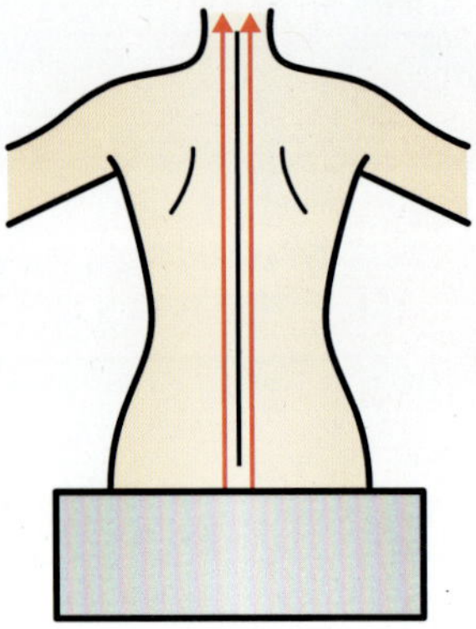

9. 검지와 중지를 벌려 척추기립근에 두고 반대쪽 손은 손등에 올려 십자가 모양으로 두기

→ 기립근 타고 대추까지 올라갔다가 옵셔동작하고 내려오기

총 2세트

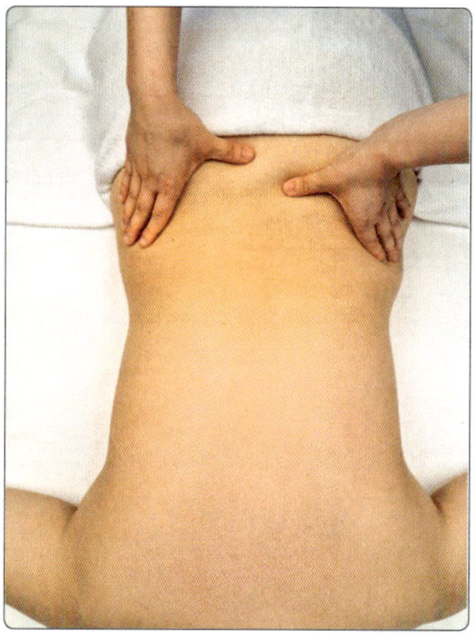

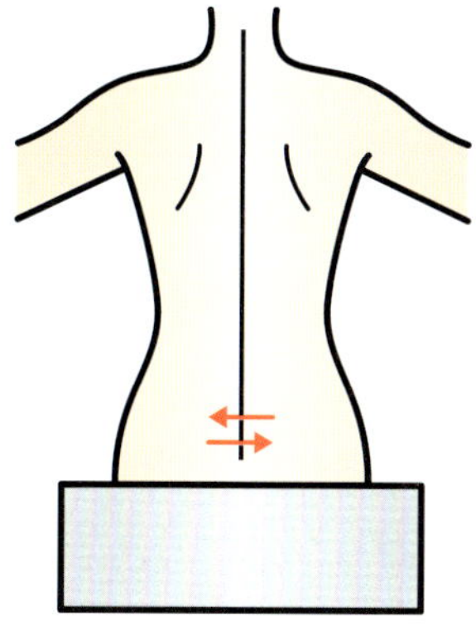

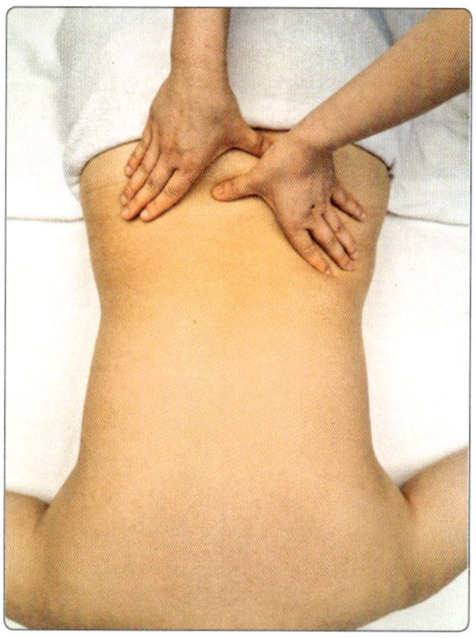

10. 양 엄지로 척추 길게 모으듯이 2번씩 비틀며 올라가기

→ 대추까지 올라갔으면 옵션 동작하고 내려오기

총 2세트

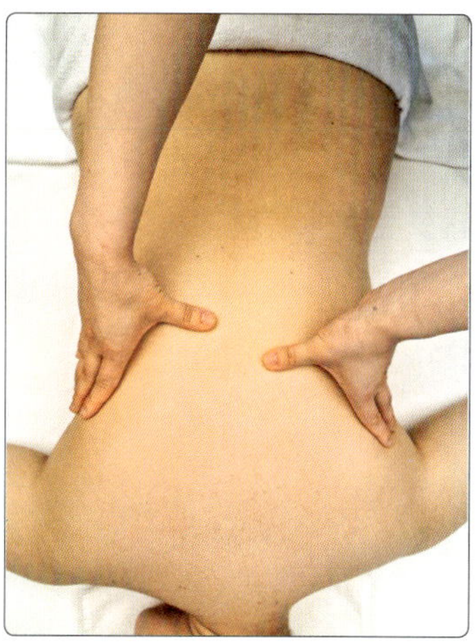

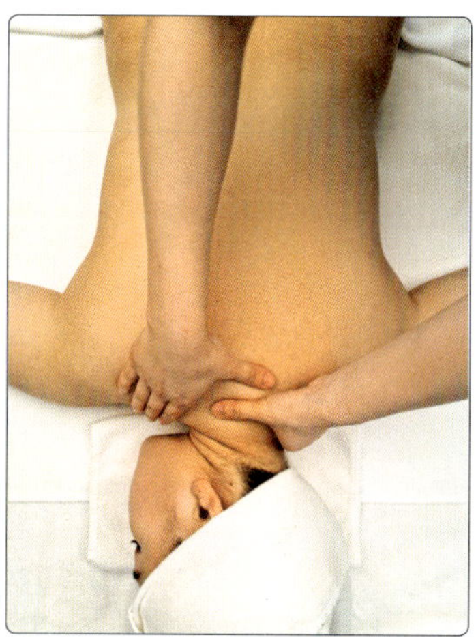

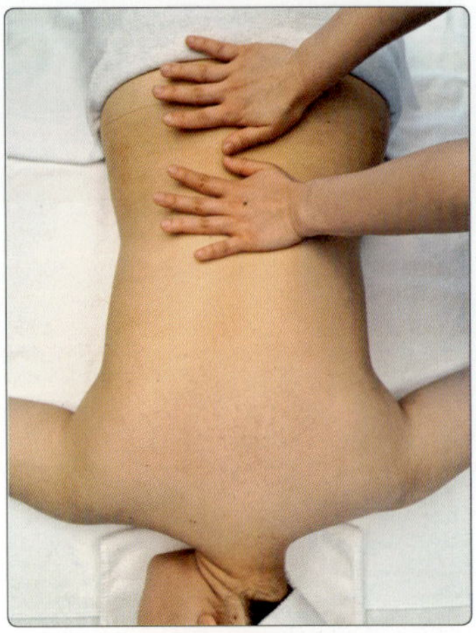

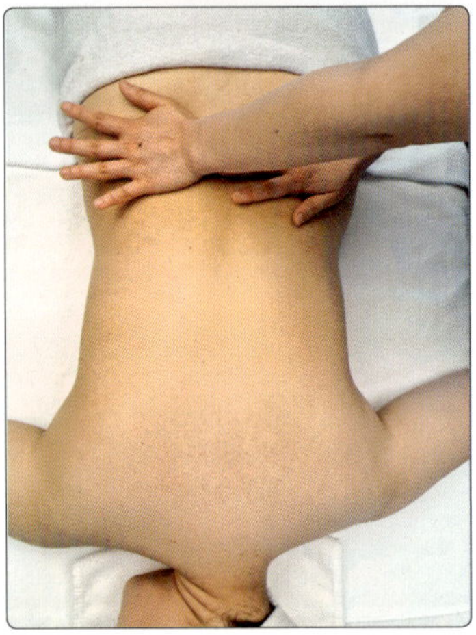

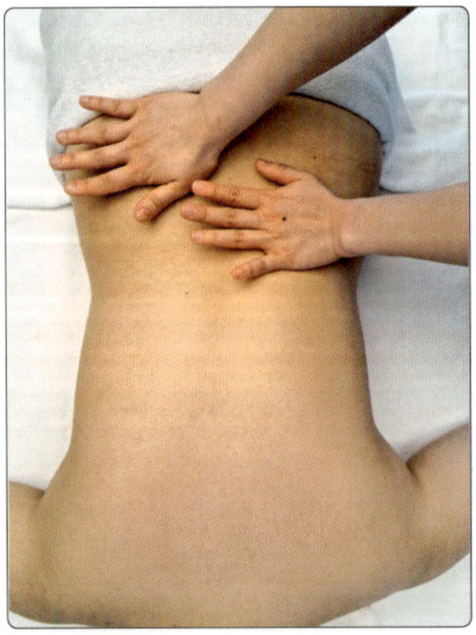

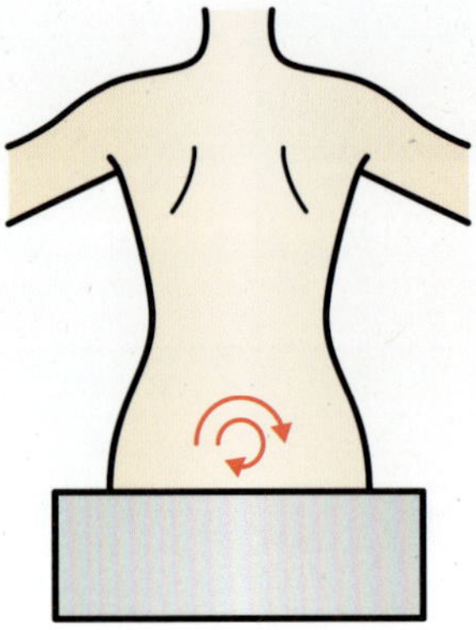

11. 양 손바닥을 나란히 두고 엉덩이 골 윗부분(선골)에 동그랗게 원을 그린다.

    오른손은 한바퀴, 왼손은 반바퀴

    총 8회

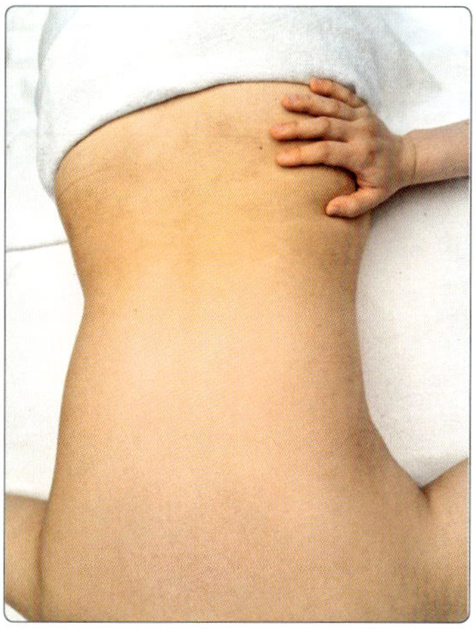

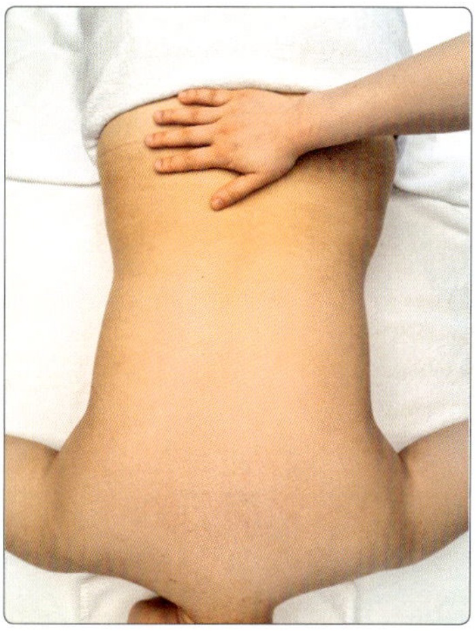

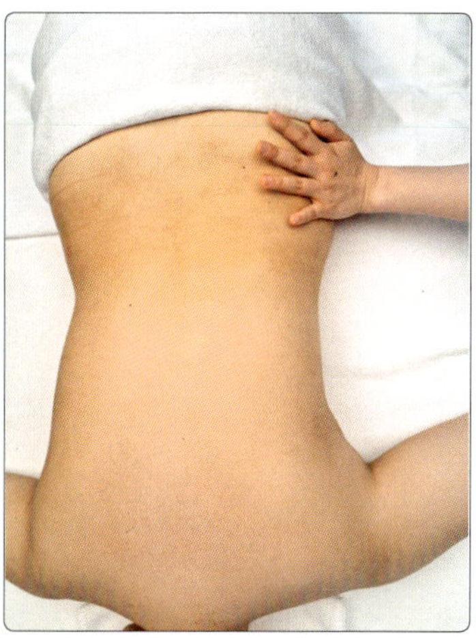

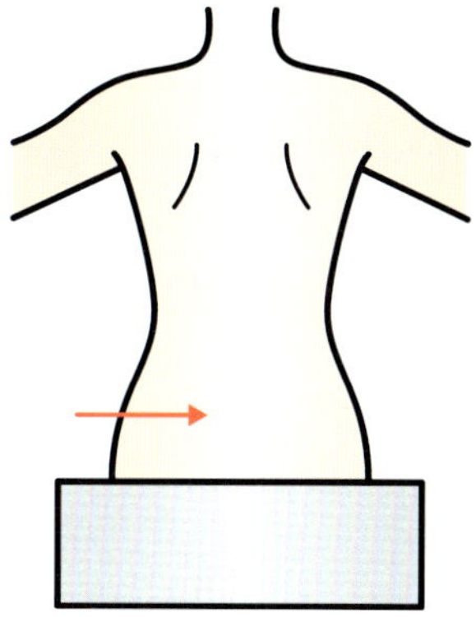

12-1. 내쪽 장골을 양 손바닥 번갈아 선골까지 길게 쓸어올리기

총 8회

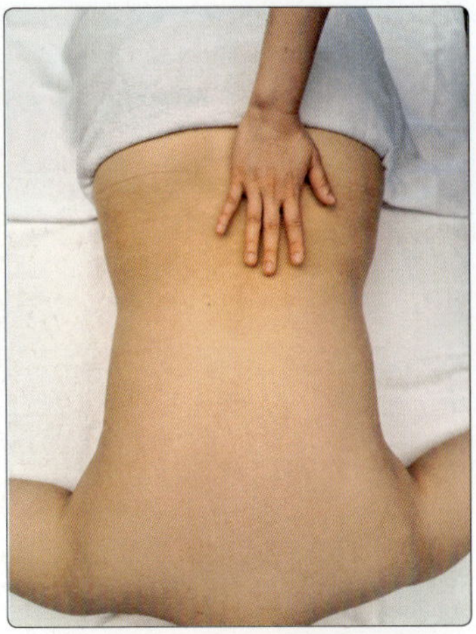

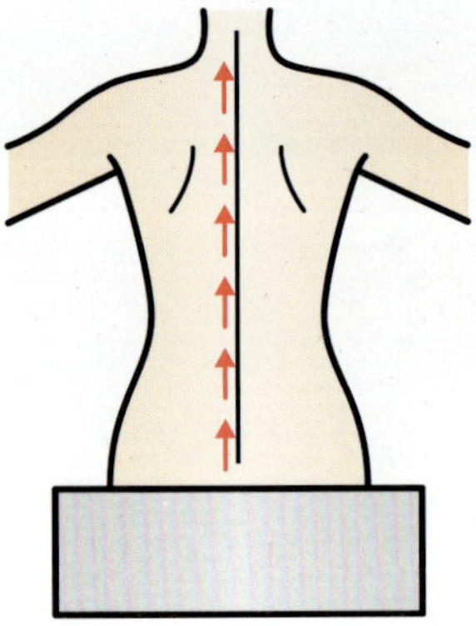

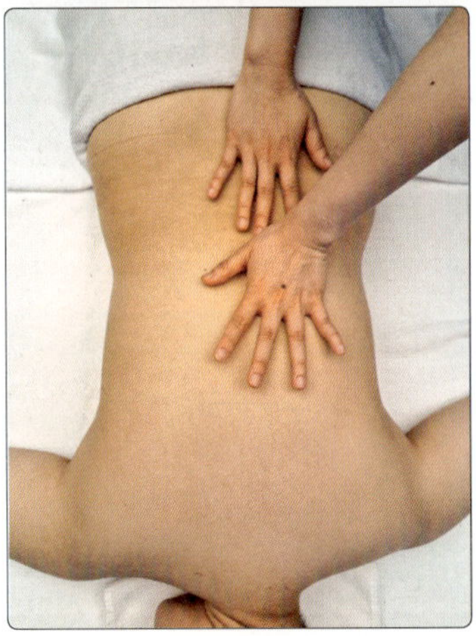

12-2. 내쪽 척추기립근을 양 손바닥 번갈아 머리방향 올리듯이 짧게 쓸며 올라가기

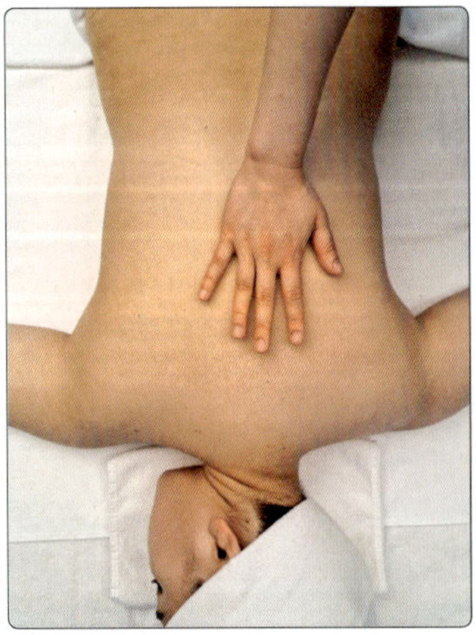

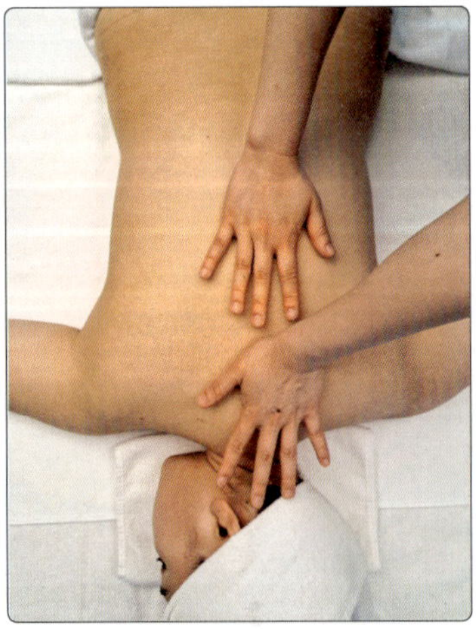

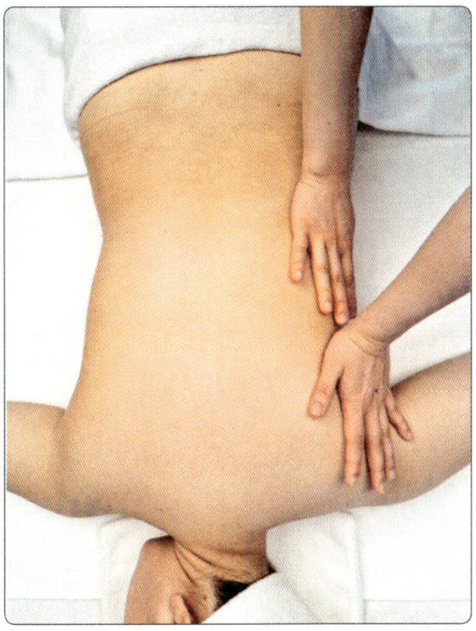

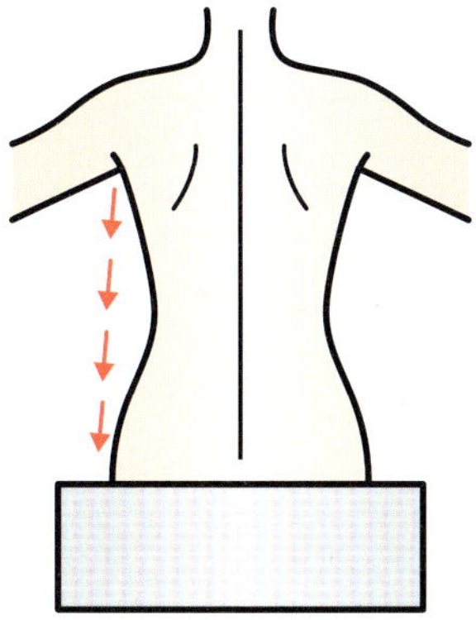

12-3. 내쪽 옆구리 양손 번 갈아 쓸어 내려오기

총 3세트

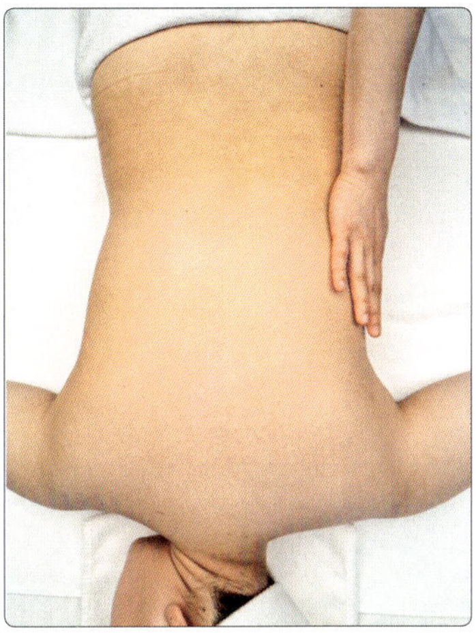

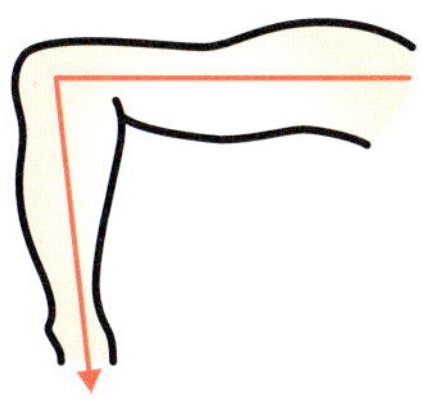

※ 마지막 세트 때 팔따라 손 끝으로 빼기

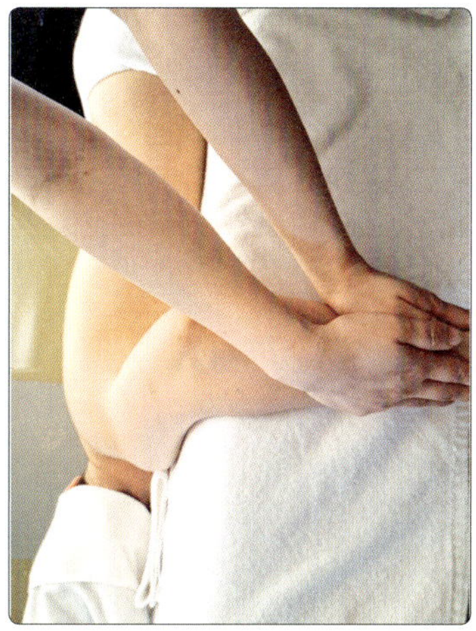

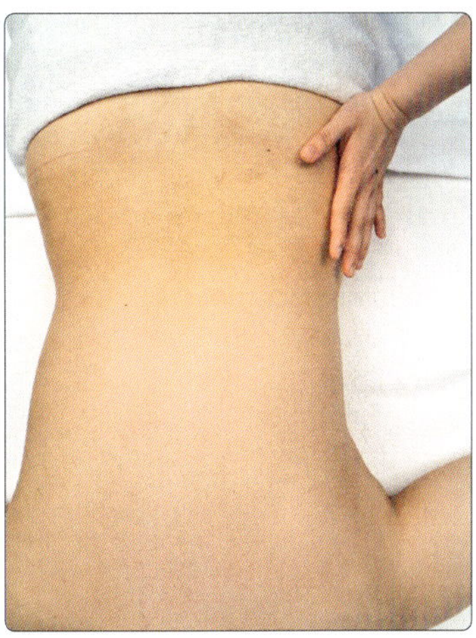

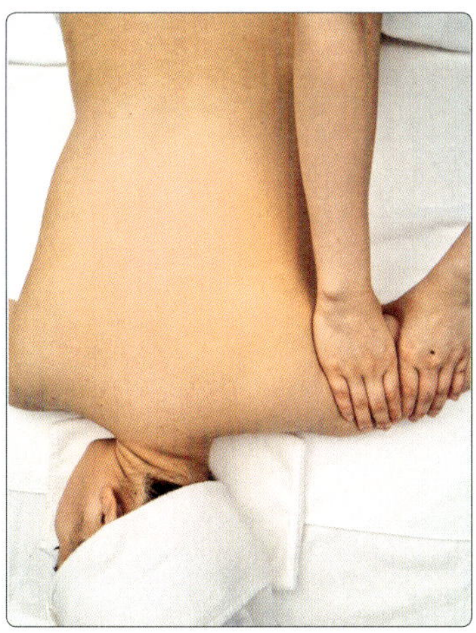

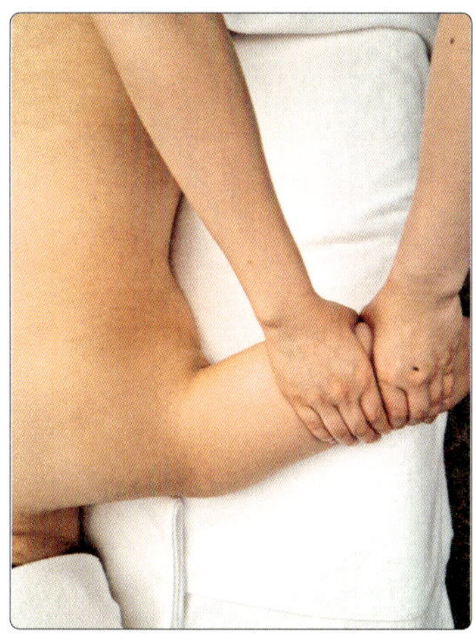

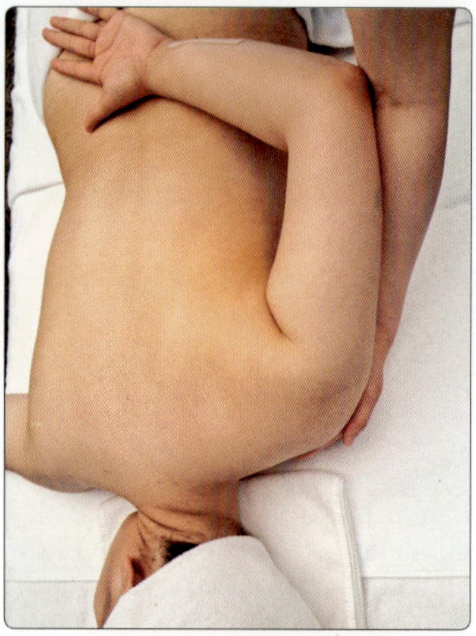

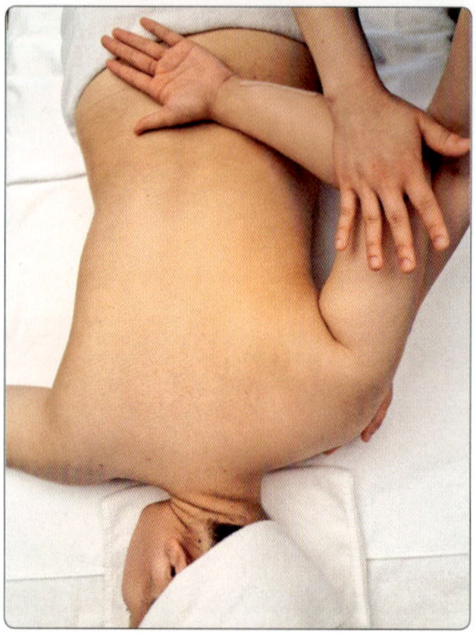

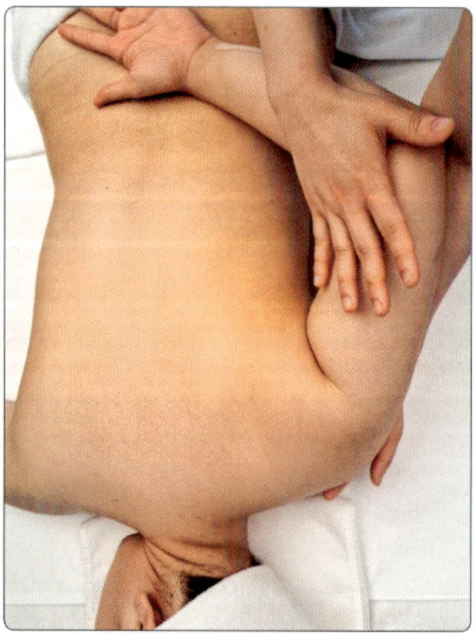

13. (고객님 팔 뒷짐쥐고 견봉과 팔 받치기)
손바닥으로 팔꿈치 동글리기

총 4회

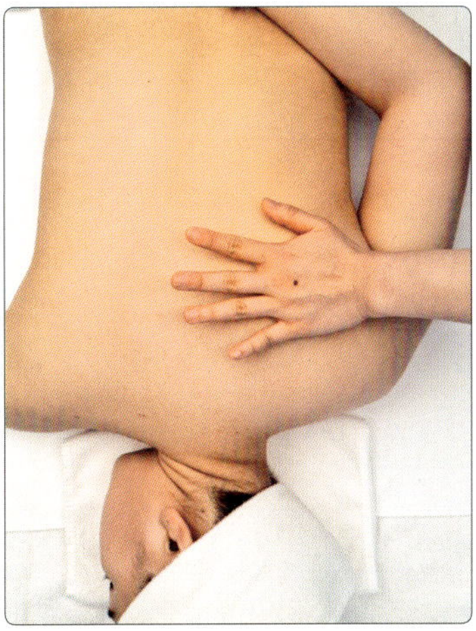
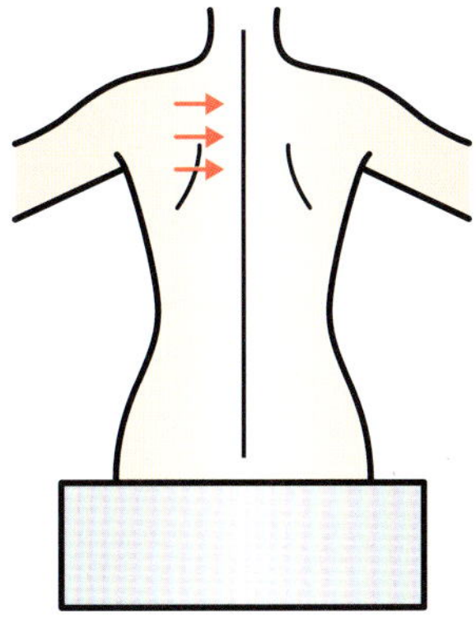
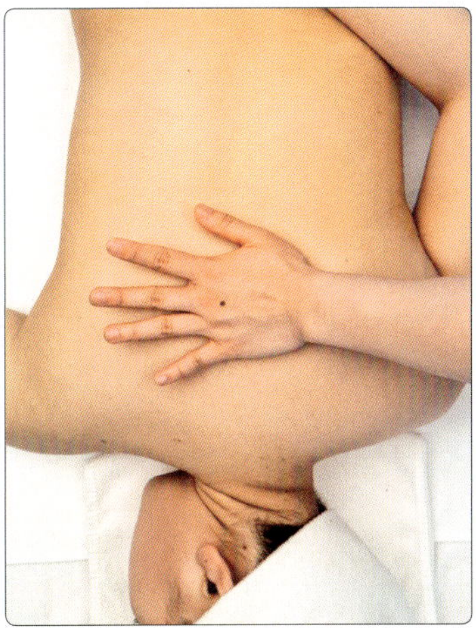
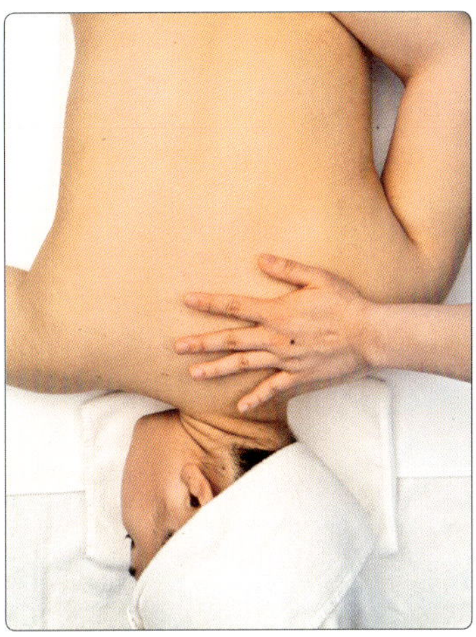

14. 13번 자세에서 악수하듯이 손잡기

견갑골 안쪽 (밑 → 위) 3지점 수근으로 한자리당 3회씩 안으로 쓸기

총 2세트

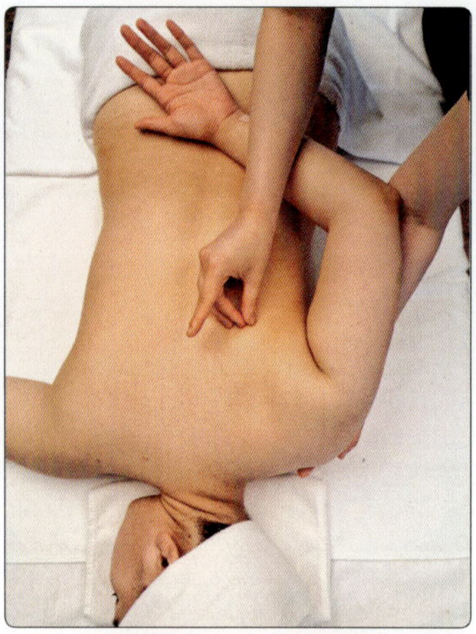

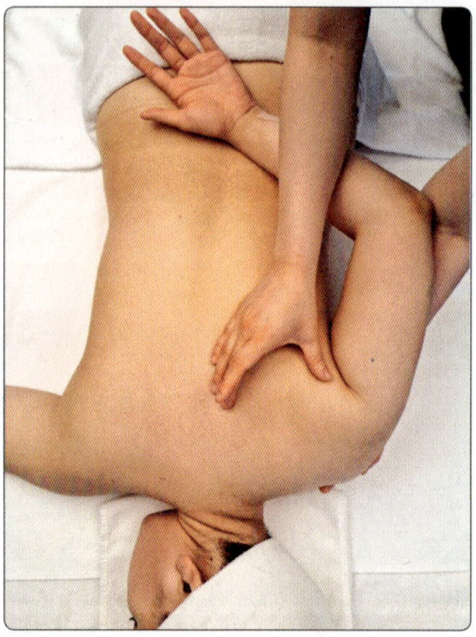

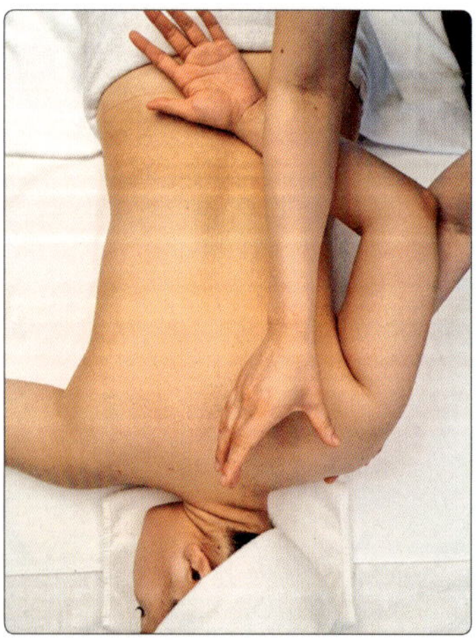

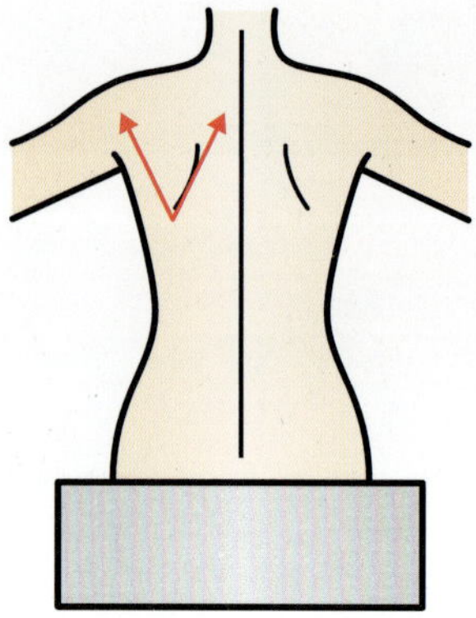

15. 다시 14번 자세 유지하기

엄지와 중지 붙여서 견갑골 꼭짓점에 대고 지문에 힘줘 견갑골 테두리 따라 앞으로 빠듯이 쓸기

총 8회

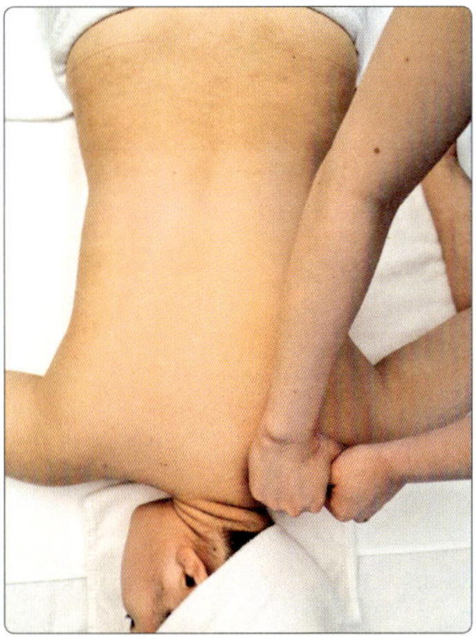

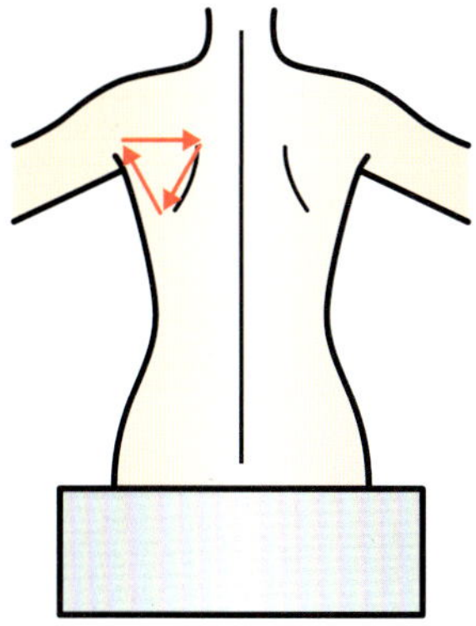

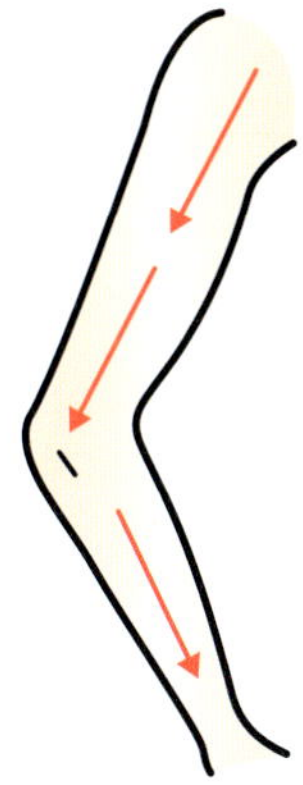

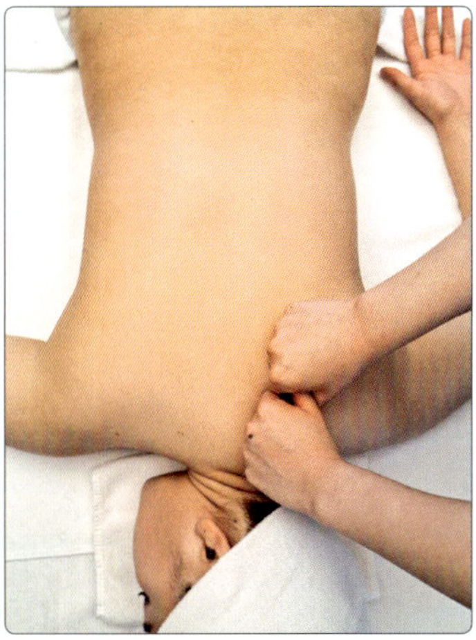

16. 팔 그대로 베드에 내려 놓기

양 각권면으로 견갑골에 삼각형 그리기
(위 → 안 → 밖) 순서로 8회 → 팔 따라 손끝으로 빼주기

총 2세트

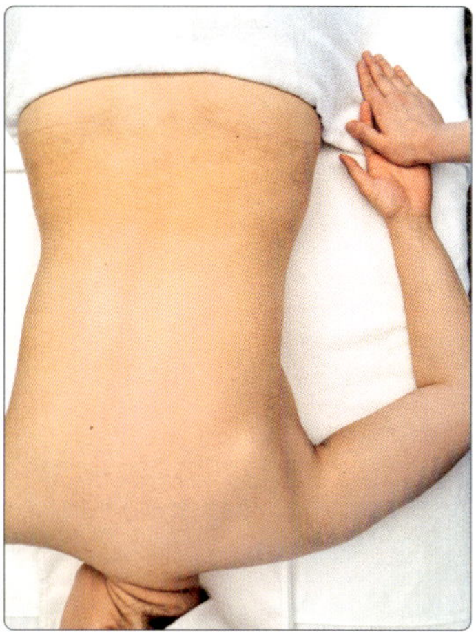

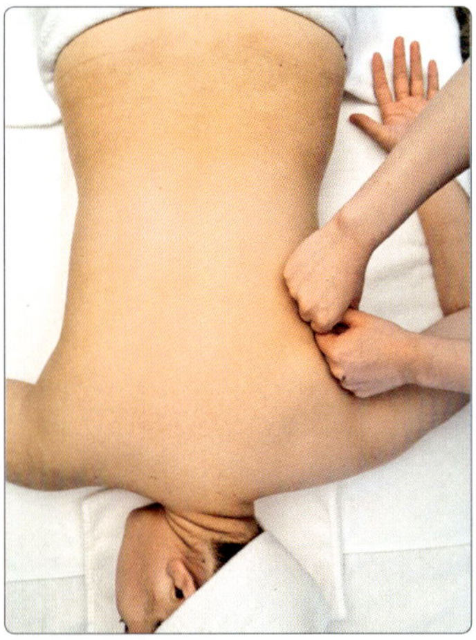

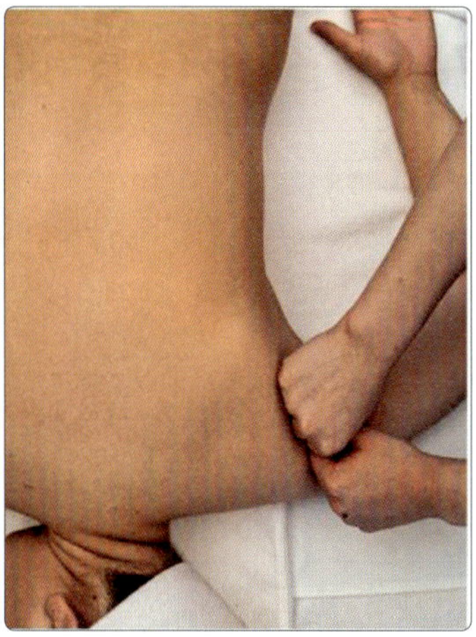

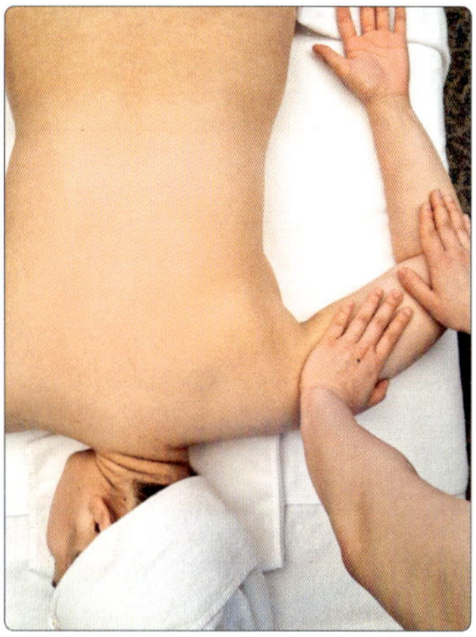

※ 허벅지 끼우는 순서

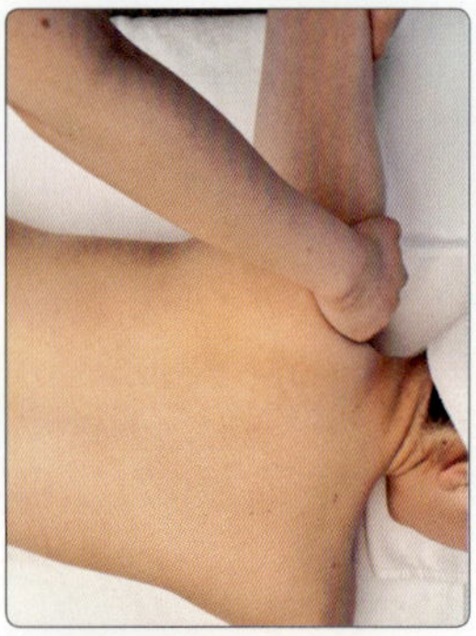
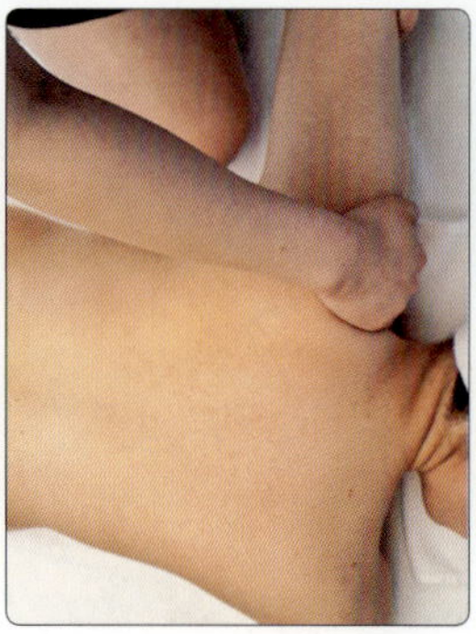
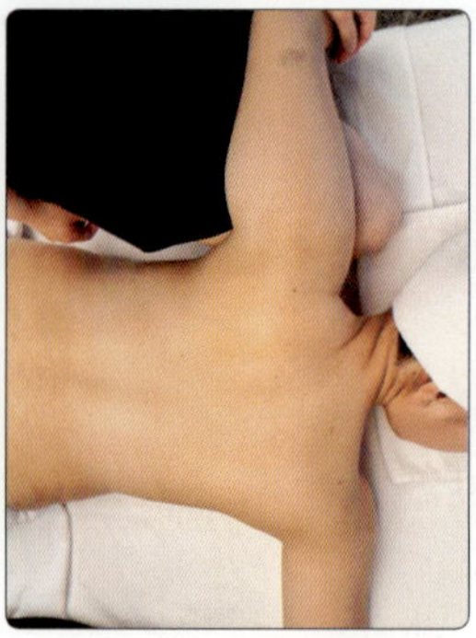
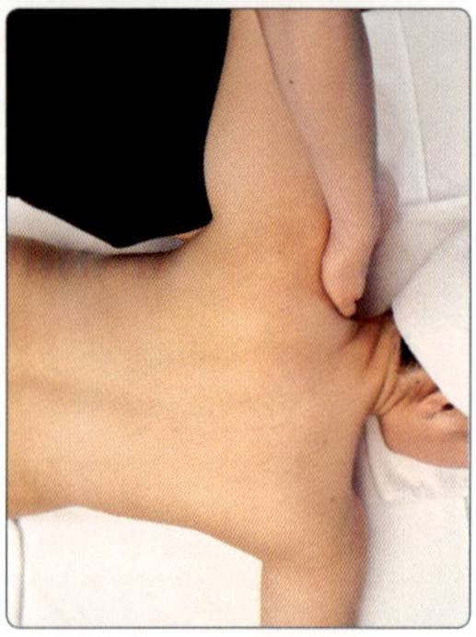

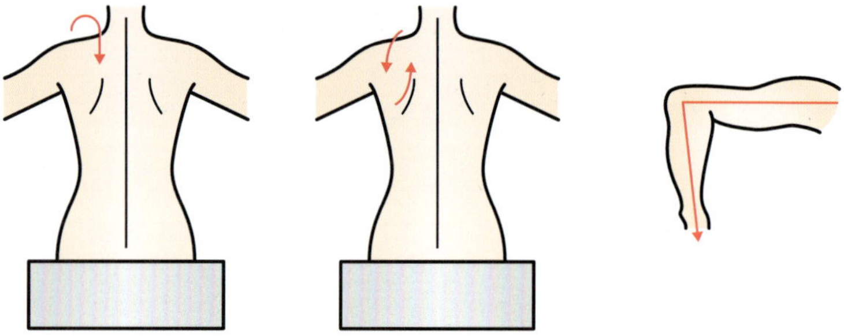

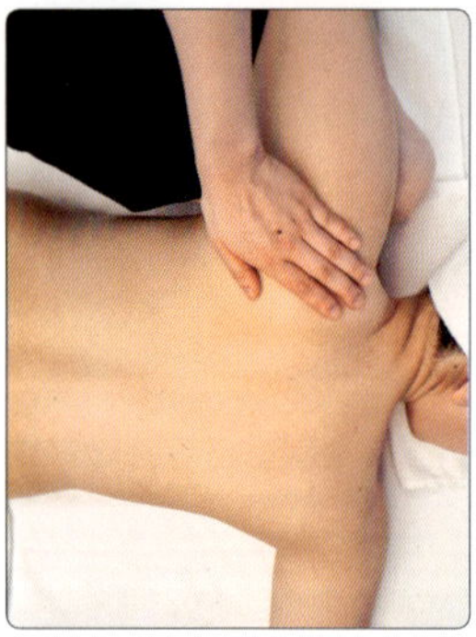

17. 팔 내려놓으면서 어깨들어 견관절에 내 허벅지 끼우기

양 사지 번갈아 대흉근 길게 끌어올리기 8회
→ 마지막에 엄지, 검지 벌려 견갑골 크게 1회 비틀고 팔 따라 손끝으로 빼기
총 2세트

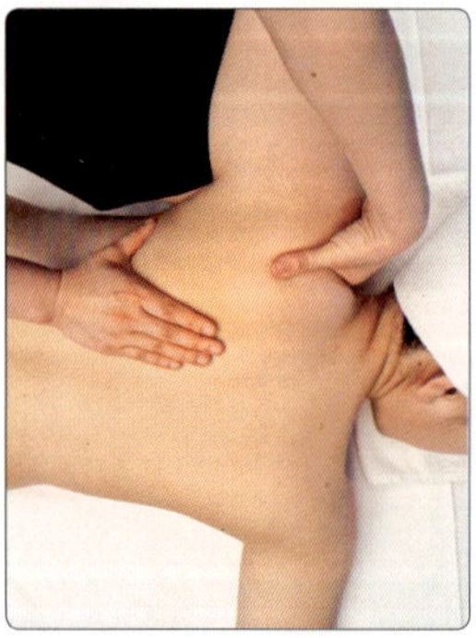
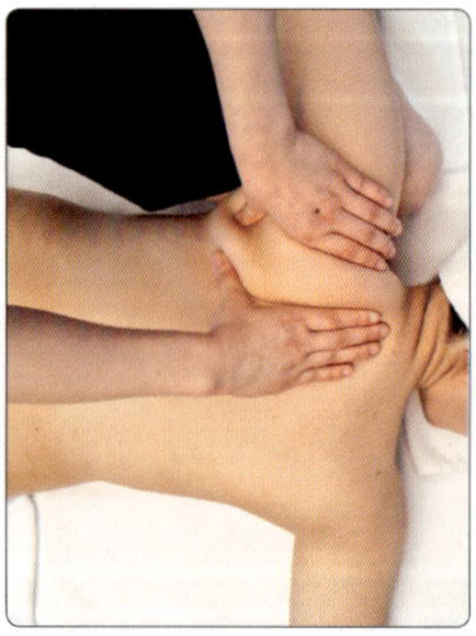
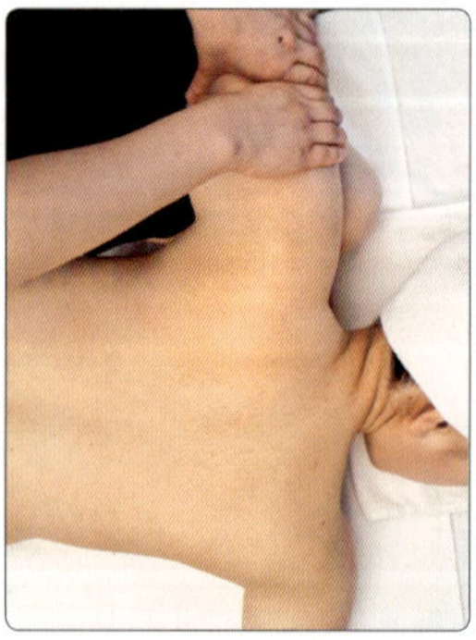

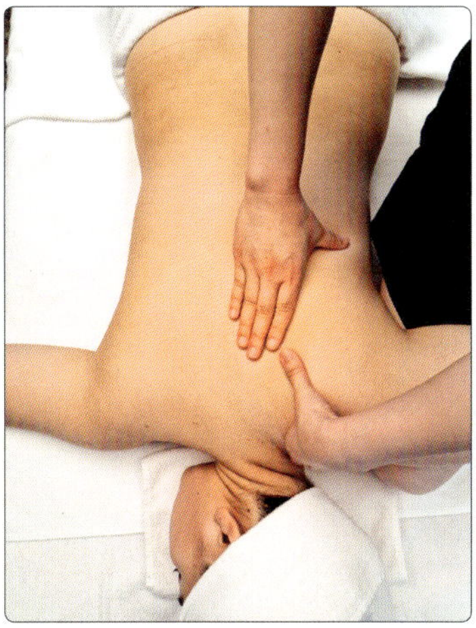

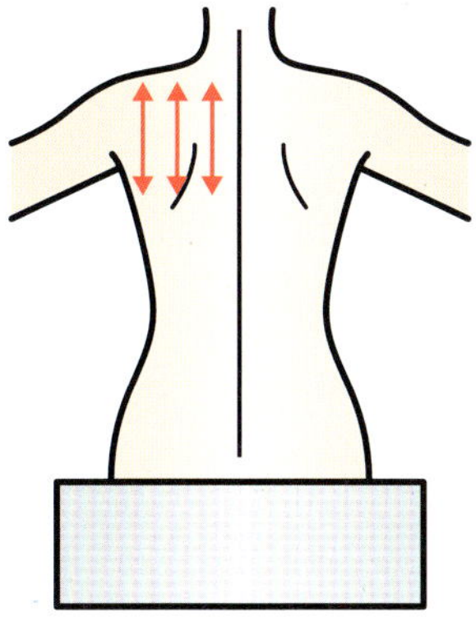

18-1. 17번 자세 유지

견갑골(안 → 밖) 8지점 나눠 양 손 엄지,검지 벌려 한 자리 한번씩 길게 비틀기

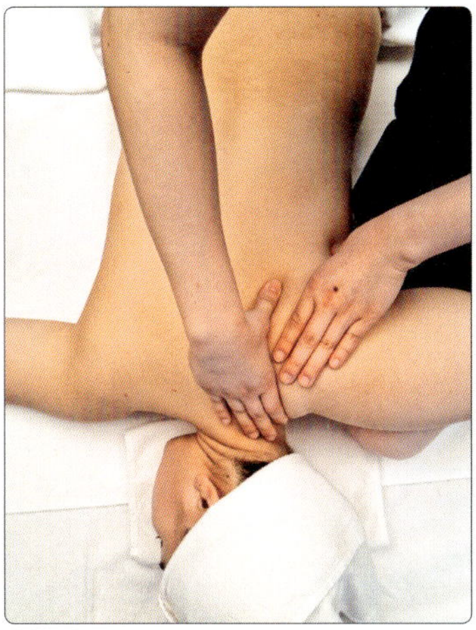

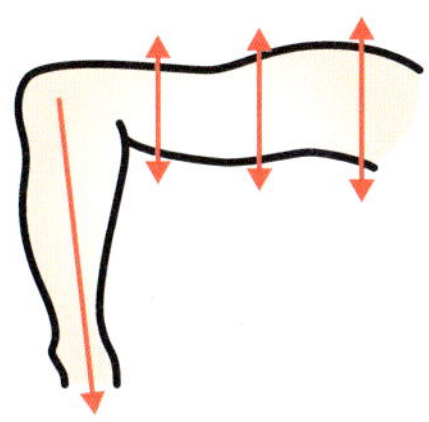

18-2. 팔뚝 꼼꼼하게 비틀고 팔 따라 손끝으로 빼기

18번 전체 2세트

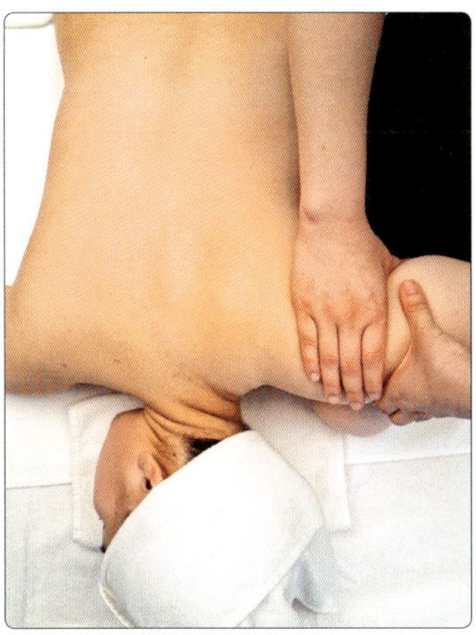

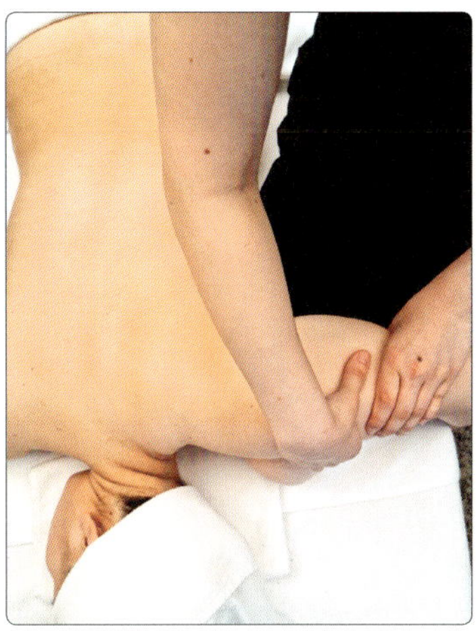

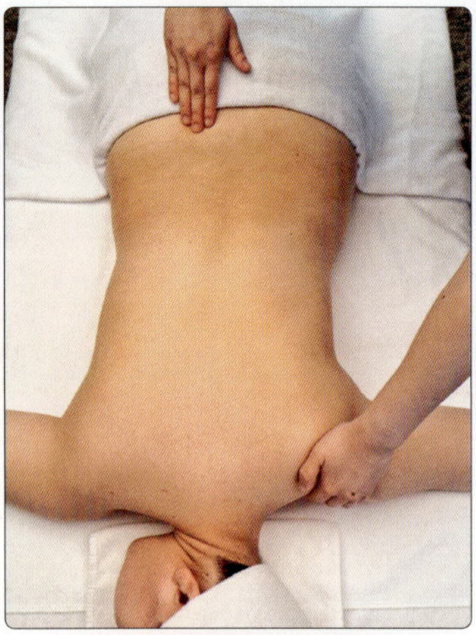

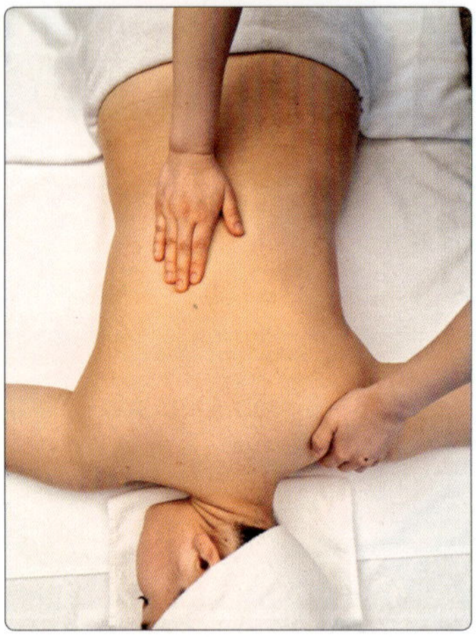

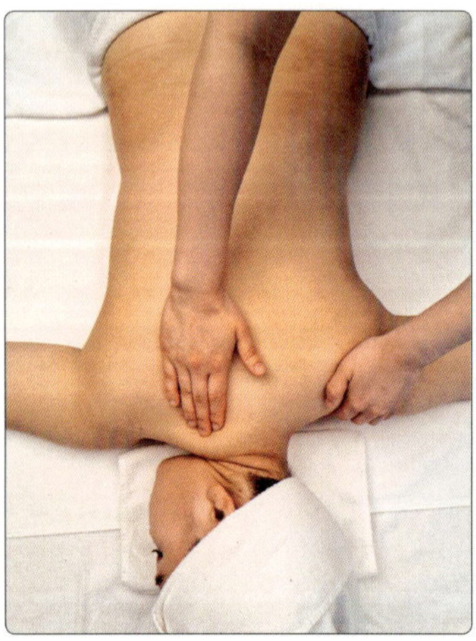

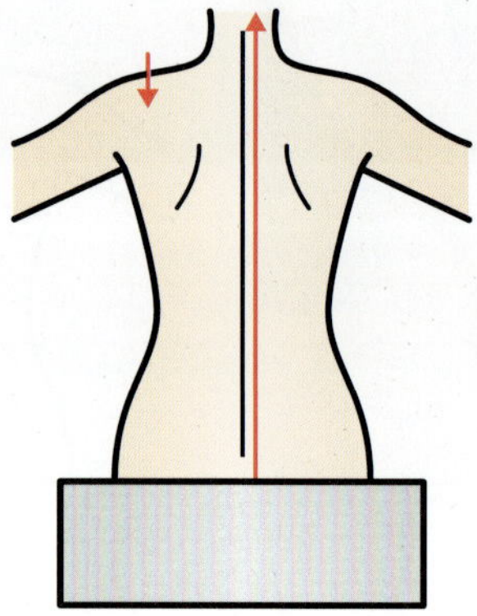

19. 팔과 어깨 들어 허벅지 빼고 팔 내려놓기

내쪽 어깨 들어 발쪽으로 살짝 내리기 → 반대쪽 기립근 사지 지문으로 밑에서 위로 쓸어 올리기 → 어깨 내려놓고 옵션 동작하기

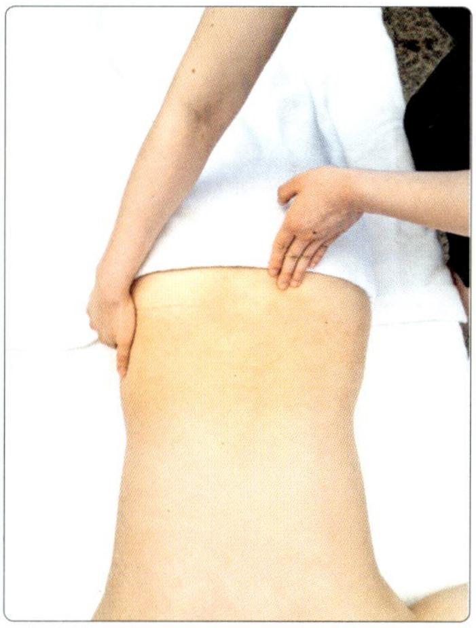

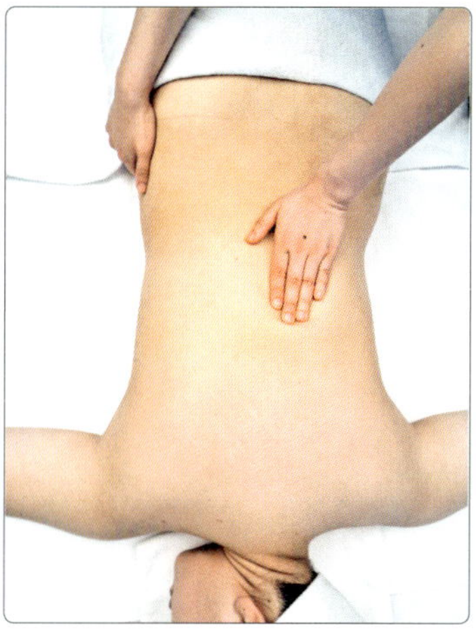

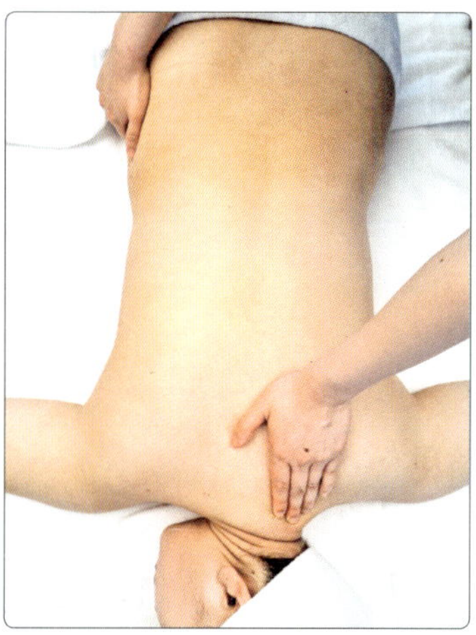

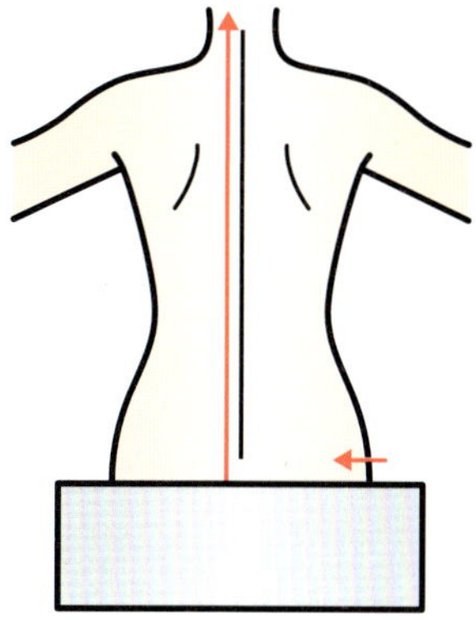

20. 반대쪽 장골 내쪽으로 살짝 당기기

내쪽 기립근 사지 지문으로 밑에서 위로 쓸어 올리기 → 옵션 동작

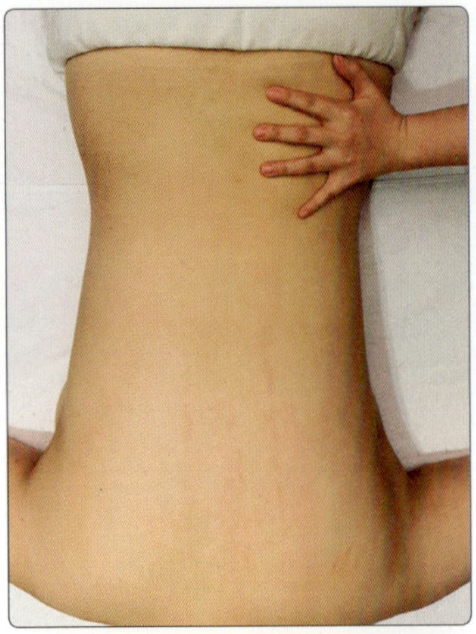

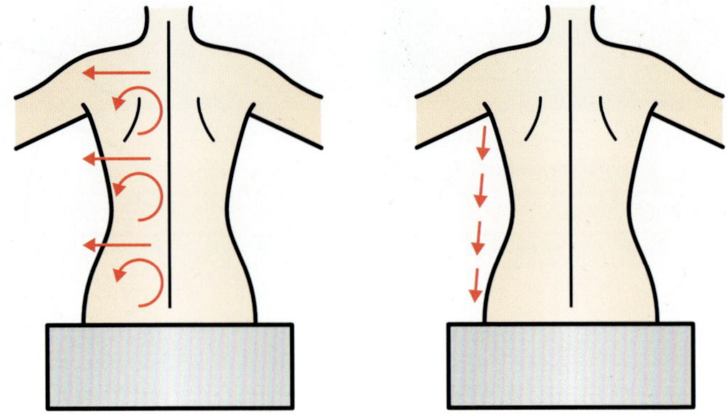

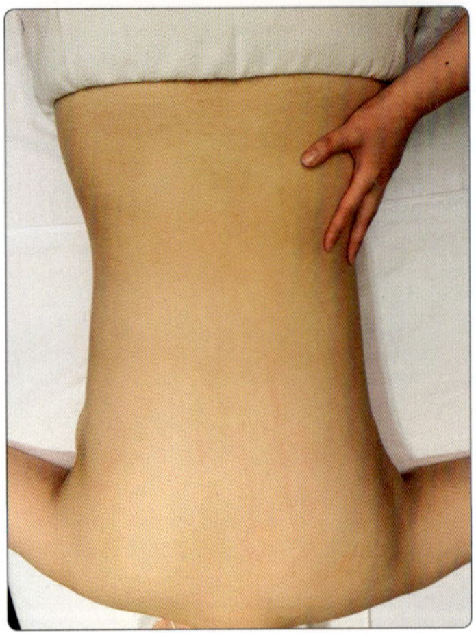

21. 내쪽 등 림프관리

윗손 손가락 벌려 손끝이 척추보게 두고 옆구리 방향으로 돌리기

아랫손 손끝 머리방향 보게 두고 옆구리방향으로 내리기 양손 번갈아 (밑 → 위, 촘촘히) → 옆구리 번갈아 쓸어 내려오기

총 2세트

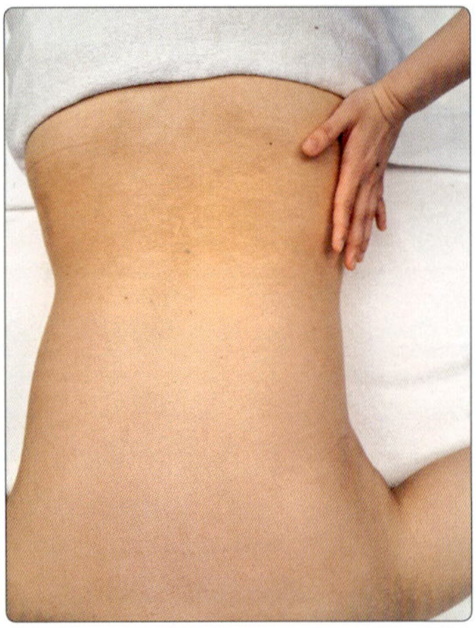

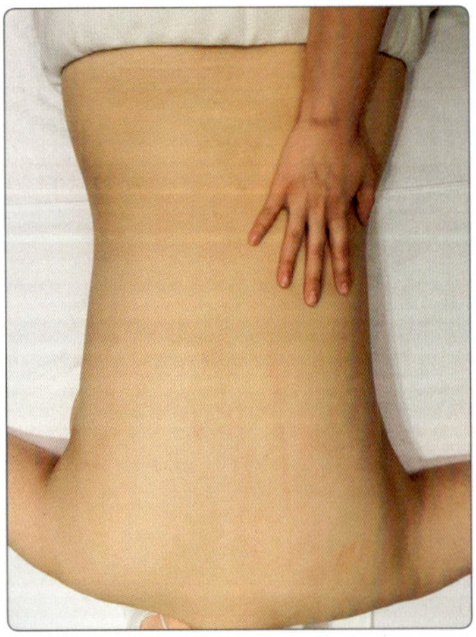

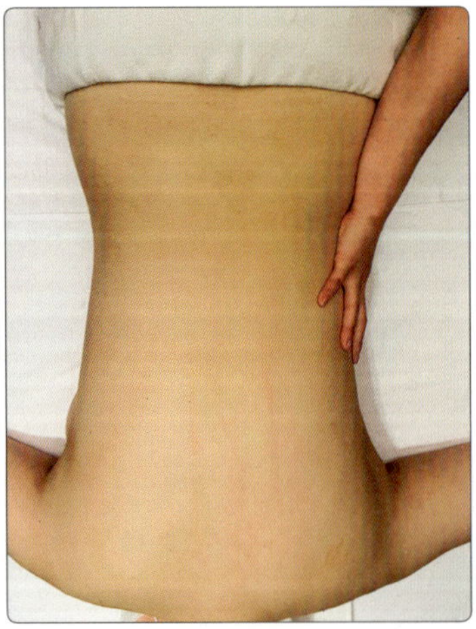

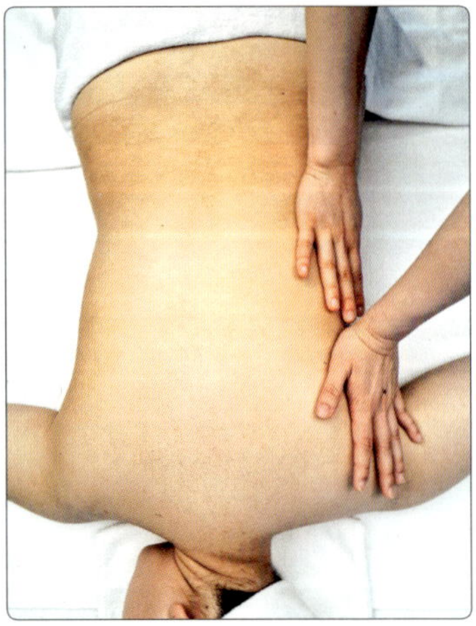

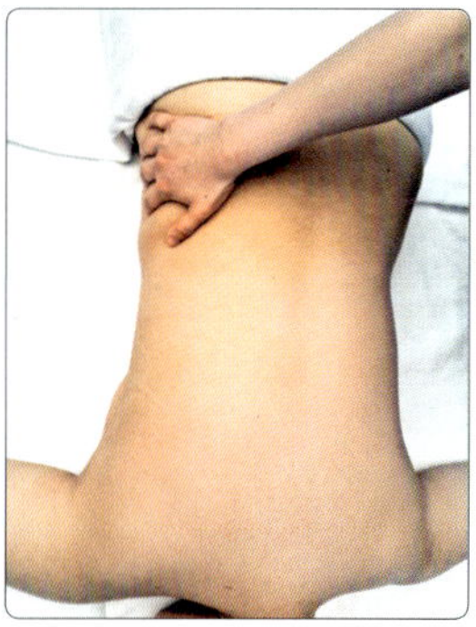

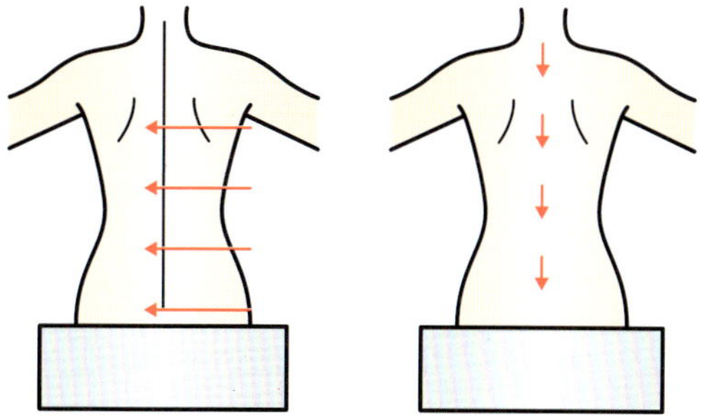

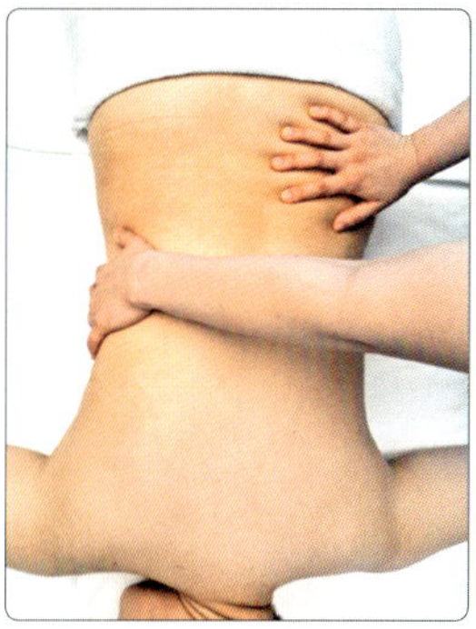

22. 반대쪽 옆구리 손가락 벌려 내쪽 척추기립근까지 쓸어오기

양 손 번갈아(밑 → 위, 촘촘히) → 척추 번갈아 쓸어 내려오기

총 2세트

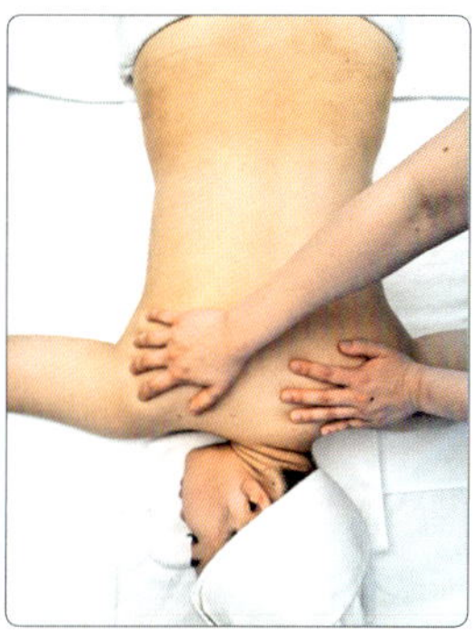

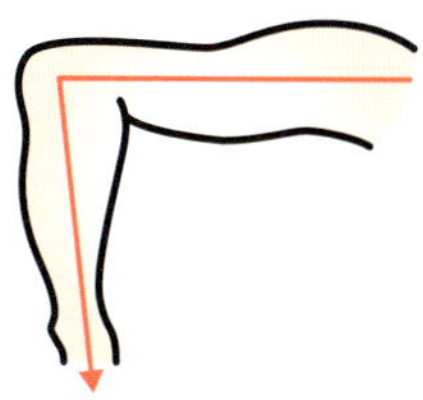

(마지막 세트는 팔따라 손끝으로 빼기)

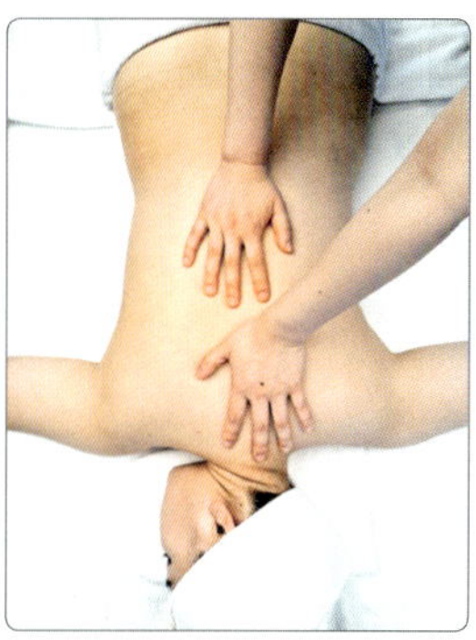

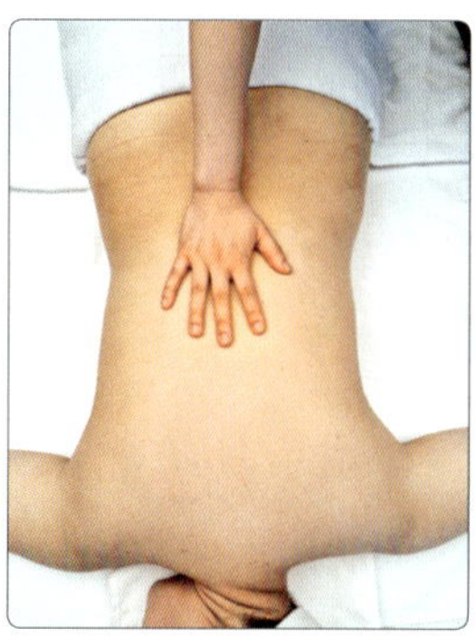

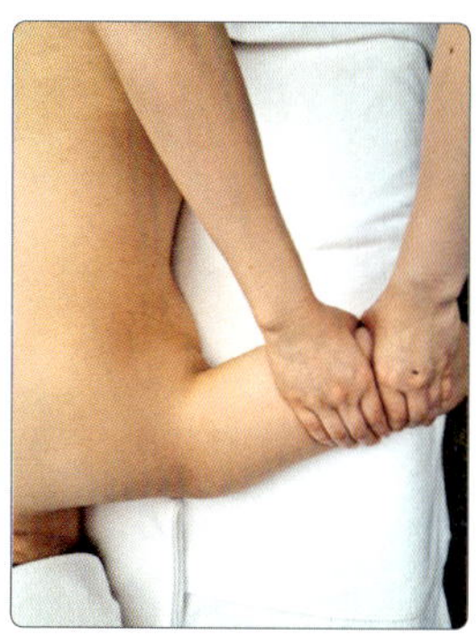

23. 고객님 몸에 손 올려놓고 반대쪽으로 이동하기 → 고객님 고개 반대로 돌리기

12번 동작부터 21번 동작까지 반복하기

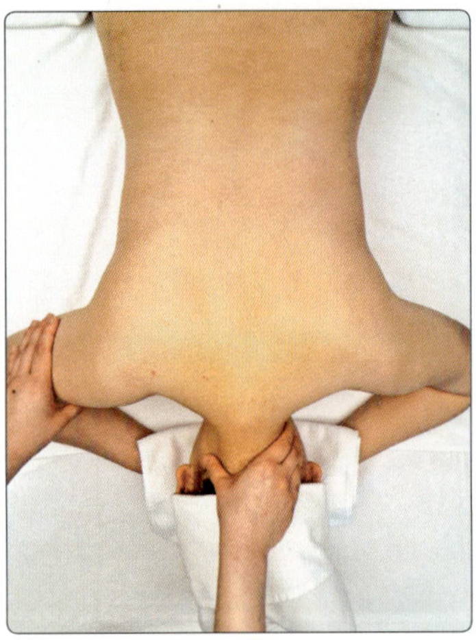

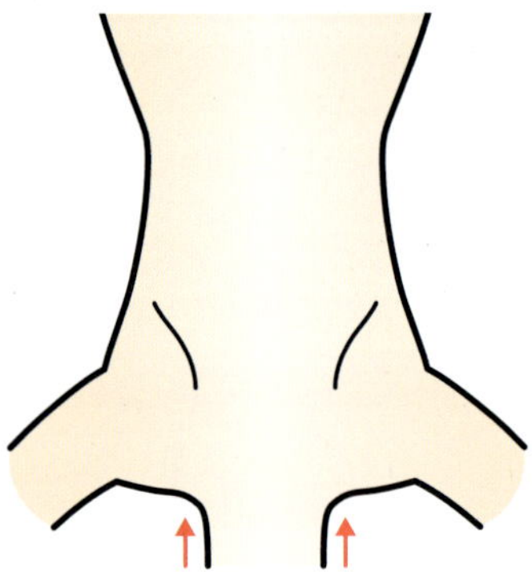

24. "양손 겹쳐놓고 그 위에 이마를 대주세요"

한손 엄지, 사지로 목 옆면 잡고 위 → 밑으로 내리듯이 쓸기

오른손 8회, 왼손 8회

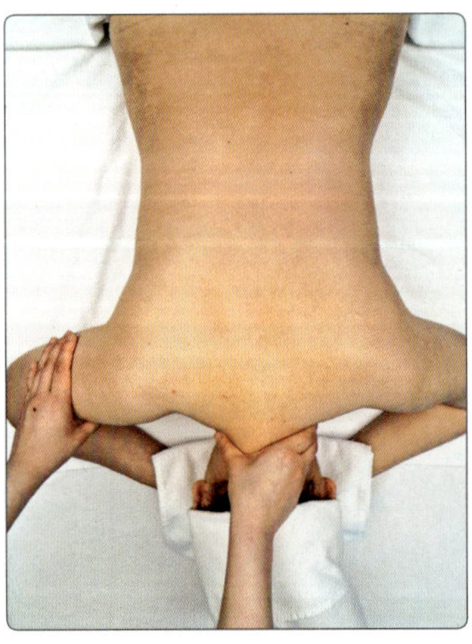

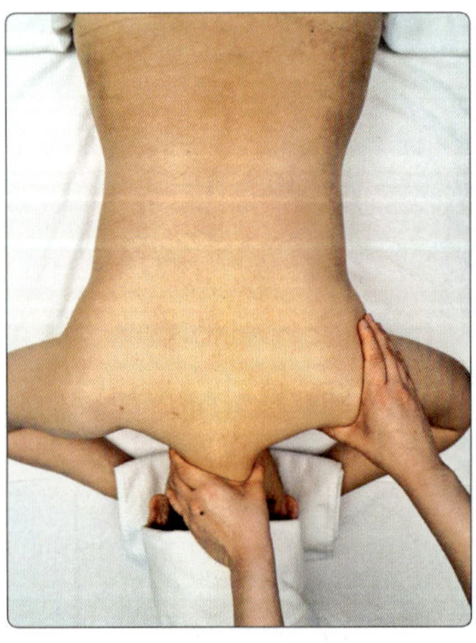

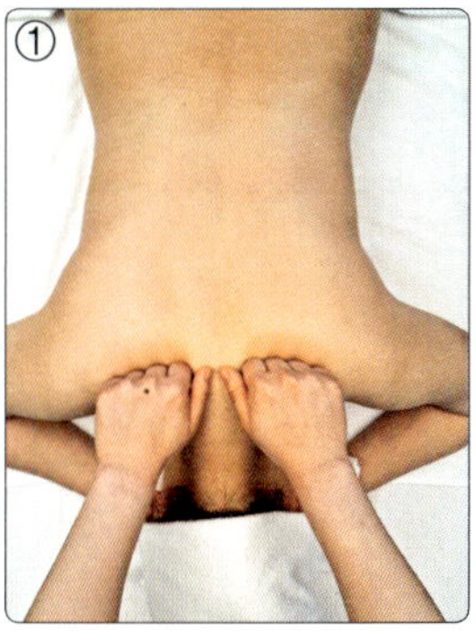

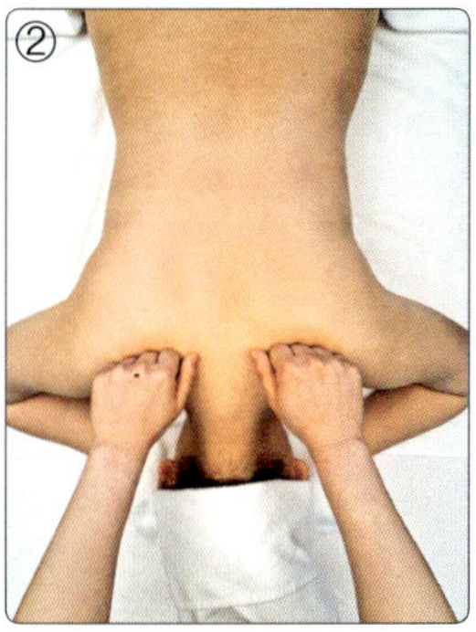

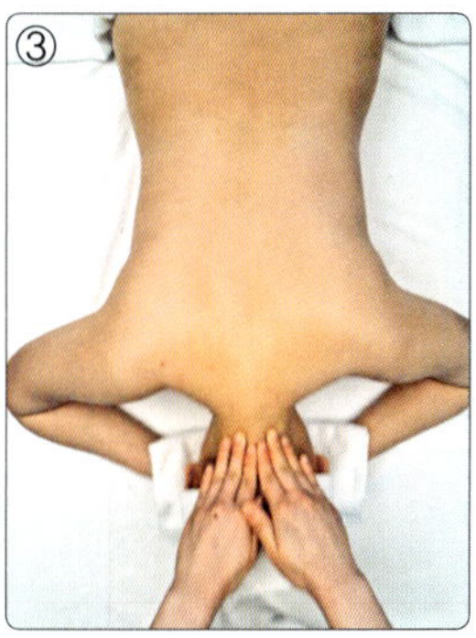

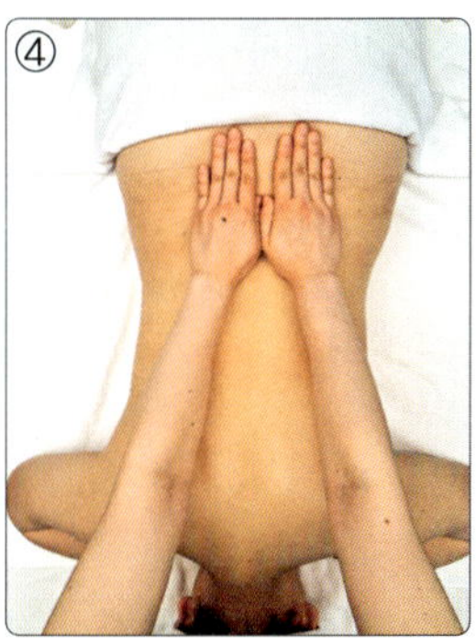

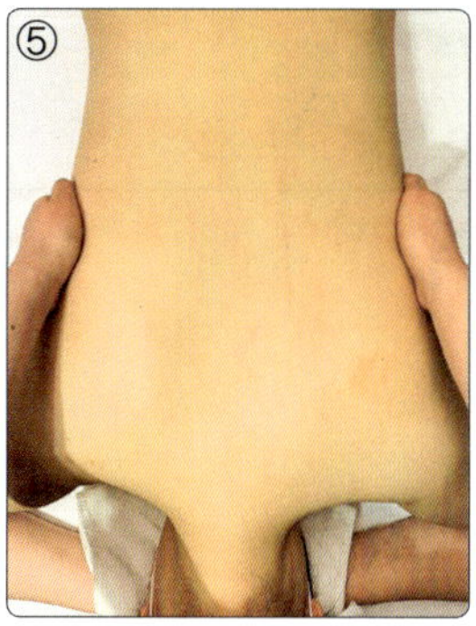

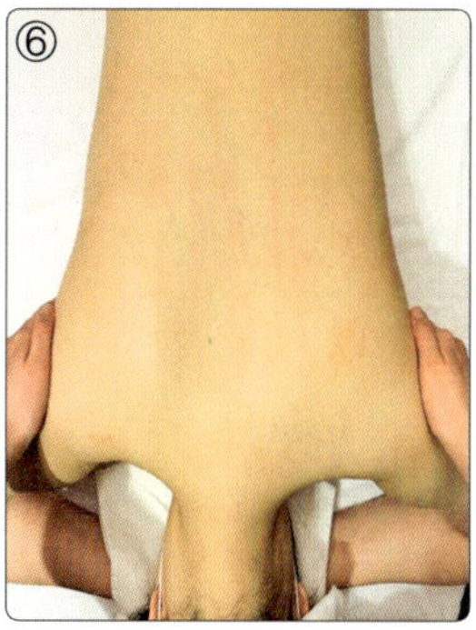

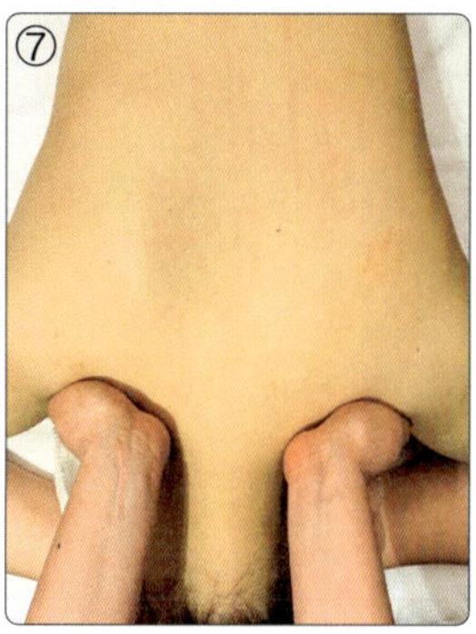

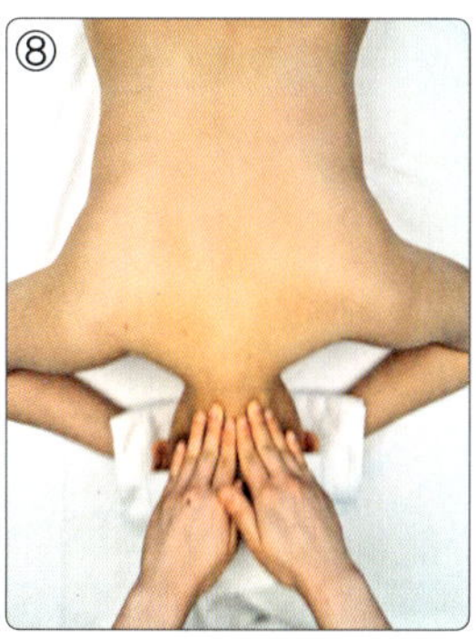

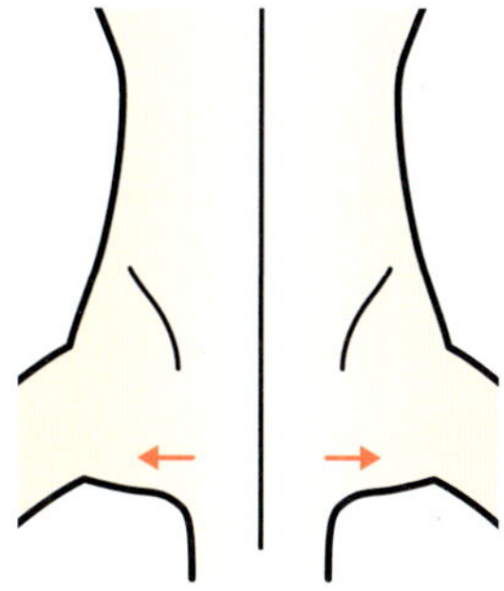

25. 견정에 양 각권 가로로 두고 밖으로 펴듯이 쓸기

총 8회

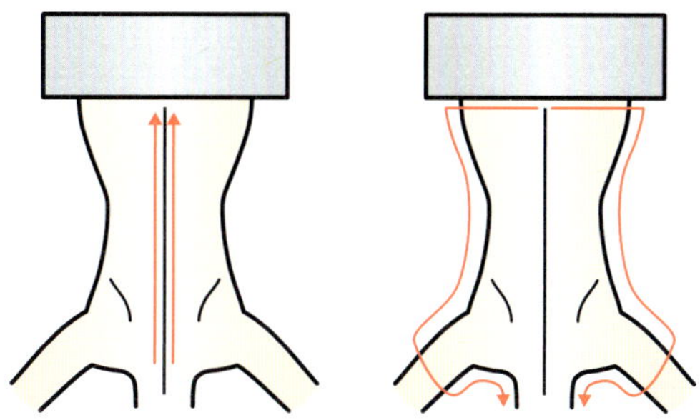

→ 양 사지 나란히 두고 기립근 따라 내려가 옆구리 타고 팔 돌아 목으로 올라오기

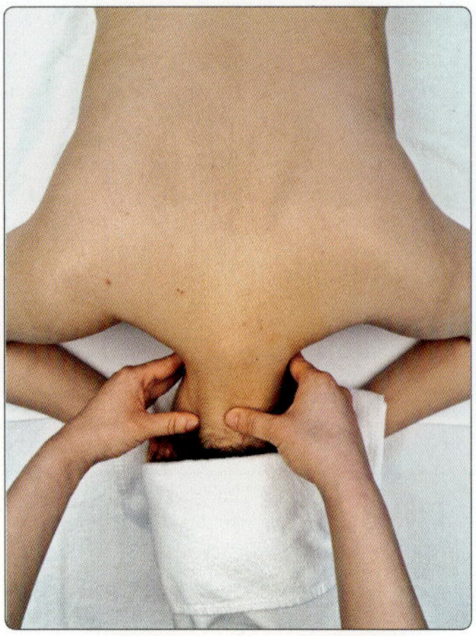

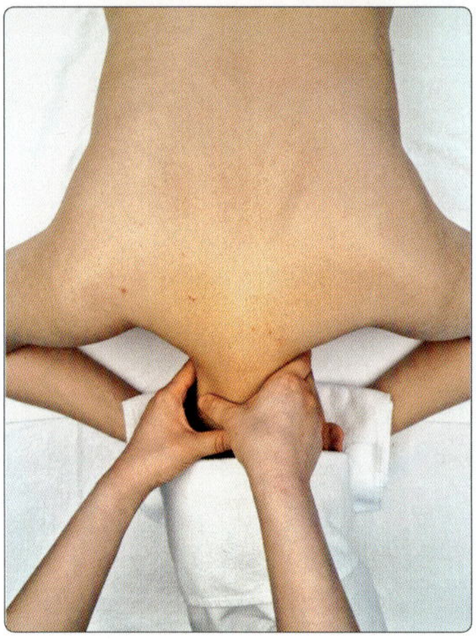

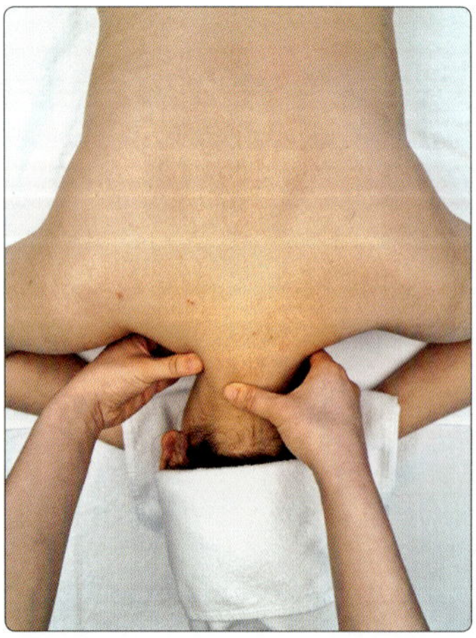

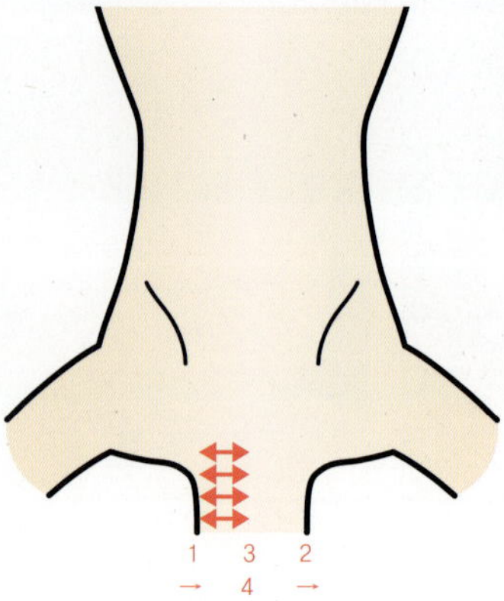

26. 목 4줄(왼쪽, 오른쪽, 가운데, 크게)

1줄당(위 → 밑) 4지점을 엄지로 2번씩 모으듯이 비틀며 내려가기
총 2세트

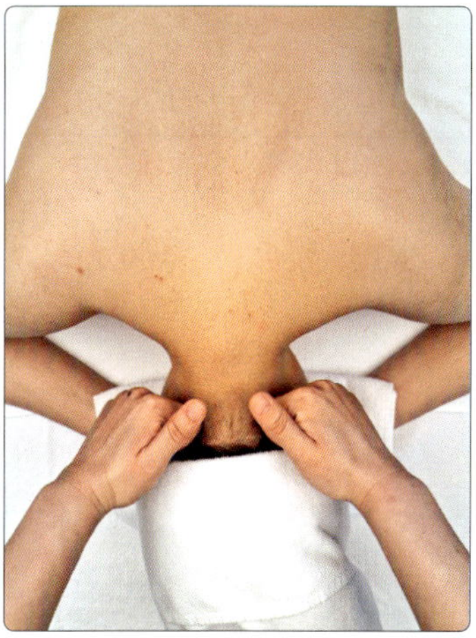

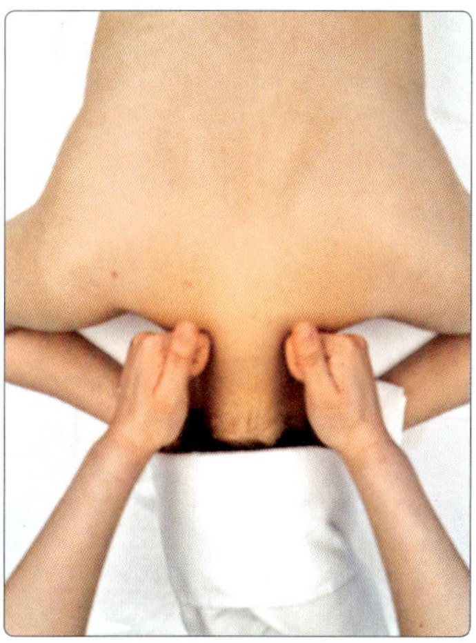

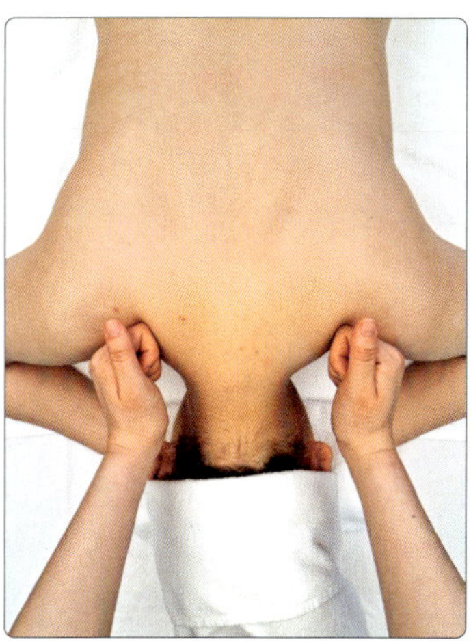

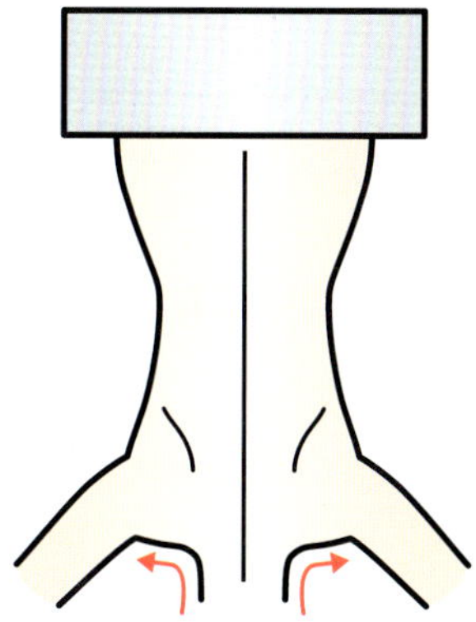

27. 양 각권으로 후두골에서 어깨까지 L자로 쓸어내리기

총 8회

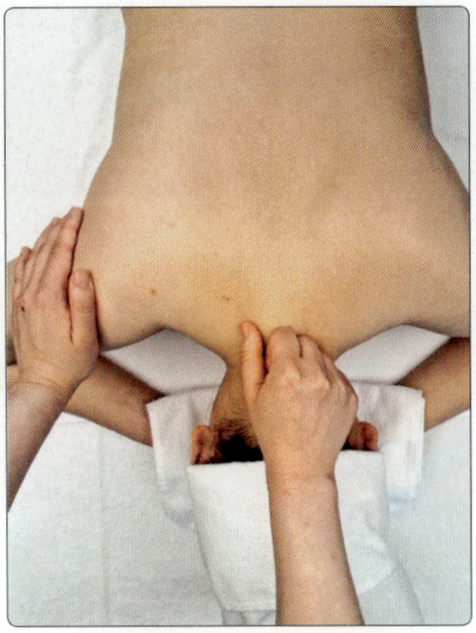

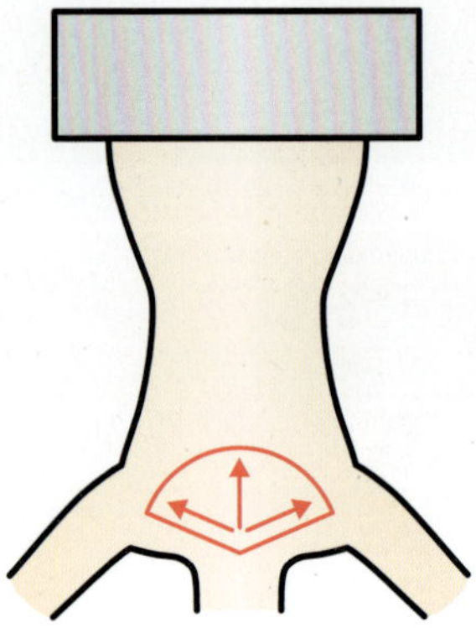

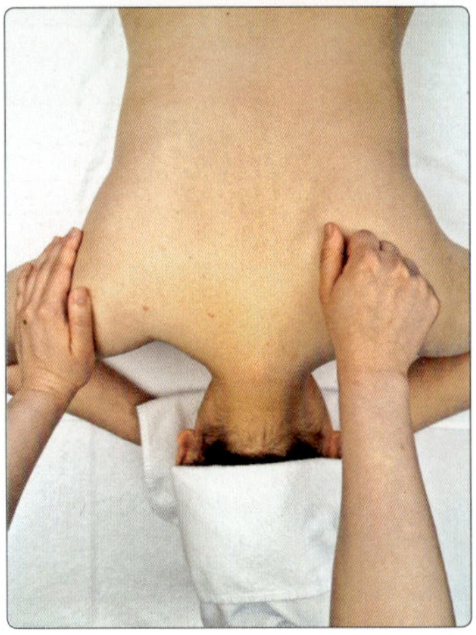

28. 한손 각권면으로 대추부터 상승모근 왔다갔다 열을 내듯이 쓸기 왕복

오른손 1세트, 왼손 1세트

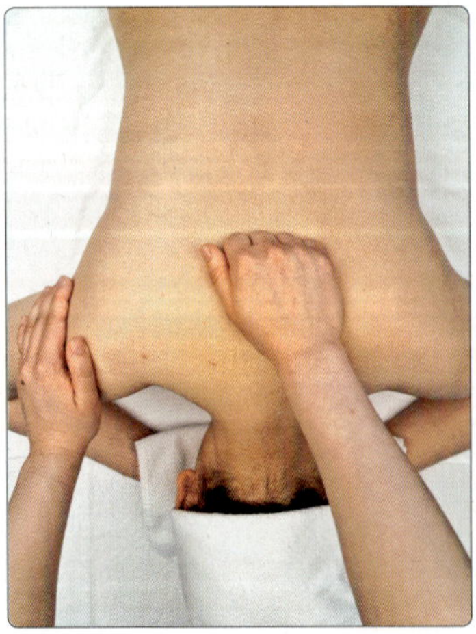

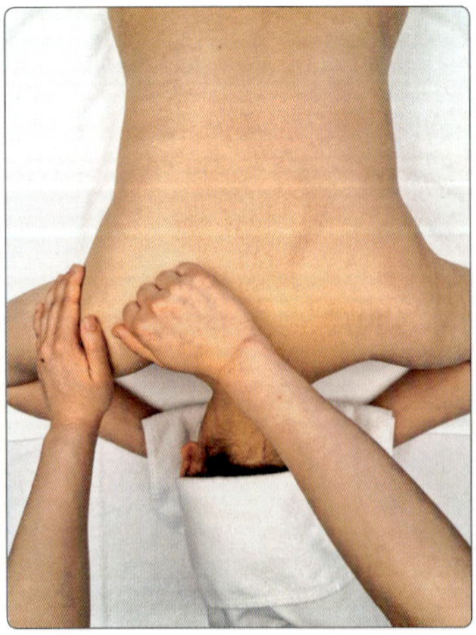

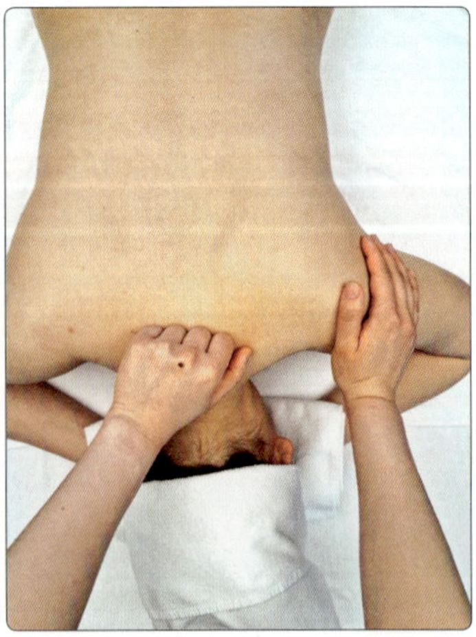

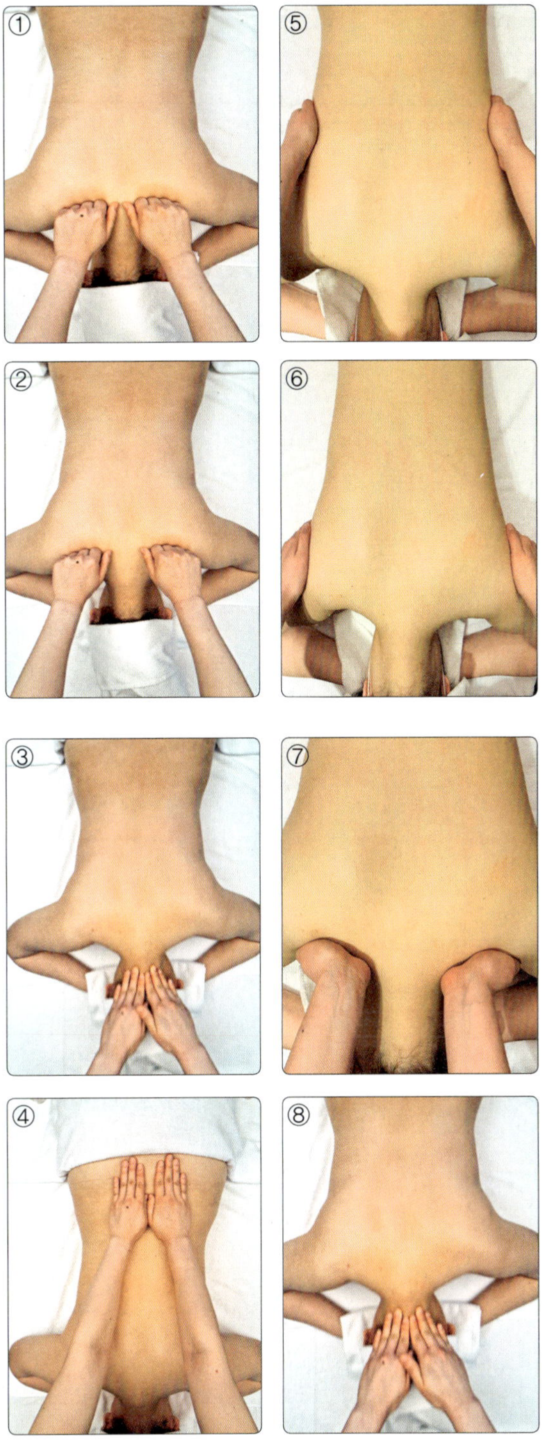

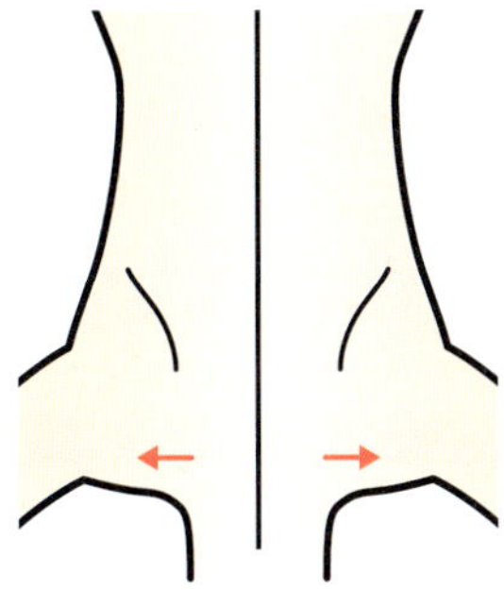

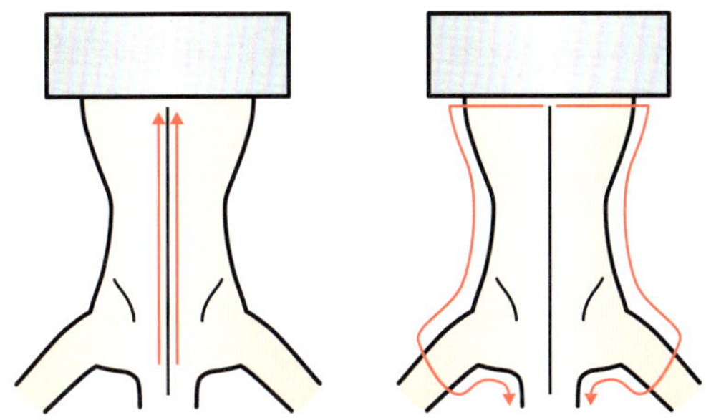

29. (25번 동작 반복하기)

30. "팔 내리고 고개는 편한 방향으로 돌려주세요"

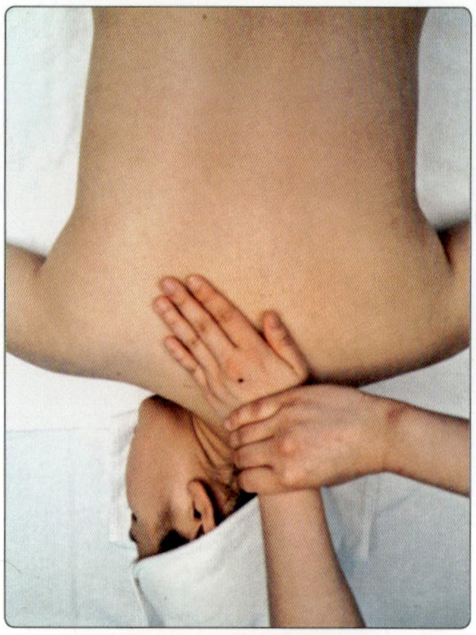

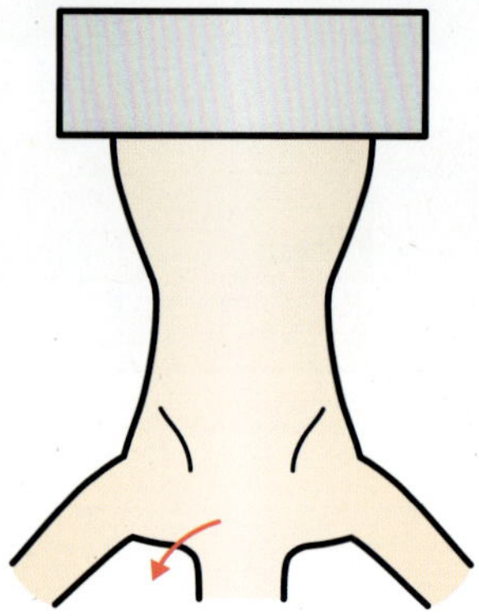

손목을 잡은 상태로 손바닥을 대추에 두고 터미누스 방향으로 손끝 돌리며 내리기
총 8회

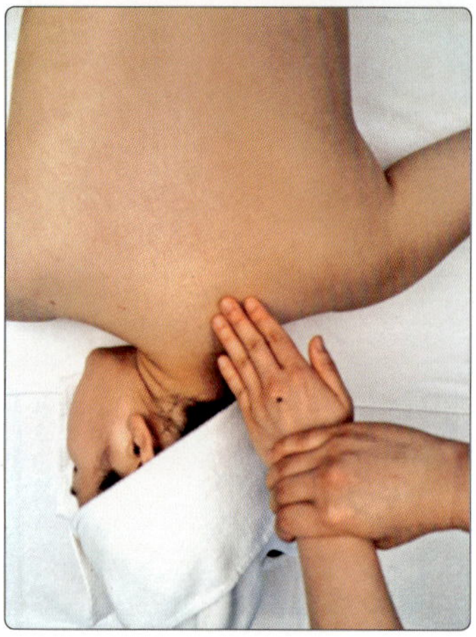

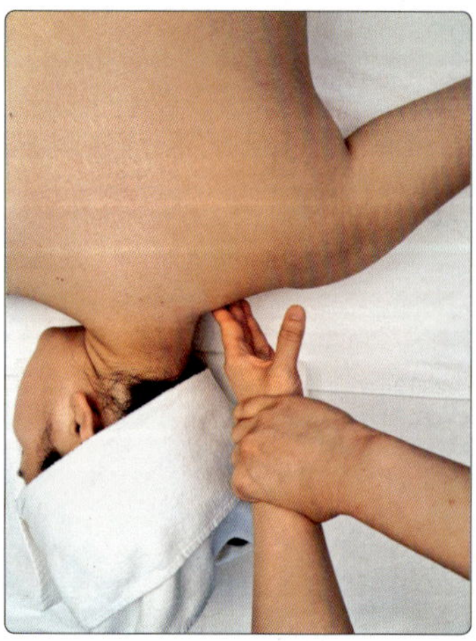

고개 반대로 돌려서 반대쪽도 8회 반복하기

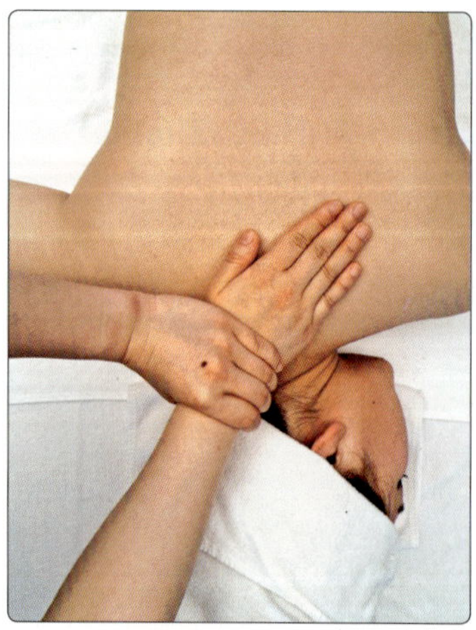

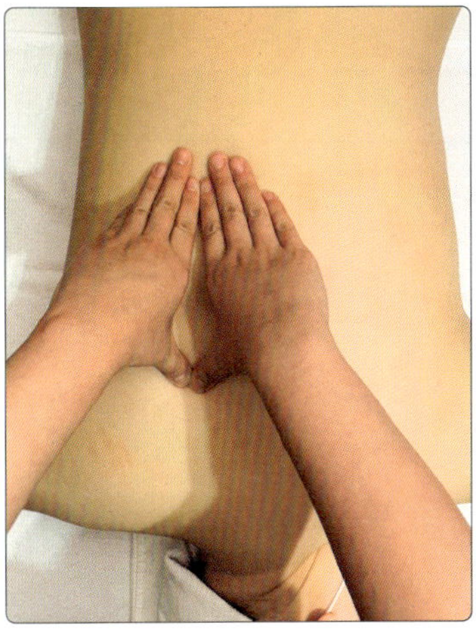

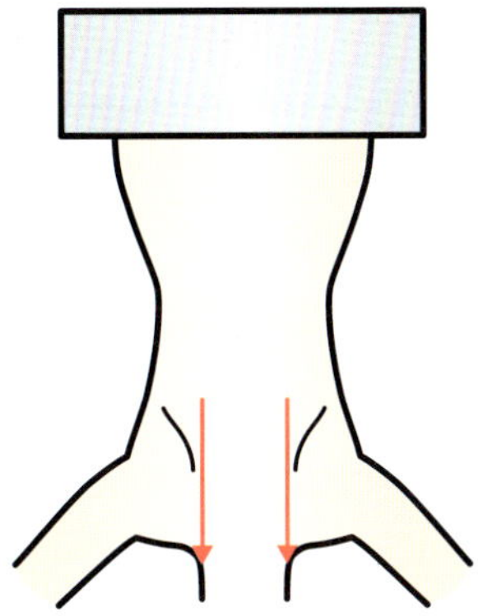

31. 양 엄지를 나란히 두고 견갑골 안쪽 홈 따라 터미누스로 내리기

총 4회

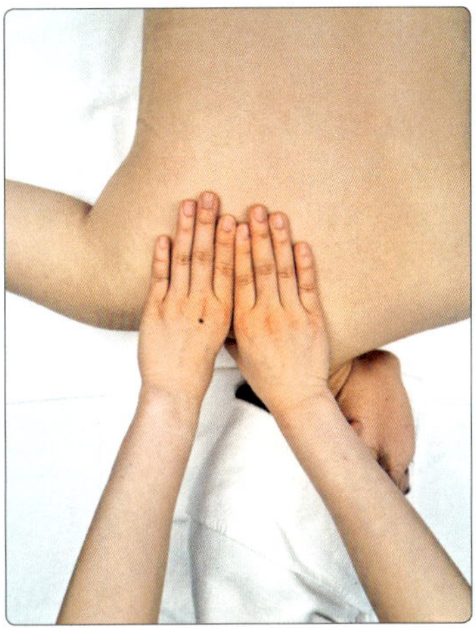

고개 돌려서 반대쪽 4회 반복하기

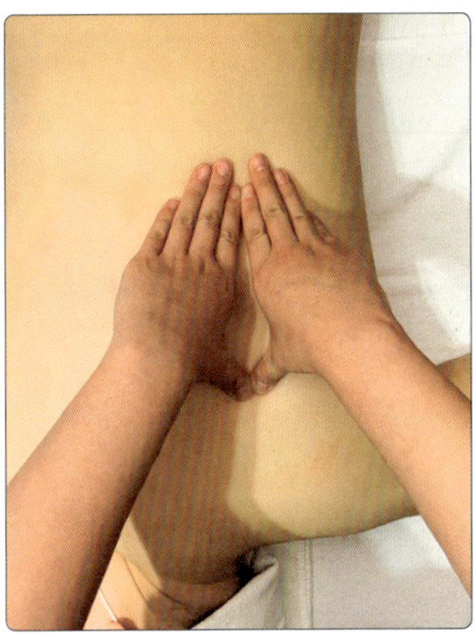

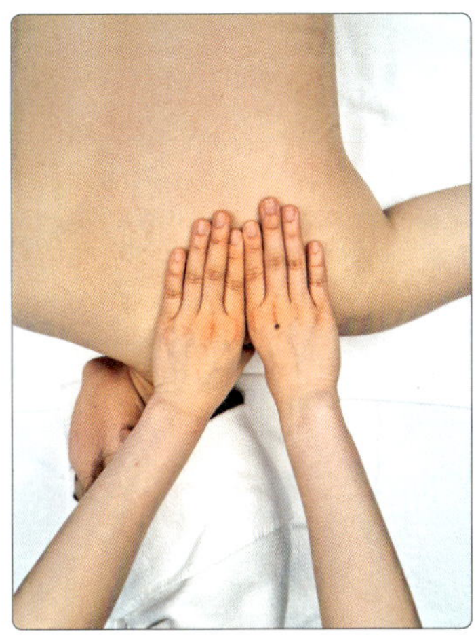

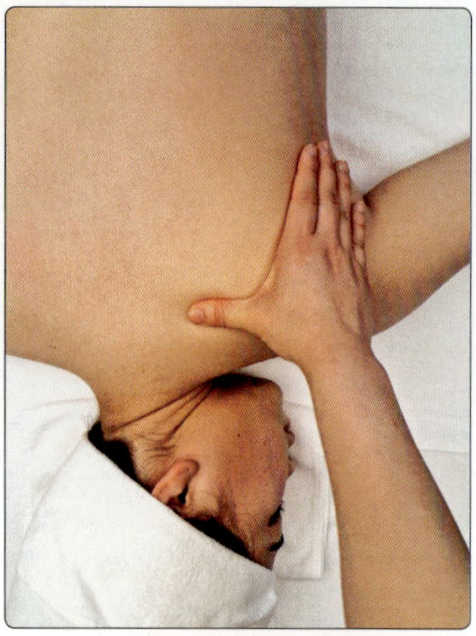

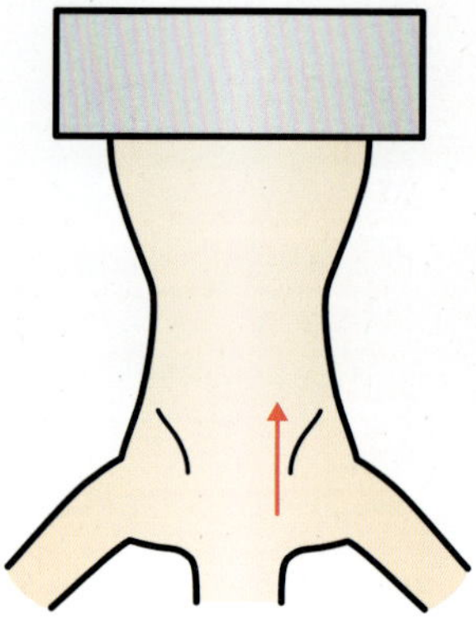

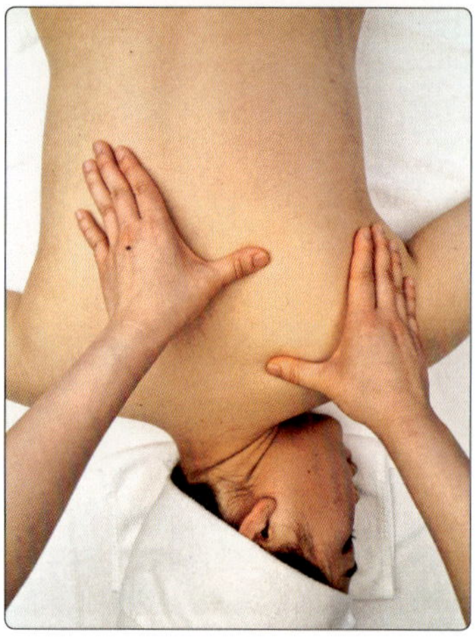

32. 견갑골 안쪽라인을 양 엄지 번갈아 견갑골 길이만큼 일자로 쓸어내리기

총 8회

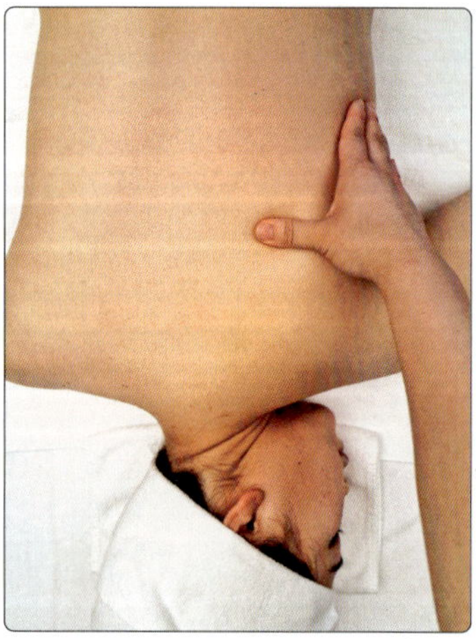

고개 반대로 돌려서 반대쪽도 8회 반복하기

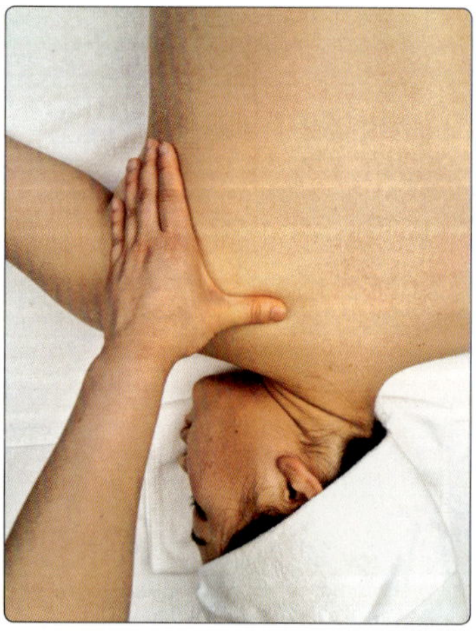

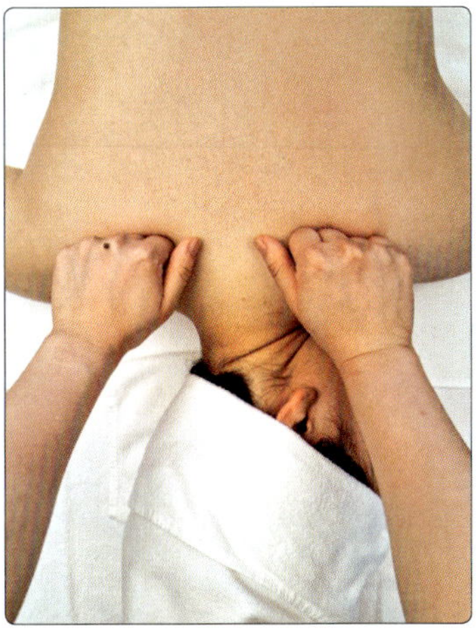

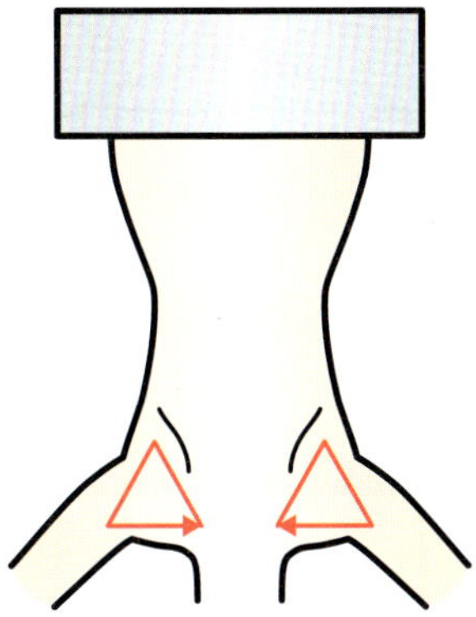

33. 양 각권면으로 견갑골 모양에 맞춰 삼각형 그리기

(안쪽 → 바깥쪽 → 윗쪽 순서로) 크게 4회, 중간크기로 4회, 작게 4회

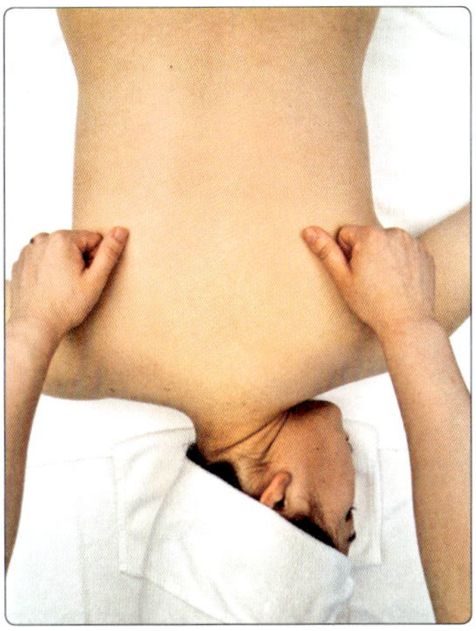

양손같이 1세트, 오른손 1세트, 왼손 1세트 다시 한번 양손같이 1세트

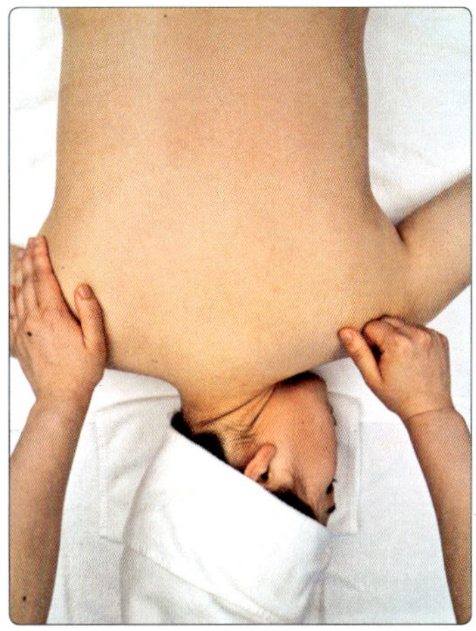

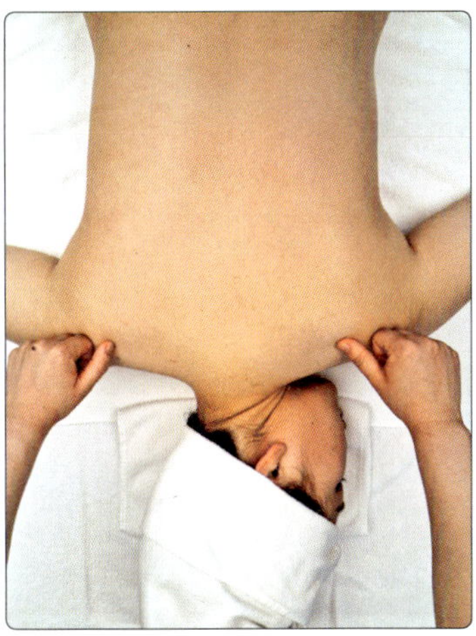

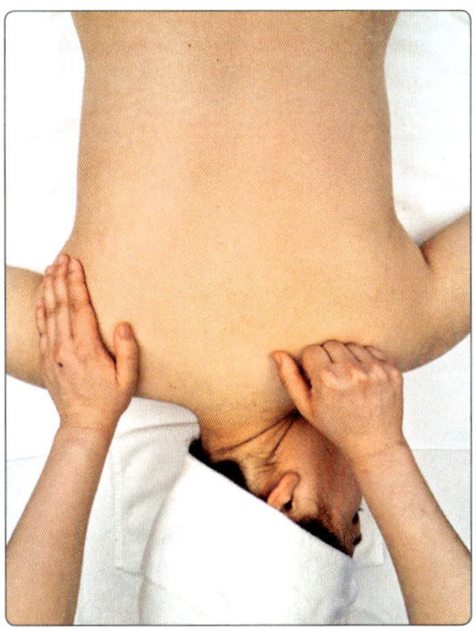

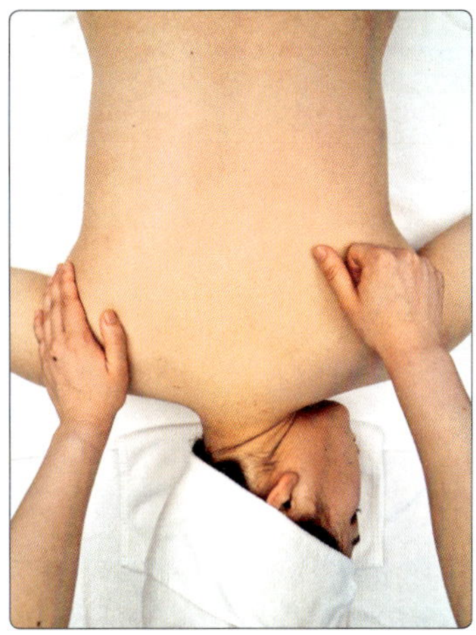

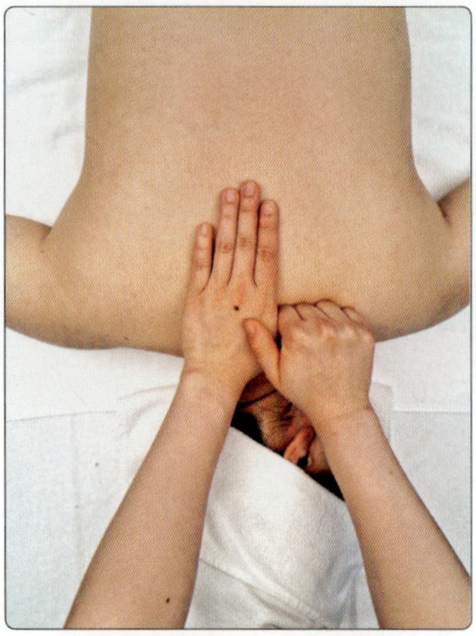

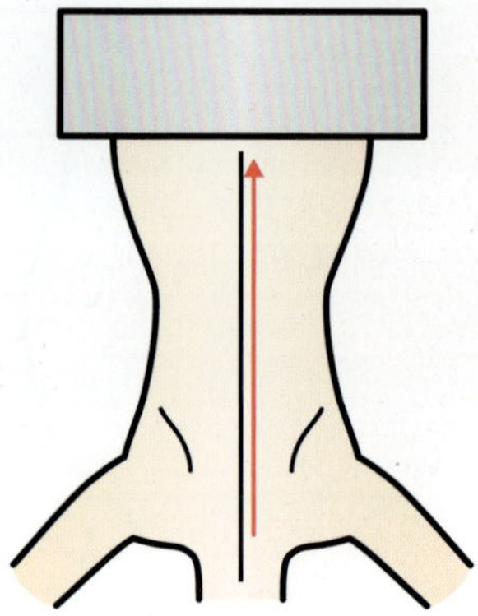

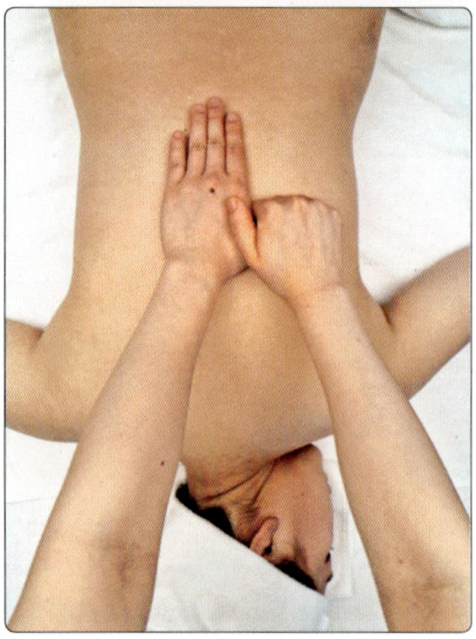

34. 한 손은 각권, 한 손은 손바닥으로 만들어 손바닥이 척추, 각권이 기립근에 오게 댄다.

척추를 따라서 길게 밑으로 쓸어내리기 2회

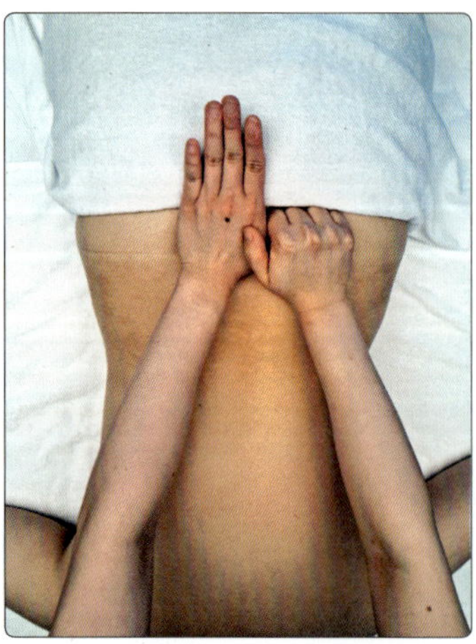

손 바꿔서 반대쪽 2회 반복

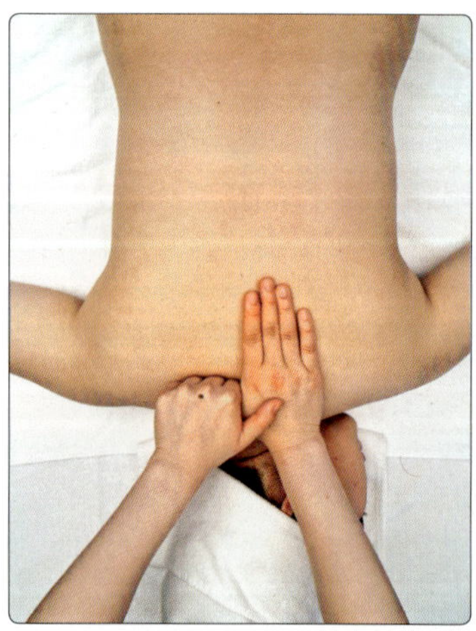

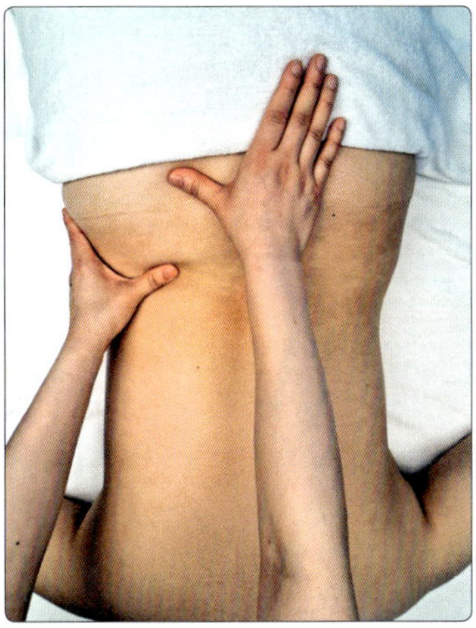

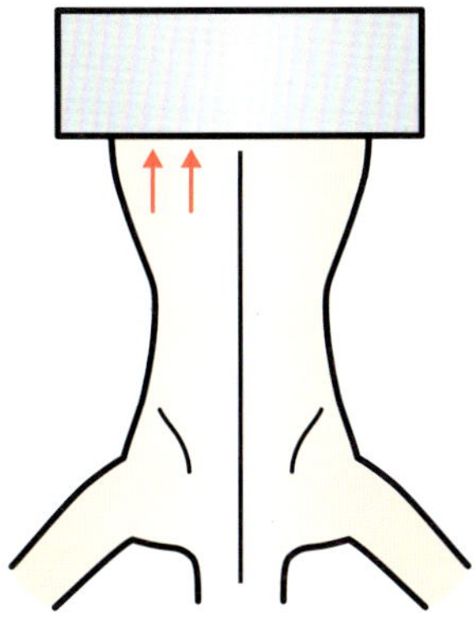

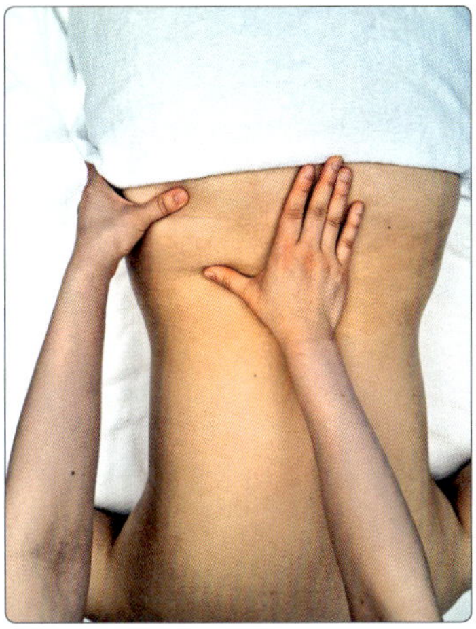

35. 장골(안 → 밖) 엄지 번갈아 엉덩이방향 한번씩 내려주기 왕복 1세트

※ 선골은 하지 않는다.

반대쪽 장골 동일하게 왕복 1세트

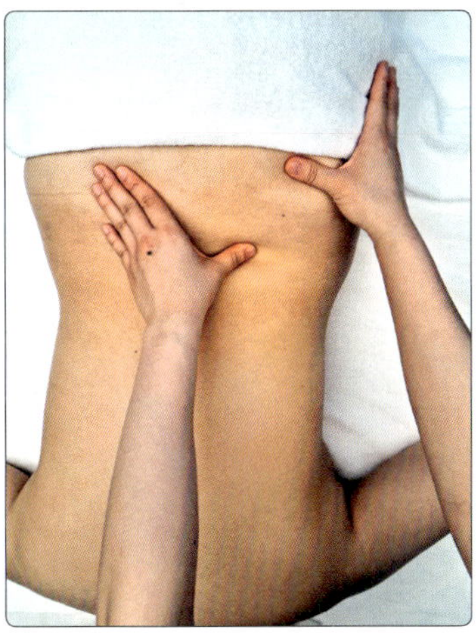

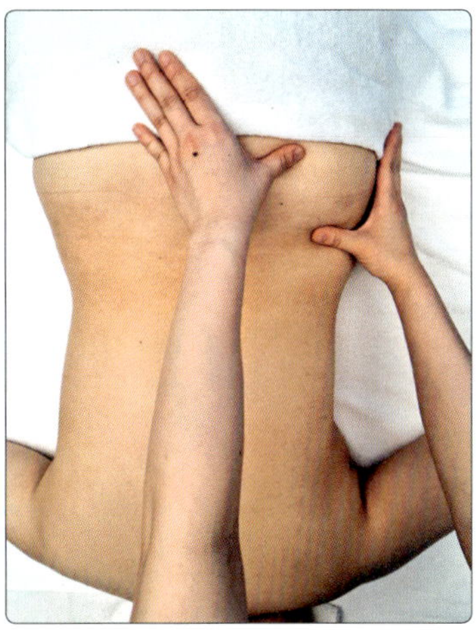

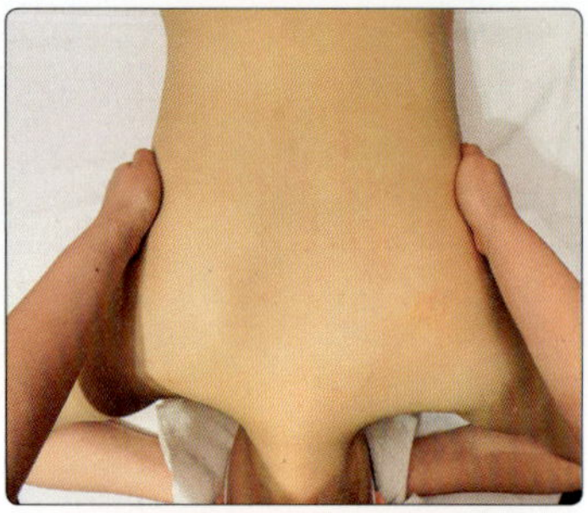

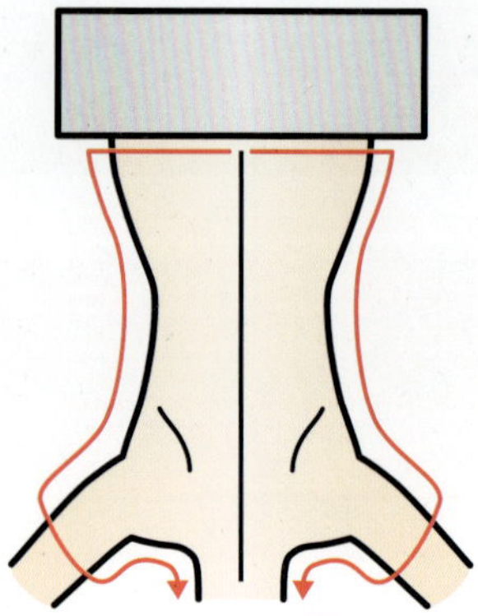

36. 옆구리 타고 올라와 팔 돌아 어깨 → 목으로 올라오기

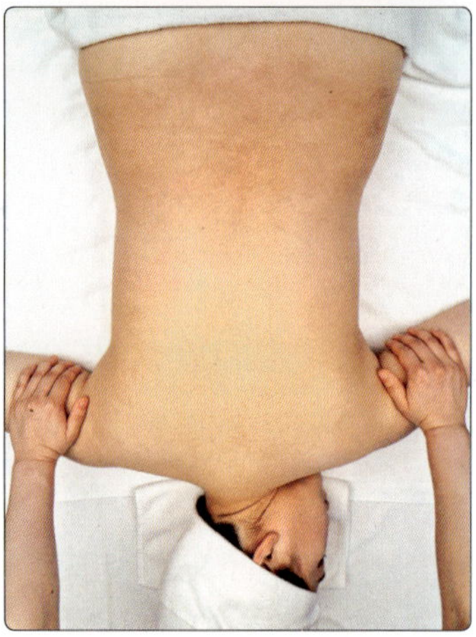

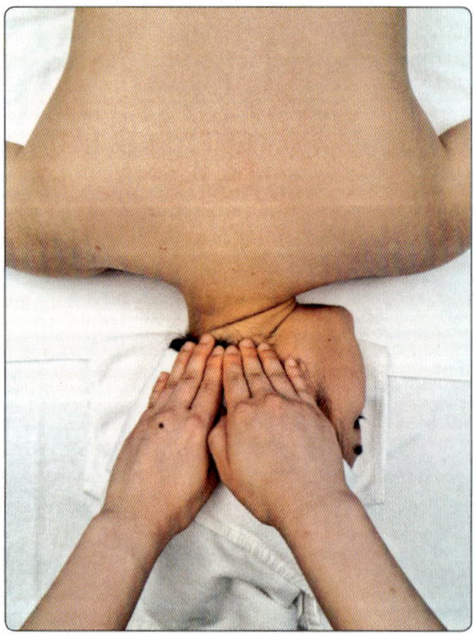

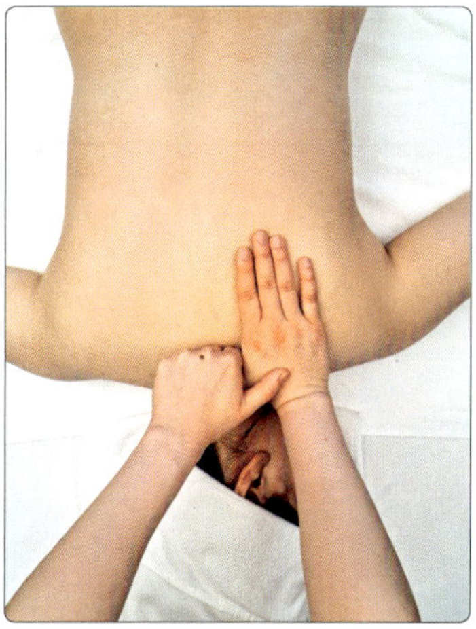

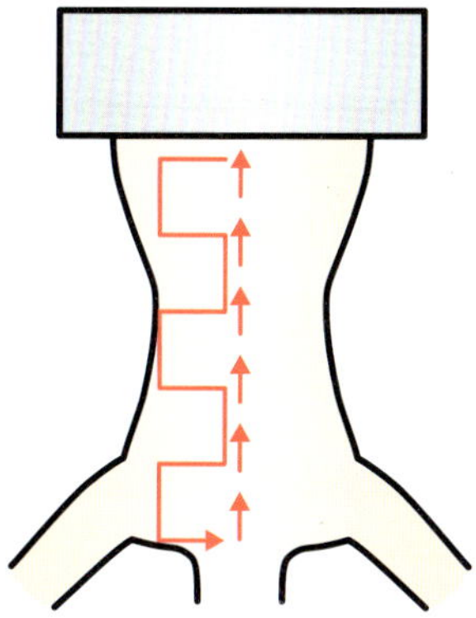

37. 한손은 각권, 한손은 손바닥으로 만들어 각권면이이 척추기립근에 오게 댄다.

척추기립근 따라 내리듯이 쓸면서 8회에 걸쳐 선골로 촘촘하게 내려가기 → 동작 그대로 유지하면서 옆구리따라 ㄹ 모양 그리며 대추까지 올라오기 손바꿔 반대쪽도 동일하게 반복하기

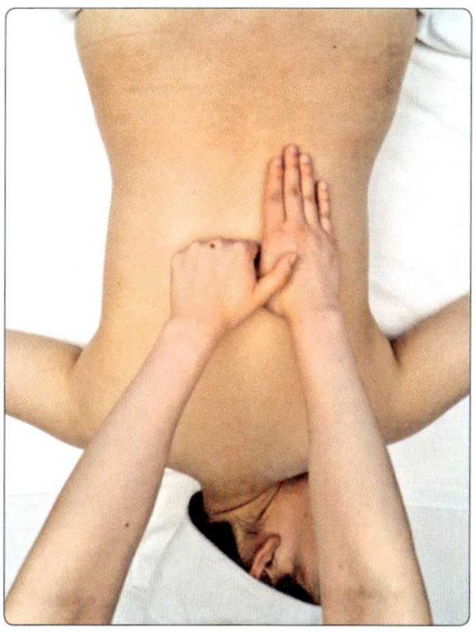

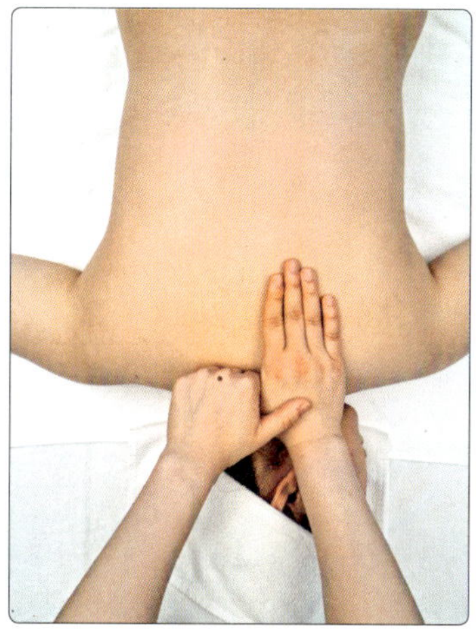

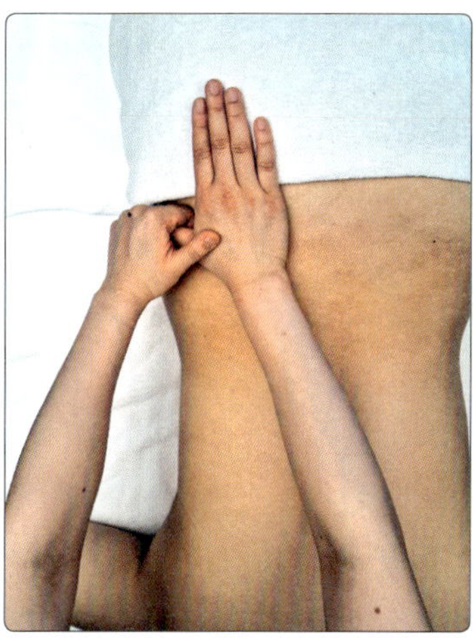

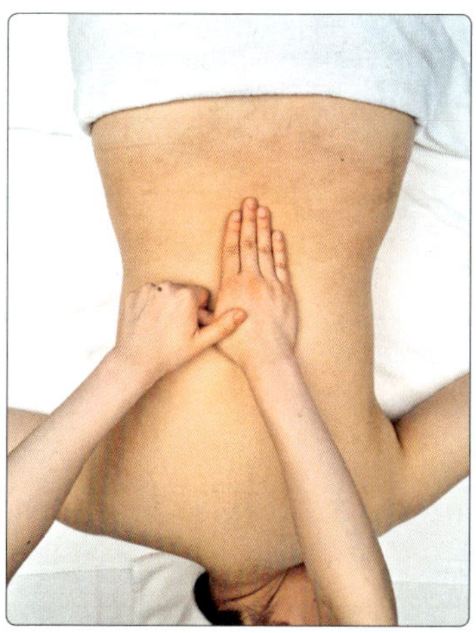

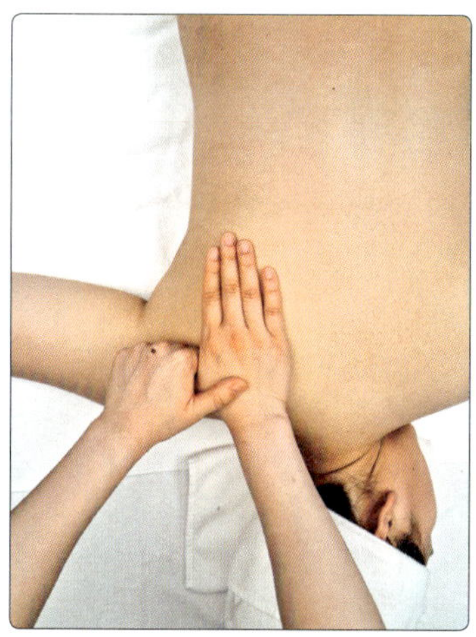

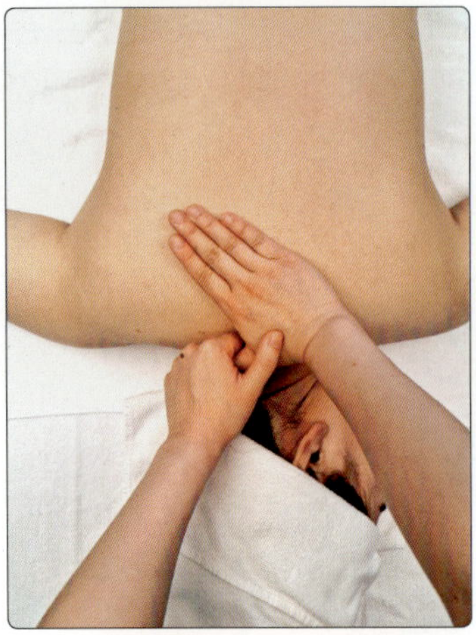

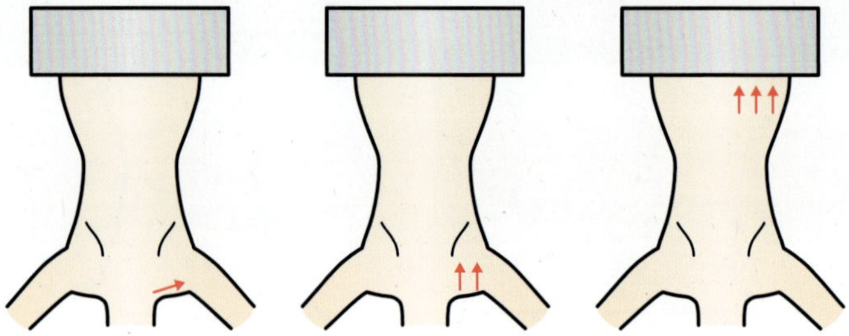

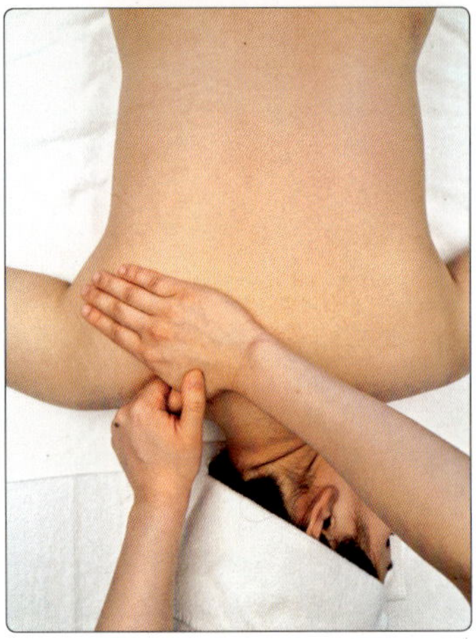

38. 집중관리

어깨, 견갑골, 장골 중에서 1부위를 고른다.
1부위 오른쪽, 왼쪽 중에서 한 쪽만 37번의 동작으로 1분 동안 꼼꼼하게 관리한다.

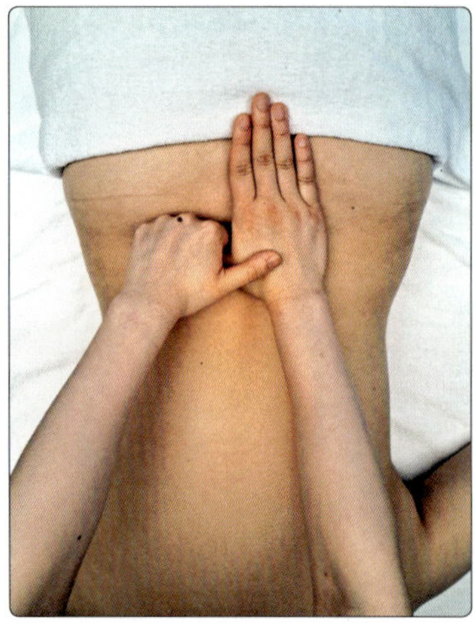

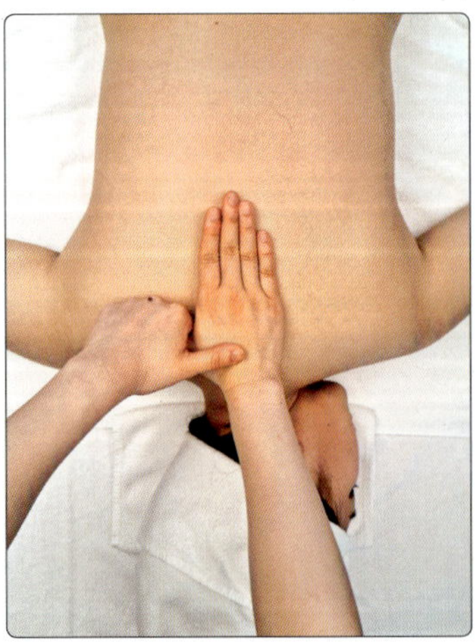

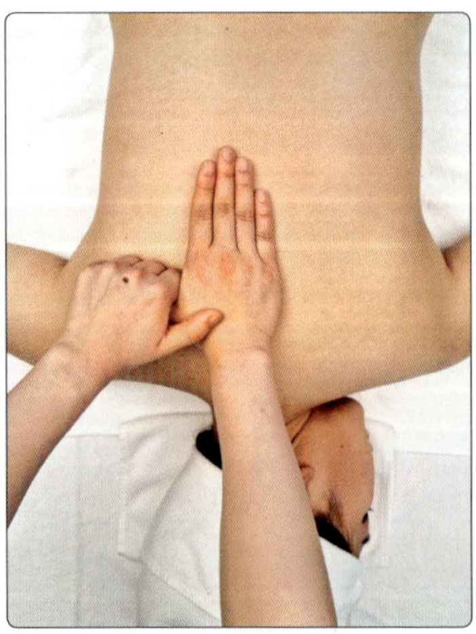

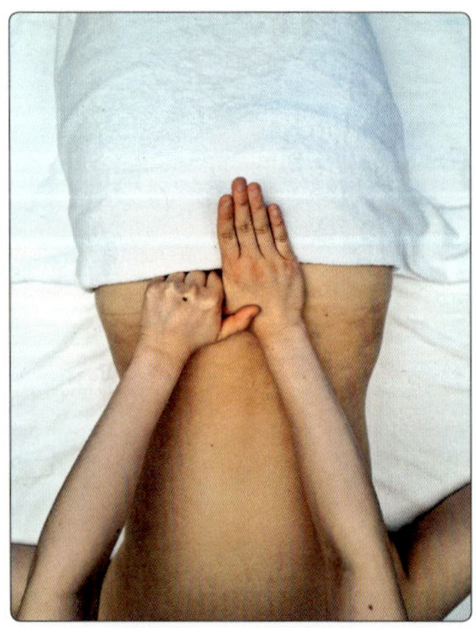

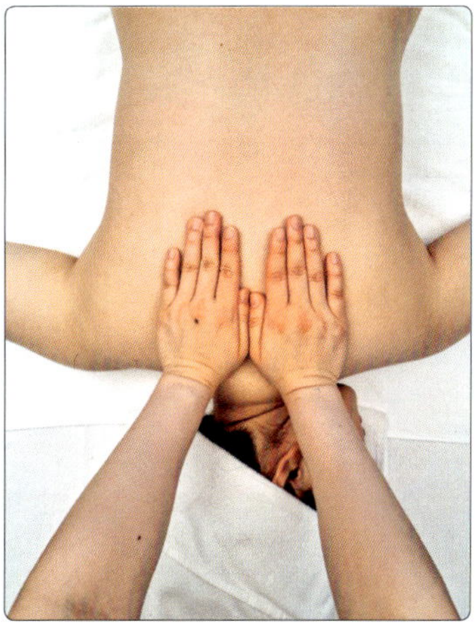

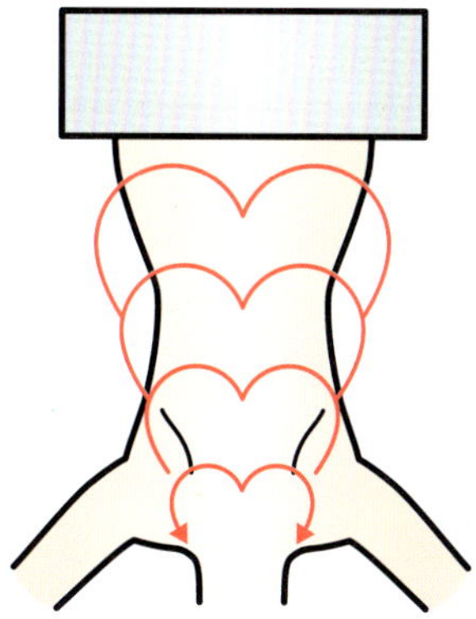

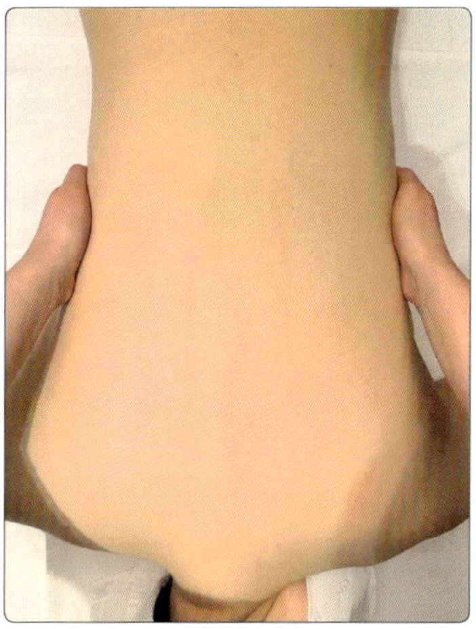

39. 대추에서부터 손바닥으로 점점 크게 하트 그리기 4회

총 2세트

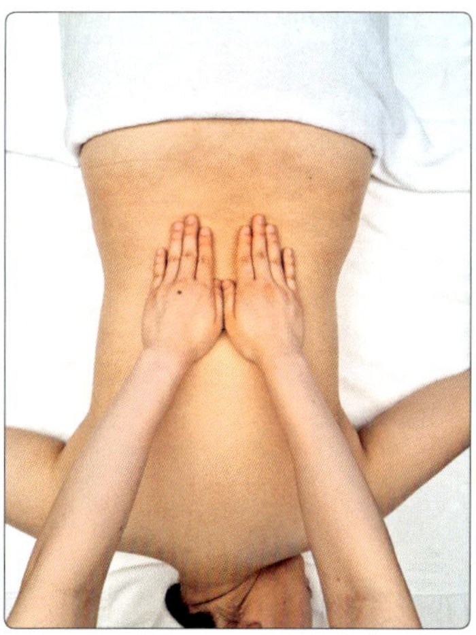

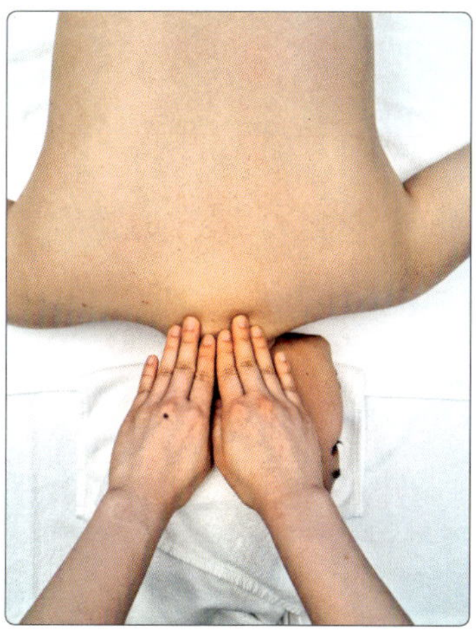

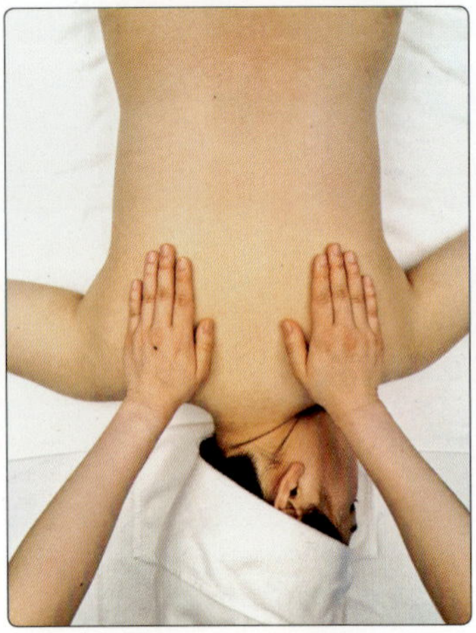

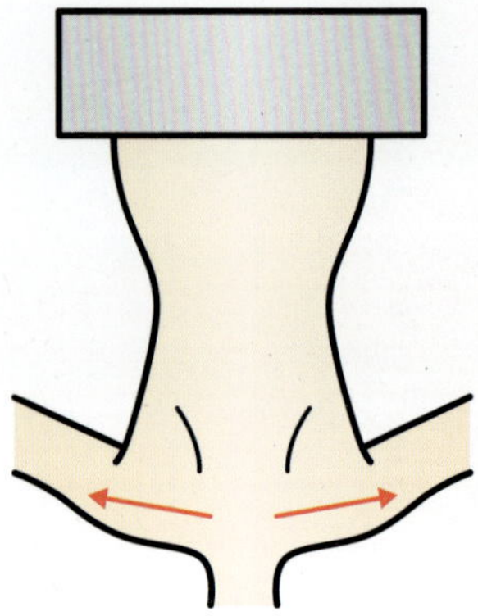

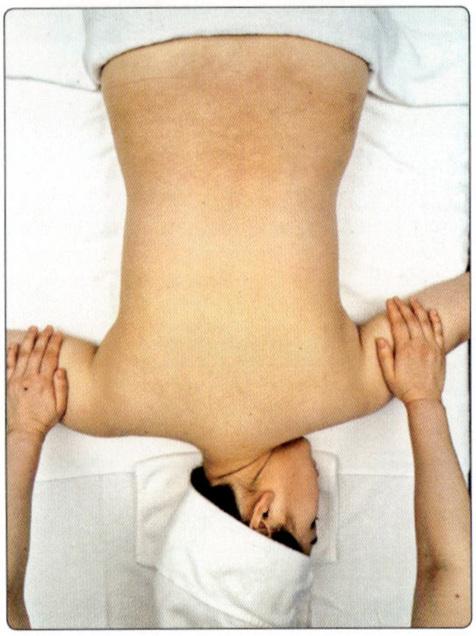

40. 손바닥으로 견갑골 중앙에서 팔 중앙까지 펴듯이 4회 쓸기

→ 마지막은 끌어 모으듯이 힘줘서 박수치고 손바닥 천장으로 뒤집기

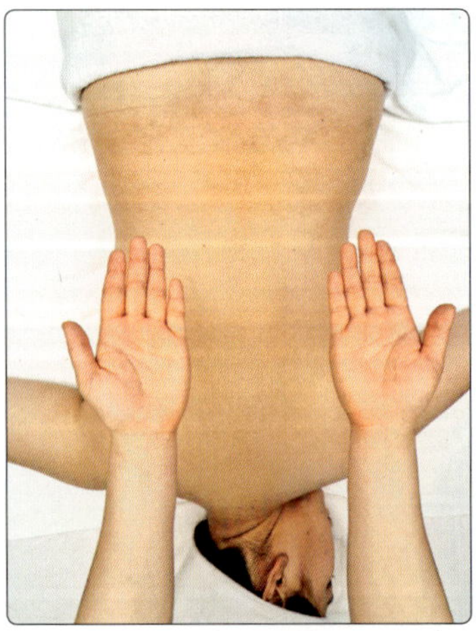

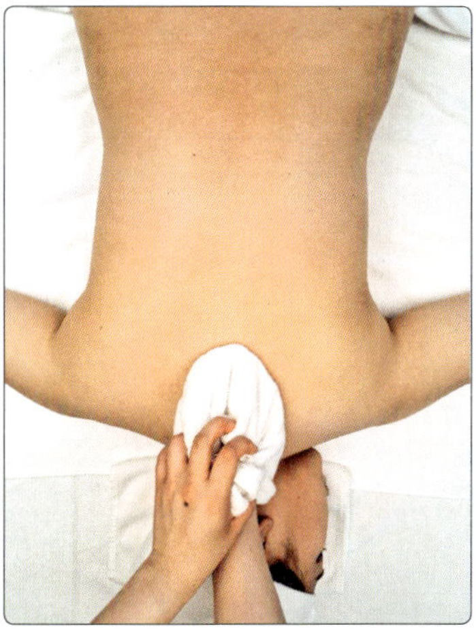

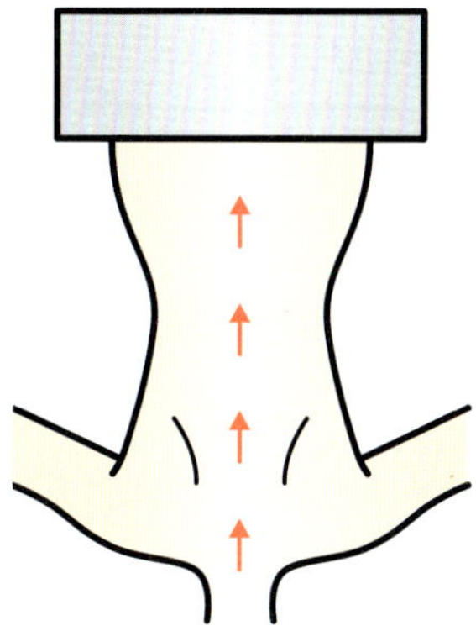

41. 닦기

수건 다리미 만들기

① 척추 8회에 내리듯이 닦으며 내려가기

② 옆구리 8회에 올리듯이 닦으며 올라오기

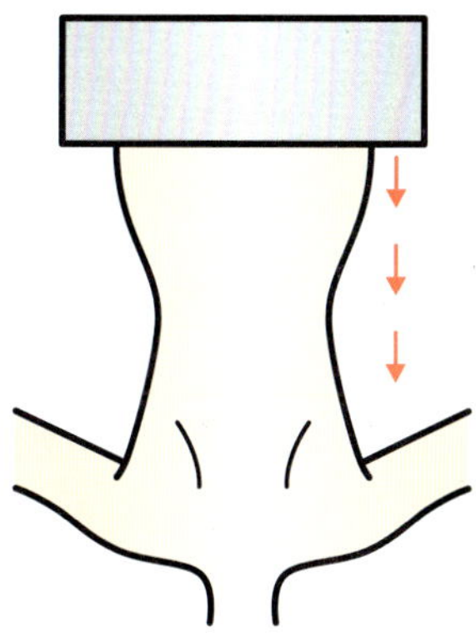

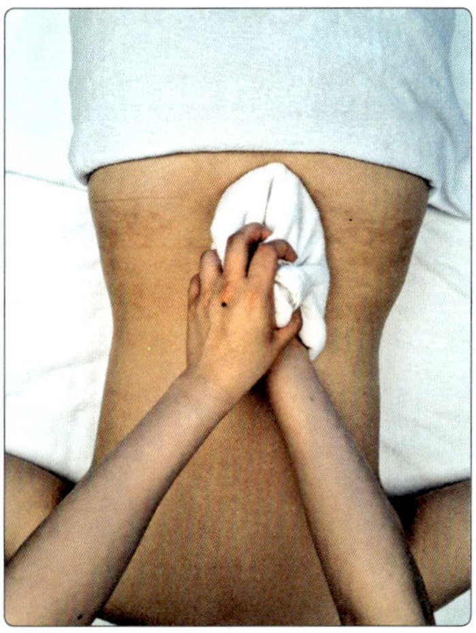

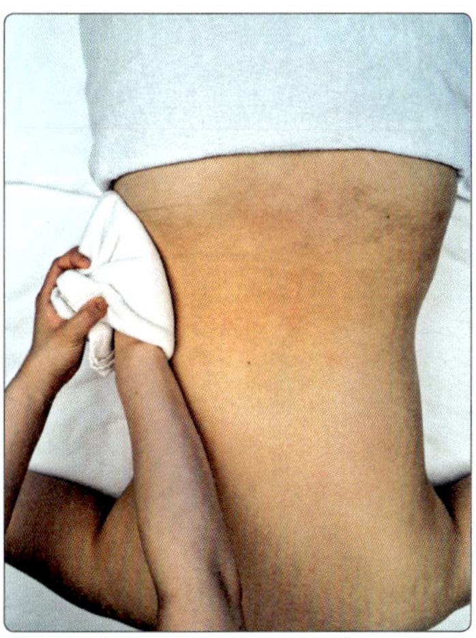

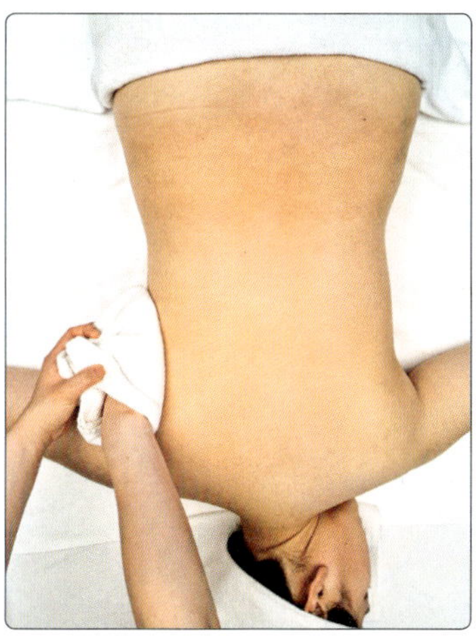

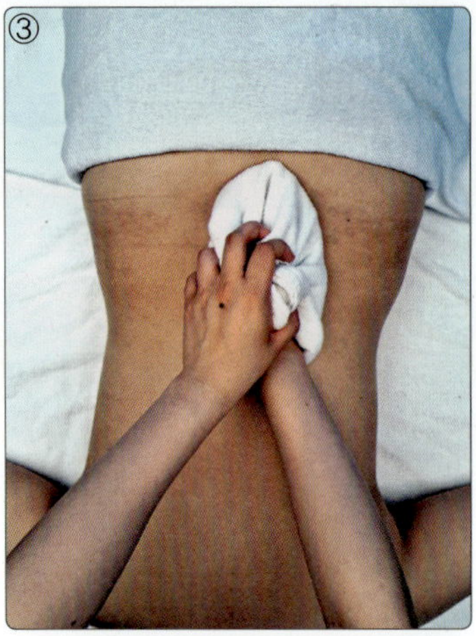

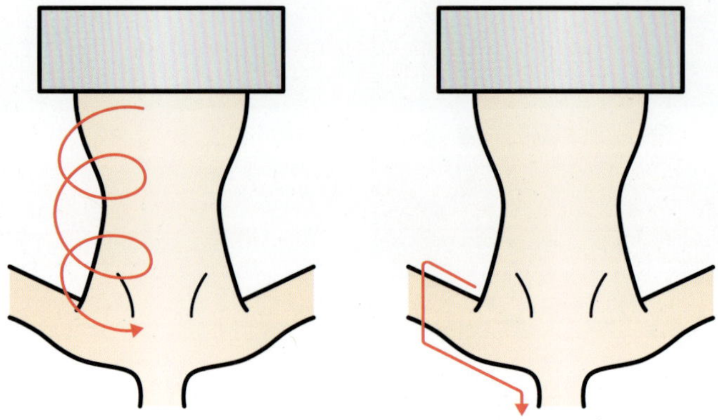

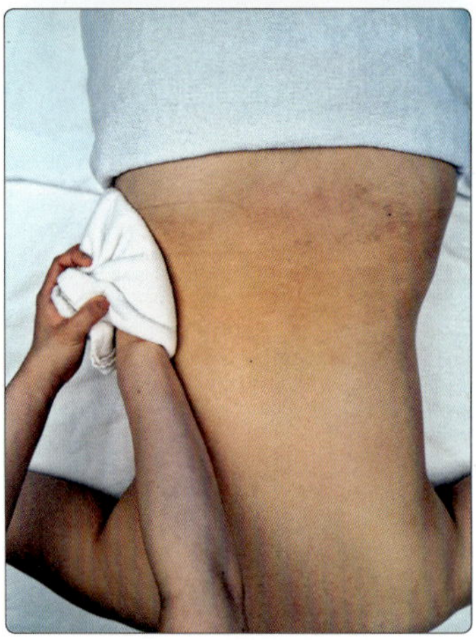

③ 척추 한번에 내려가 옆구리 8회에 동글리며 올라오기
④ 겨드랑이 닦고 팔 돌아 어깨 목 뒤 닦기

반대쪽 동일하게 닦기

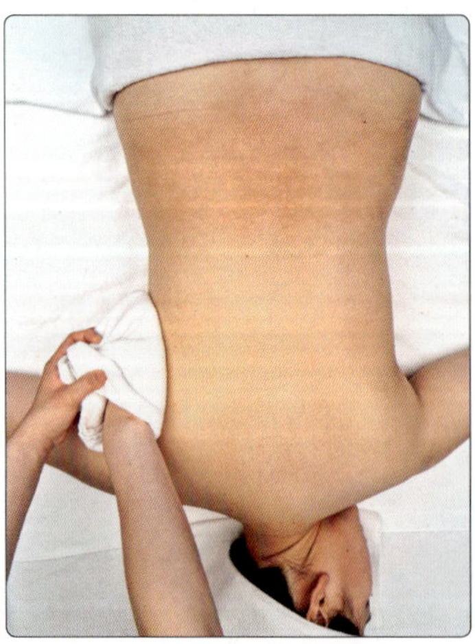

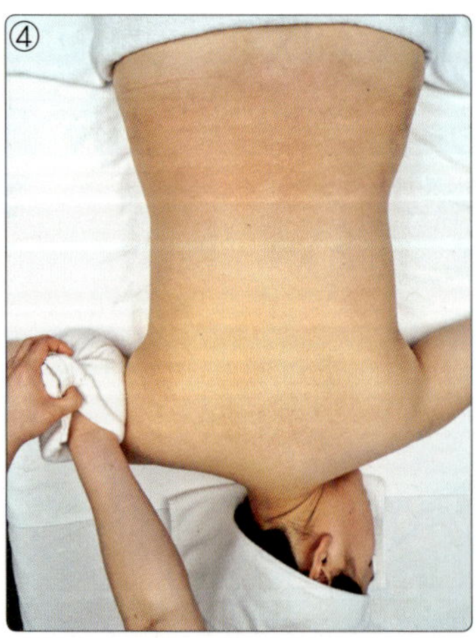

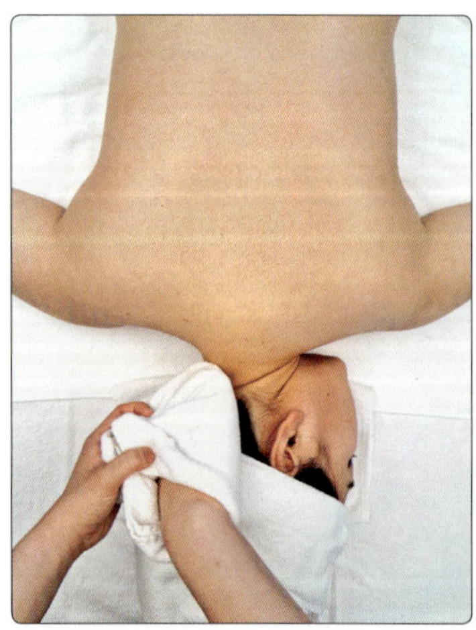

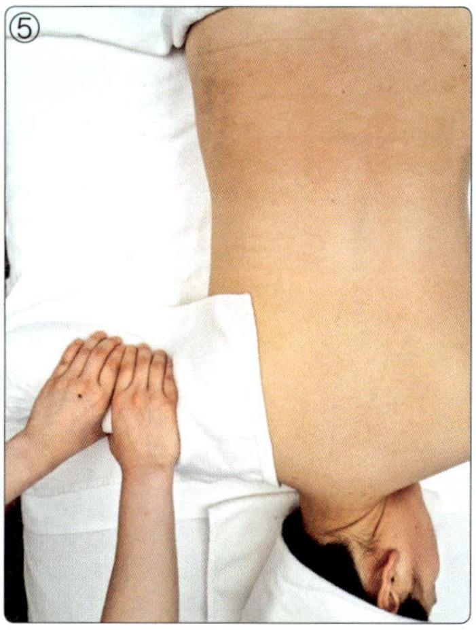

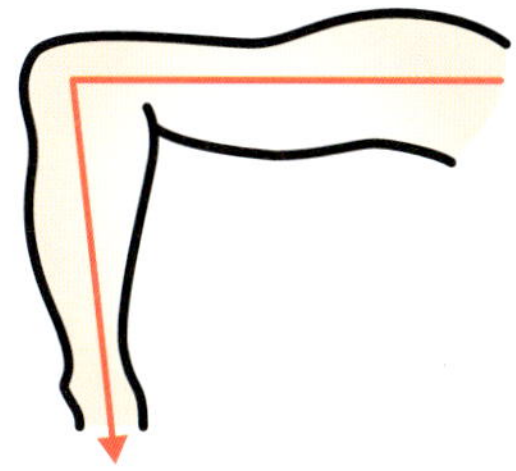

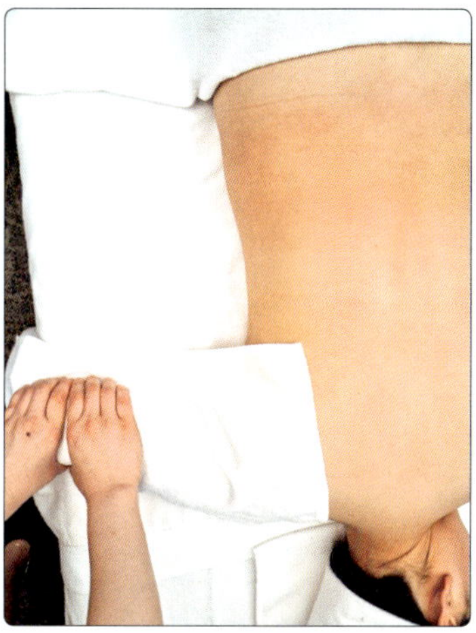

⑤ 팔에 수건 덮고 손바닥 전체로 크림 흡수 시키기
⑥ 수건잡아 팔 쓸면서 손끝으로 빼기

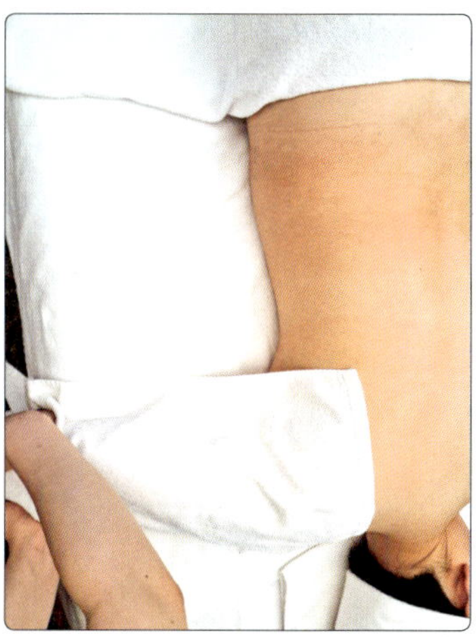

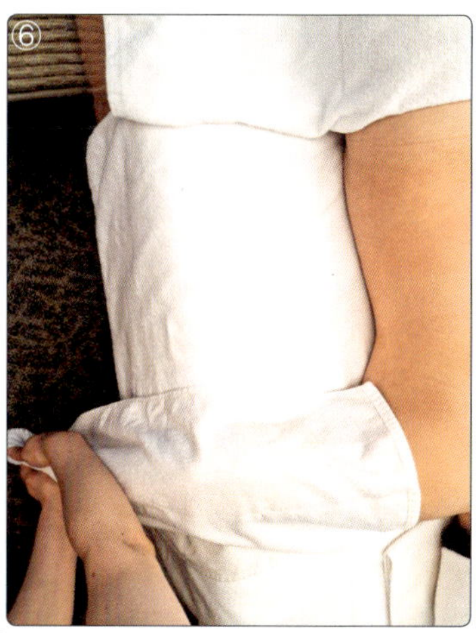

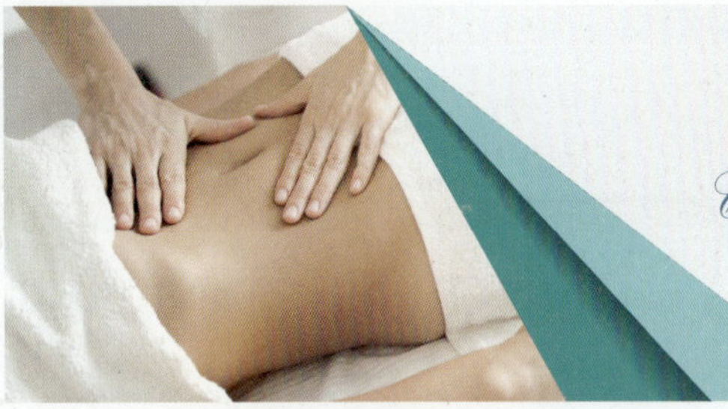

Chapter 4 복부 관리

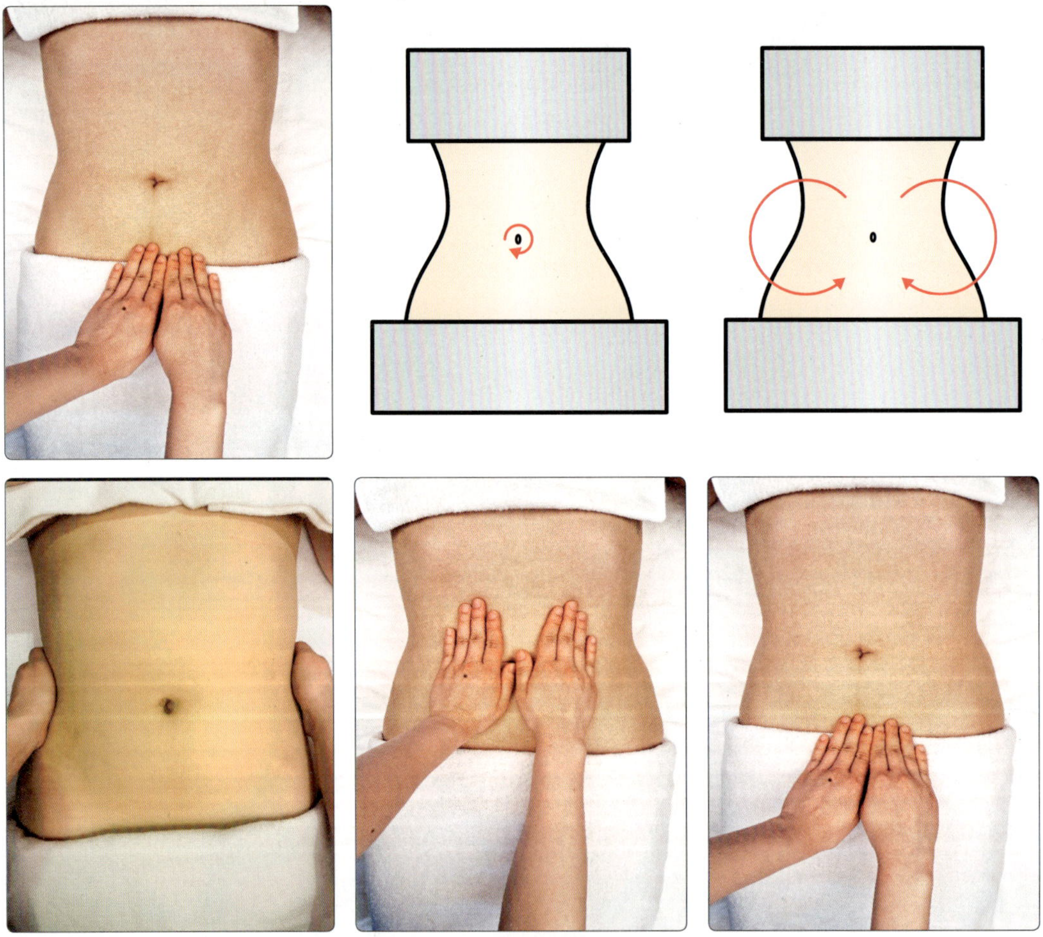

도포 고객님 오른쪽에 서서 러빙 후 쓰다듬기 4회 2세트

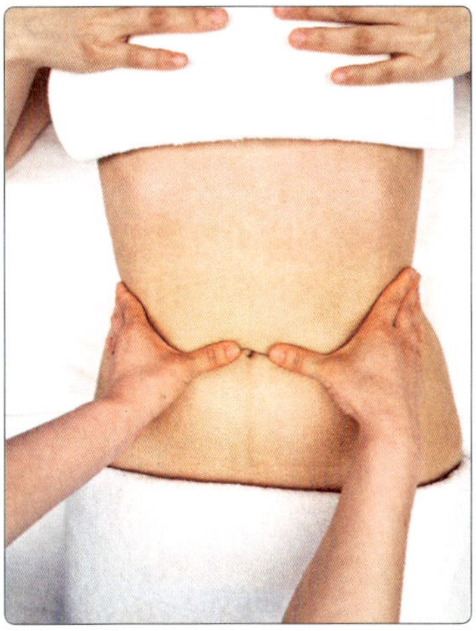

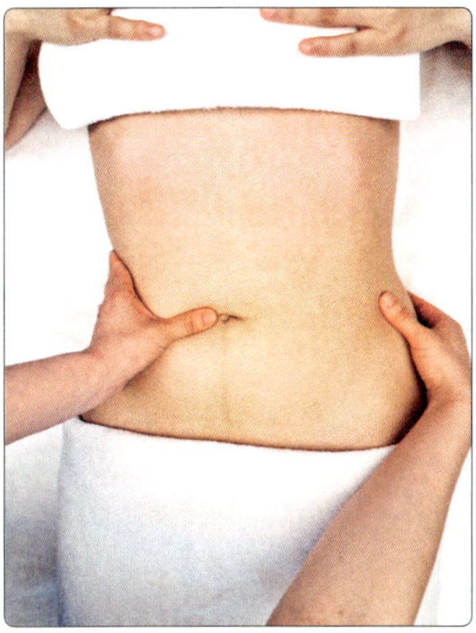

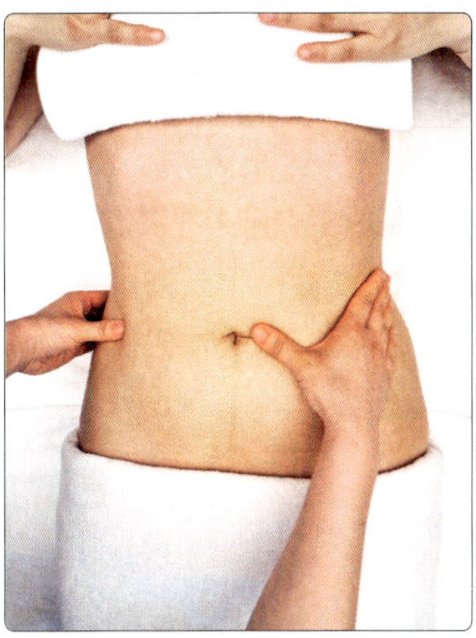

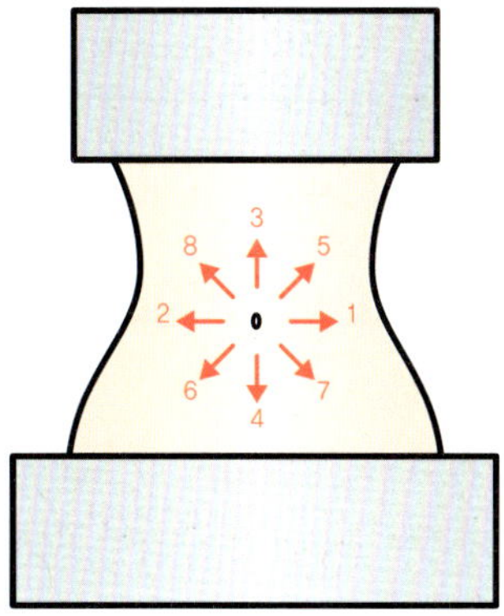

1. 엄지 지문으로 배꼽 옆에서 옆구리 전까지 길게 쓸기 1회
(보조수 반대쪽 배꼽 옆 잡기)

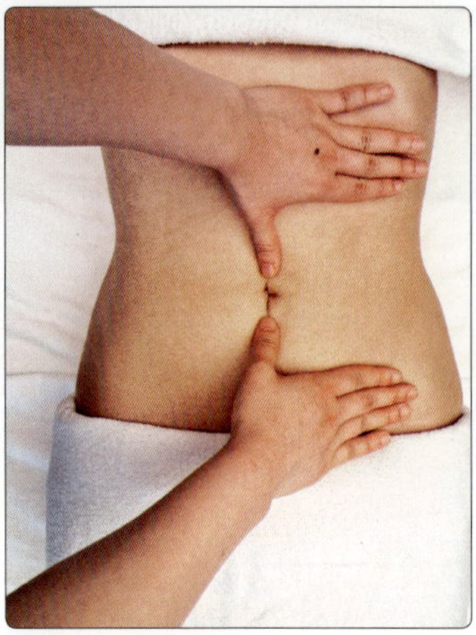

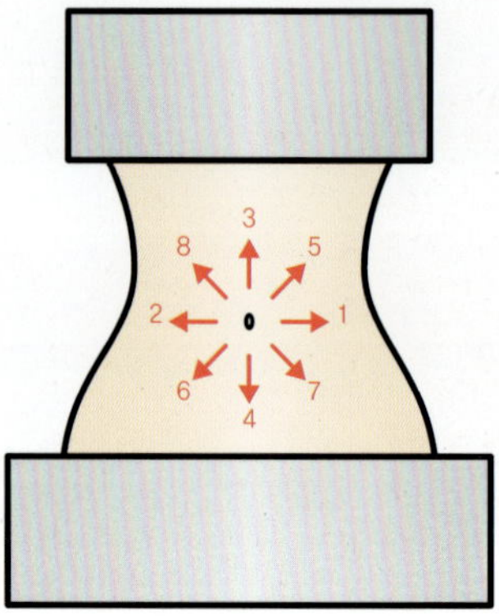

1번 동작 참고사진

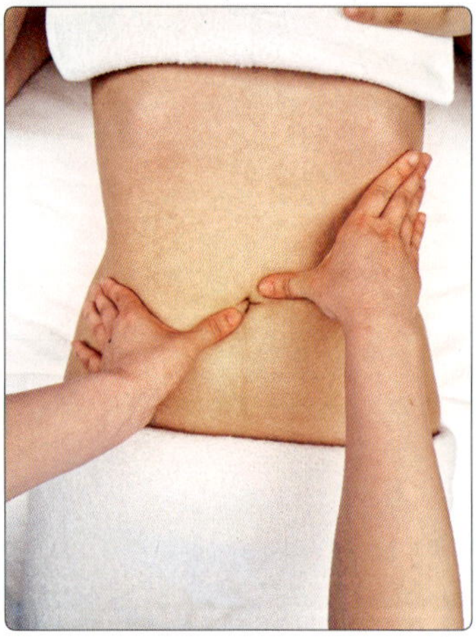

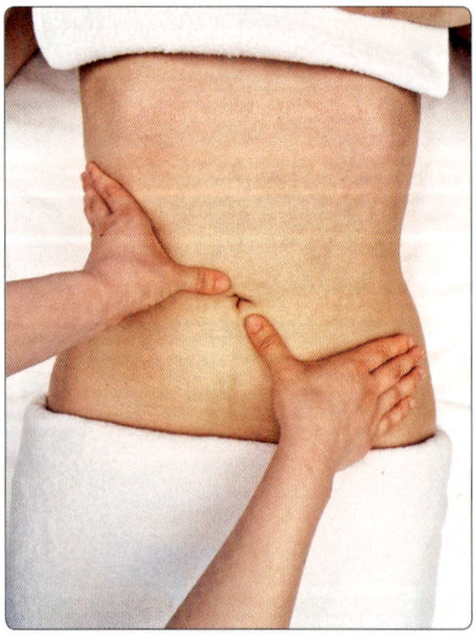

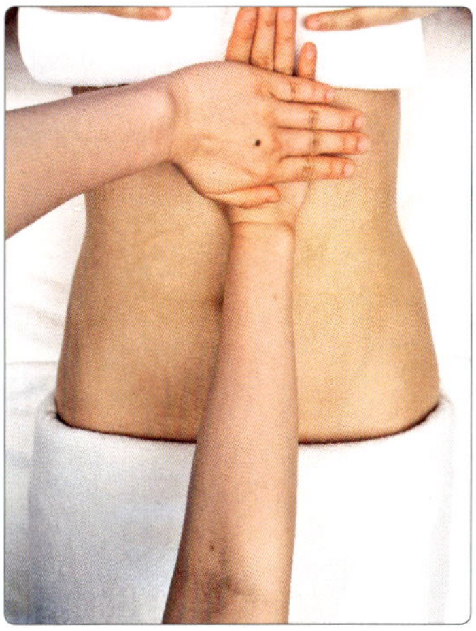

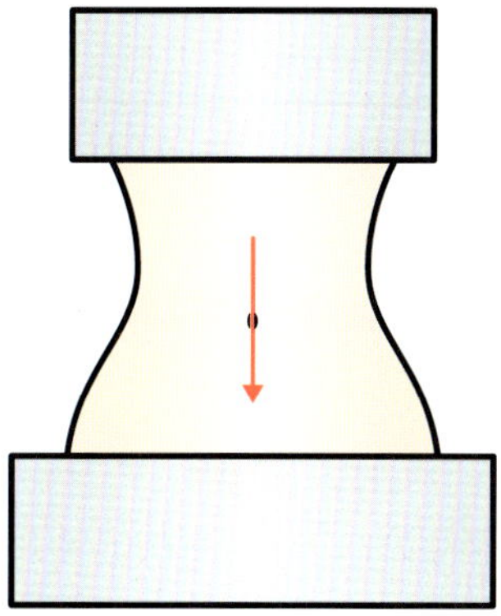

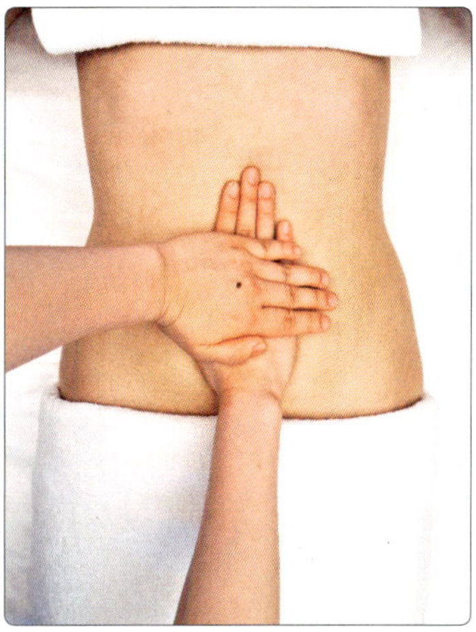

2. 중완혈에서 복부 끝까지 손바닥으로 쓸어내리기 2회(보조수 손등 덮기)

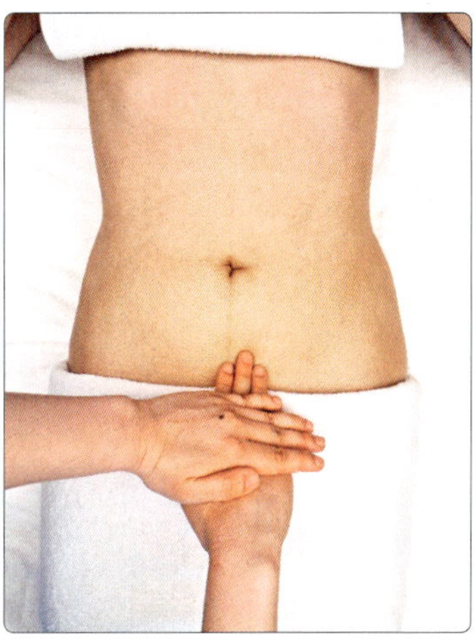

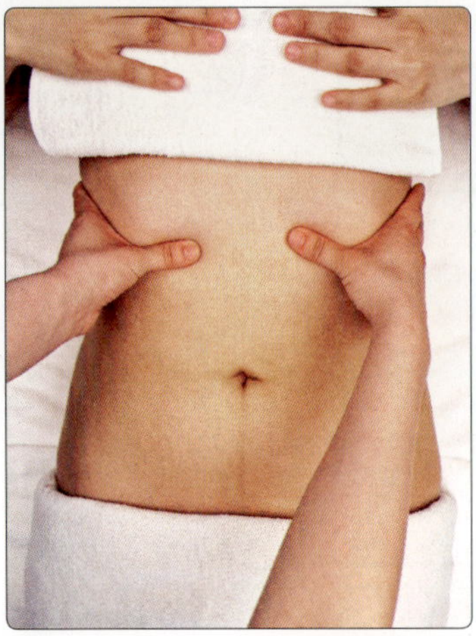

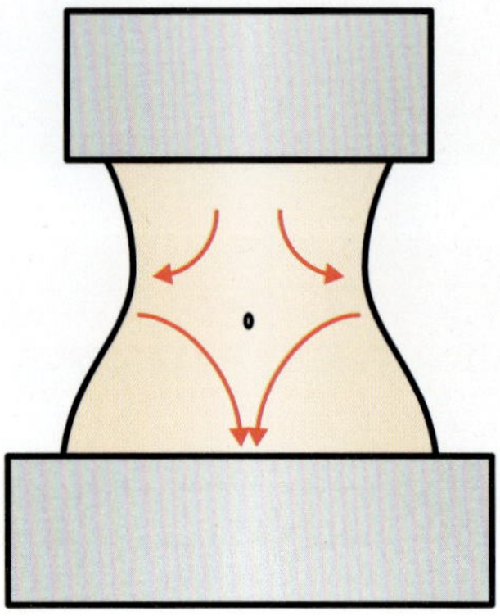

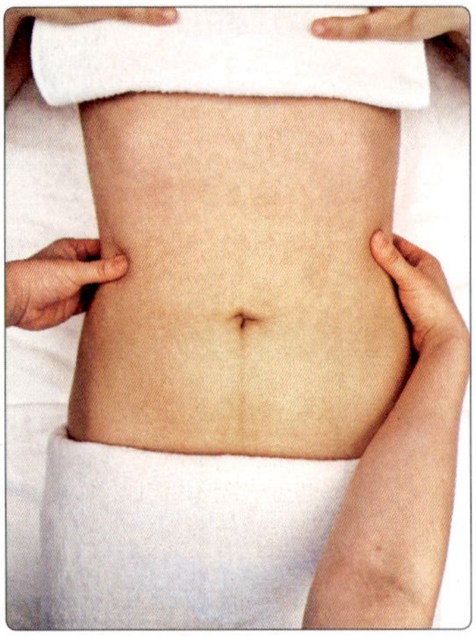

3. 엄지 지문으로 늑골라인 쓸고 사지 지문으로 옆구리에서 복부 끝까지 당겨오기 4회

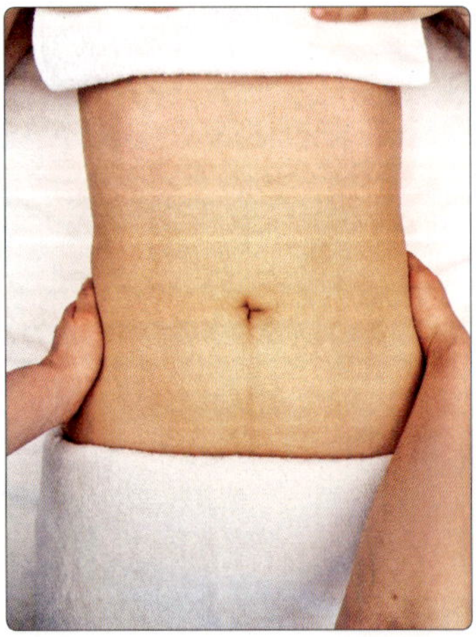

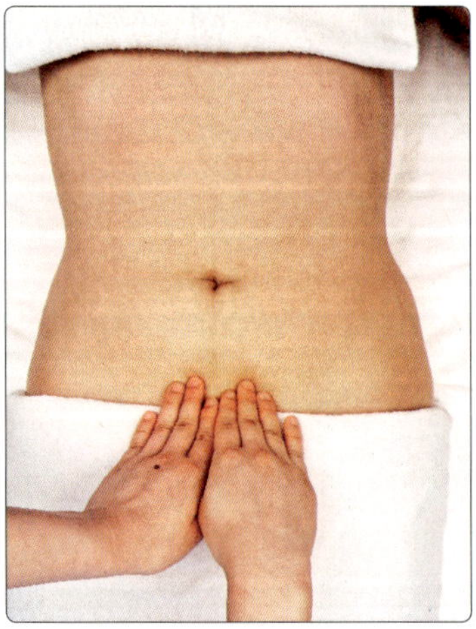

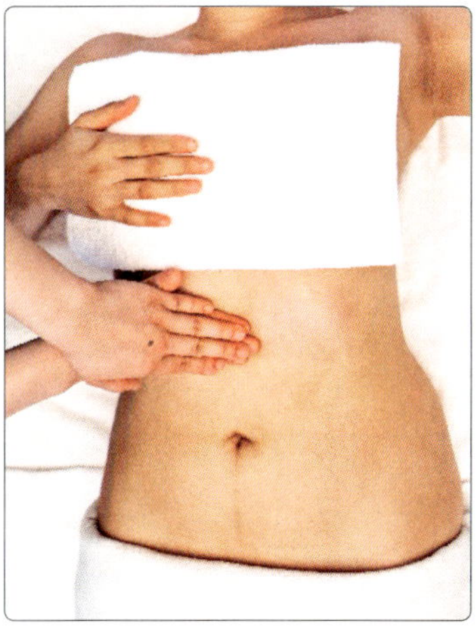

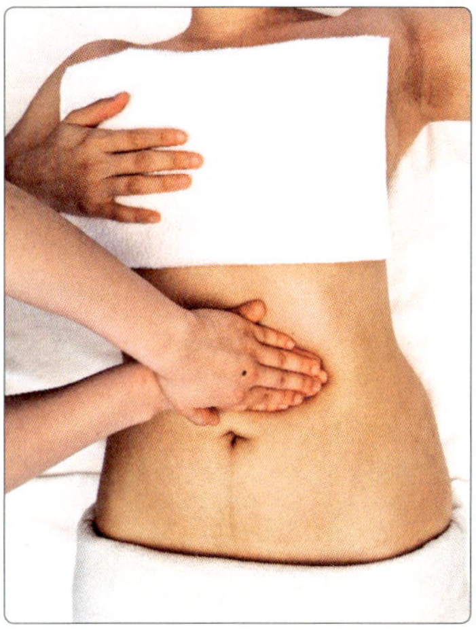

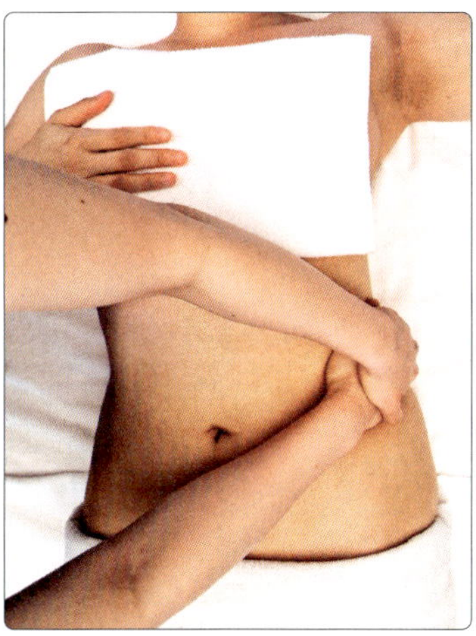

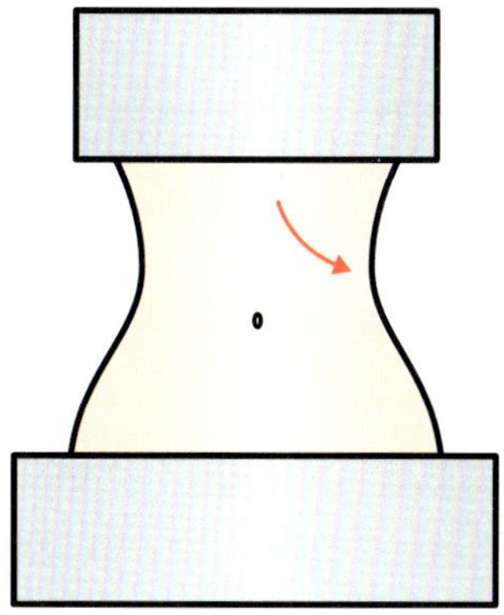

4. (고객님 왼쪽 팔 90° 위로 올리기)반대쪽 늑골라인 양 사지 겹쳐 내리기 4회

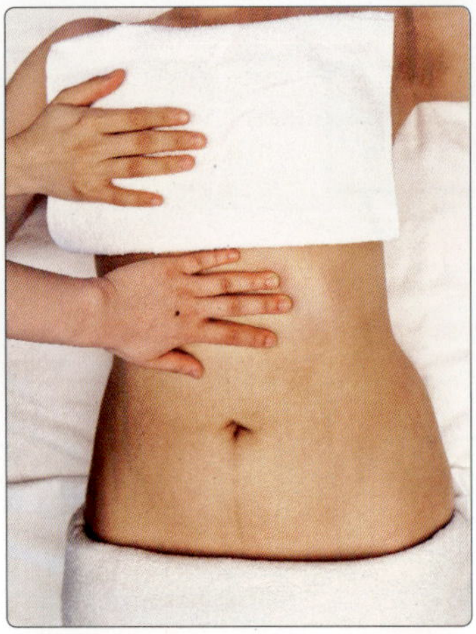

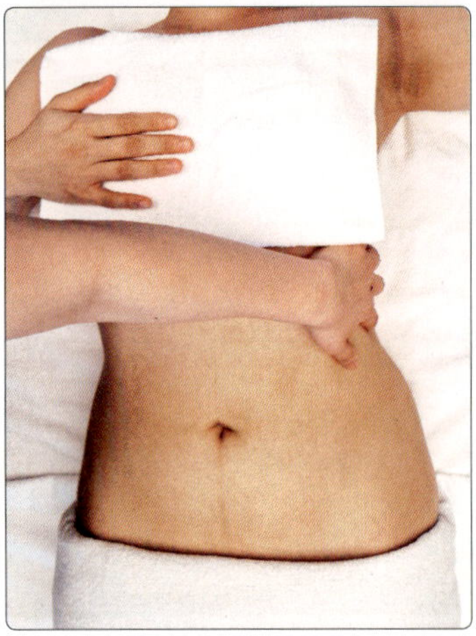

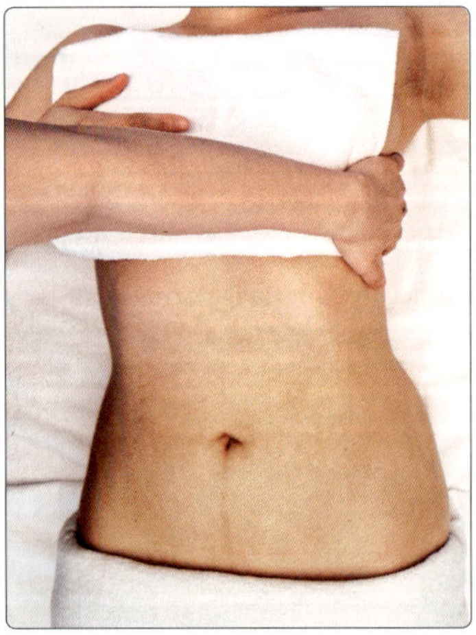

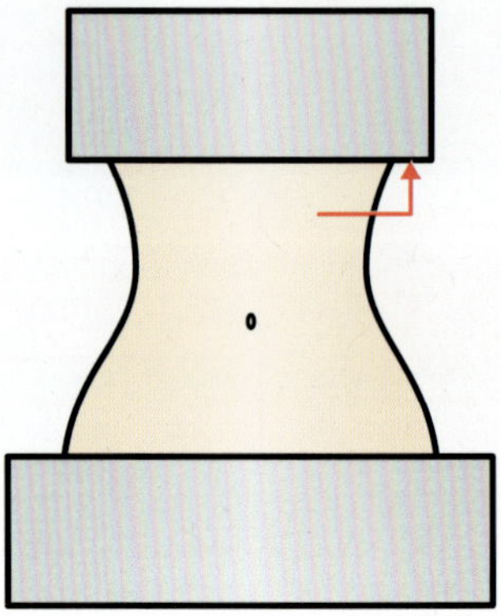

5. 손가락 벌려 지문으로 반대쪽 늑골 일자로 내려가 겨드랑이 방향 올리기 양 손 번갈아 8회

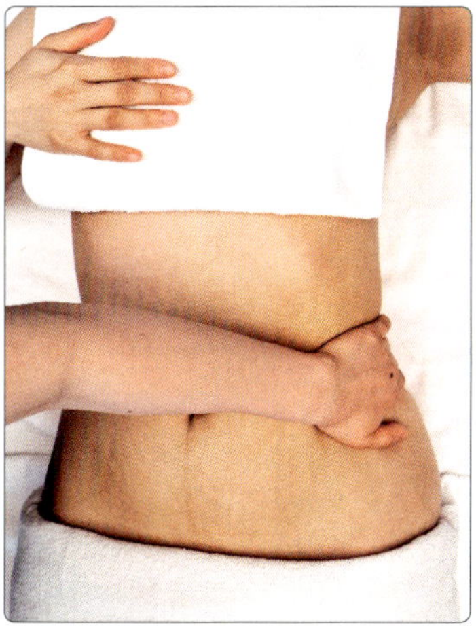

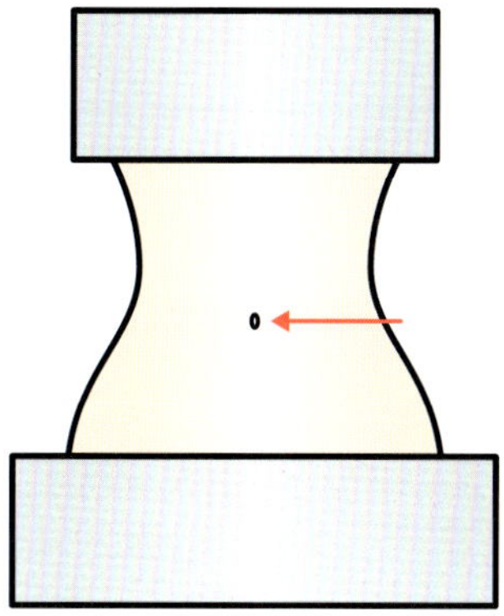

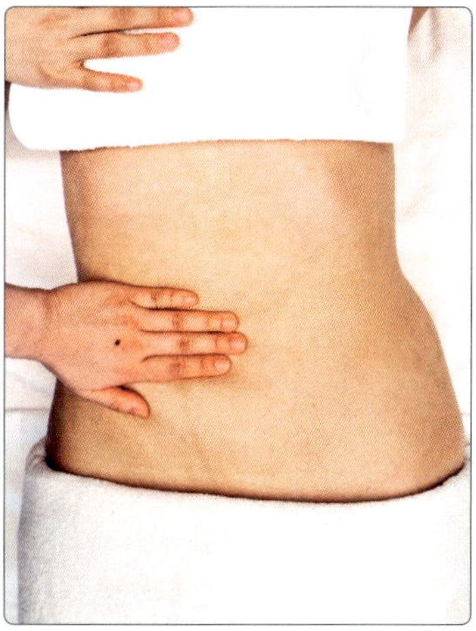

6. 반대쪽 옆구리에서 배꼽까지 양 손 번갈아 당기기 4회

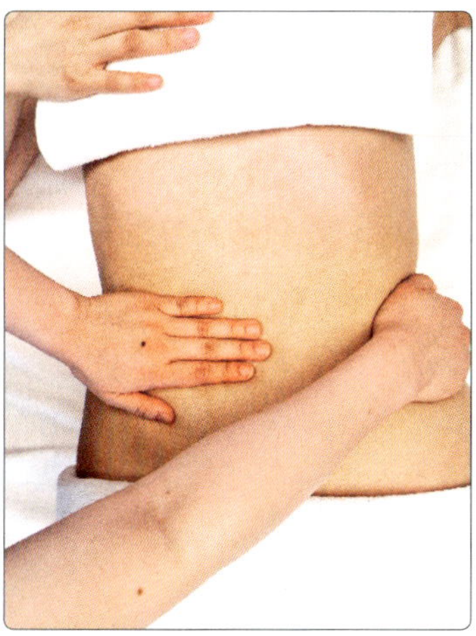

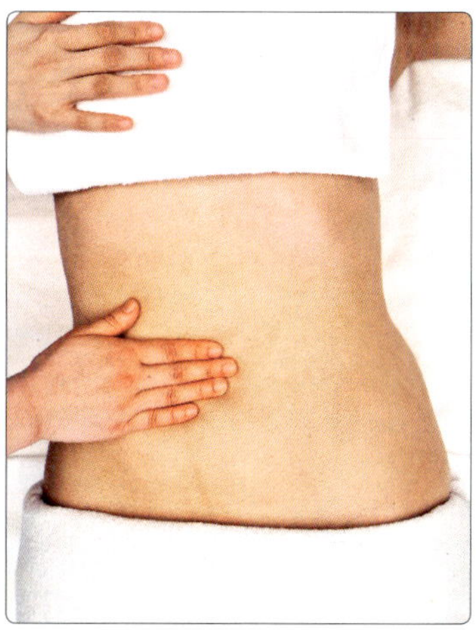

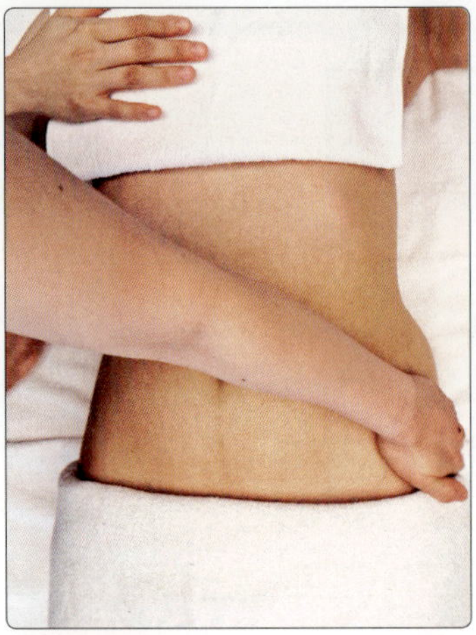

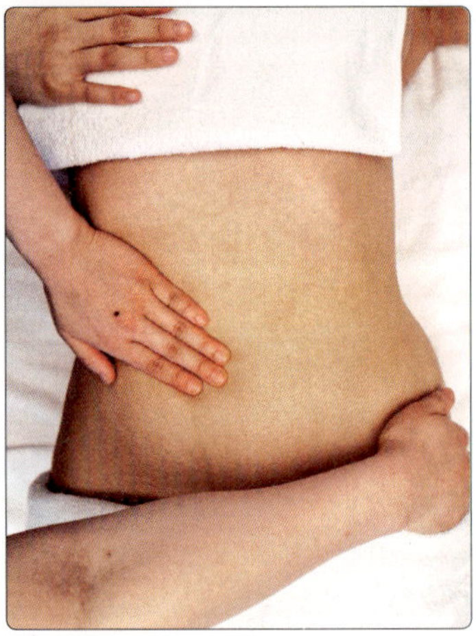

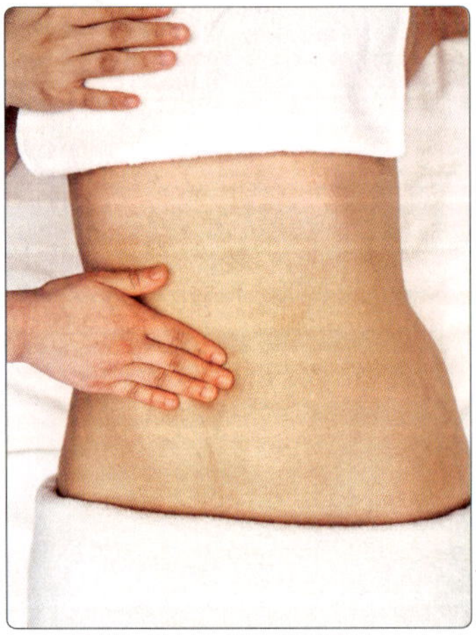

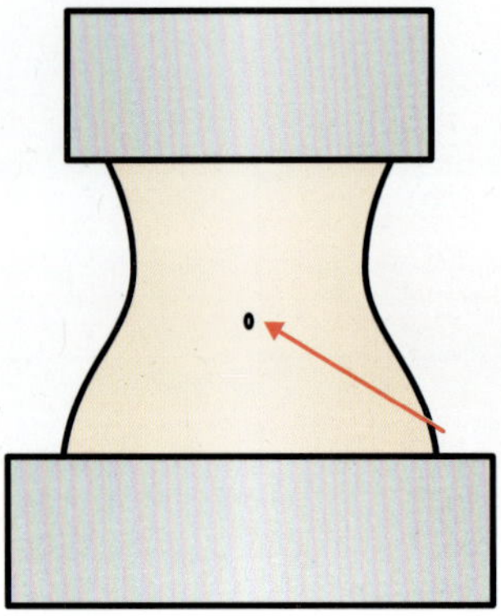

7. 반대쪽 장골에서 배꼽까지 양 손 번갈아 쓸기 4회

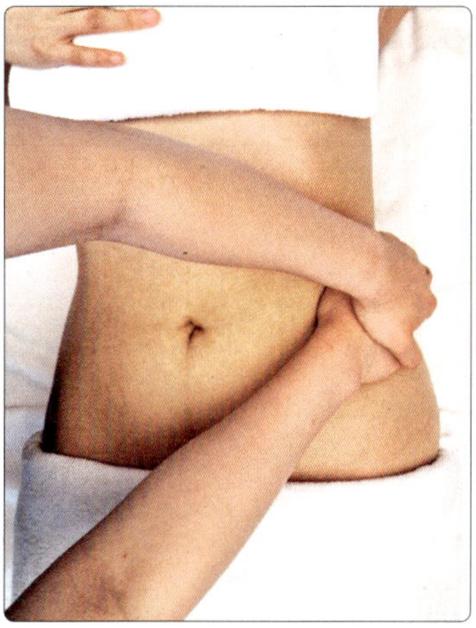

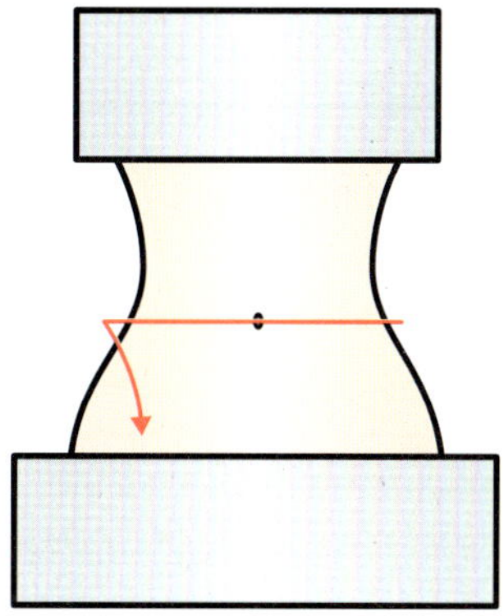

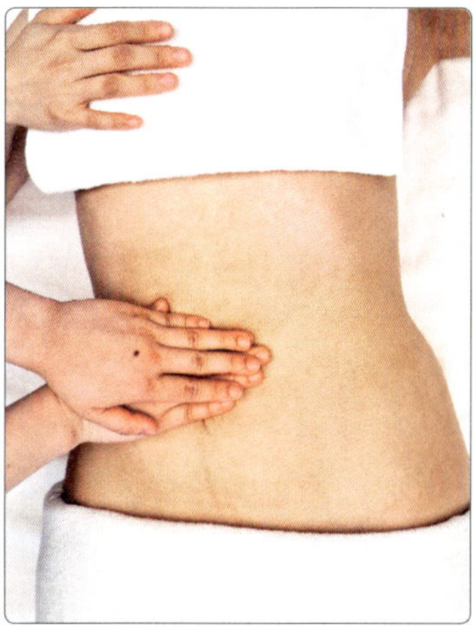

8. 양 사지 겹쳐 반대쪽 옆구리에서 내쪽 옆구리까지 끌어온 후 손 끝 돌려 장골 안쪽으로 쓸기 1회

4번에서 8번까지 다시 반복 후 고객님 팔 가슴위로 올리기

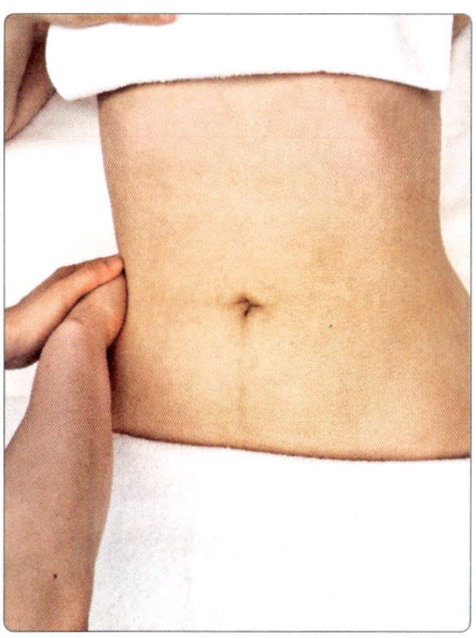

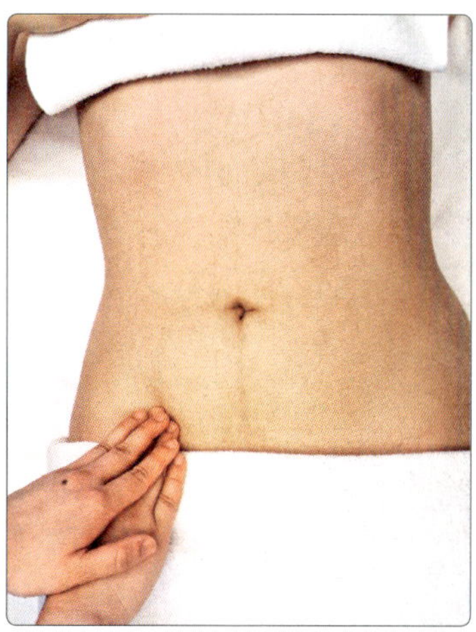

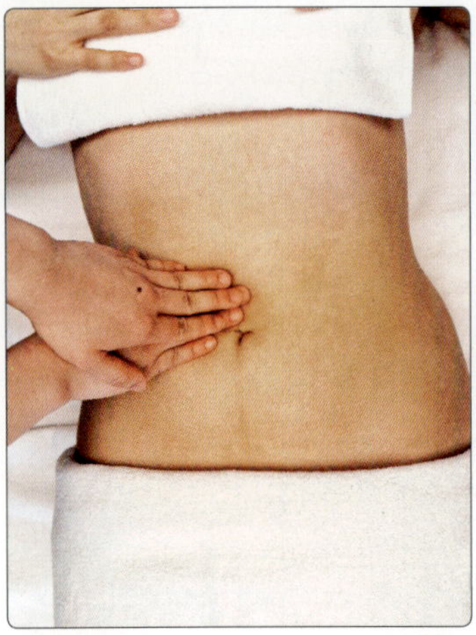

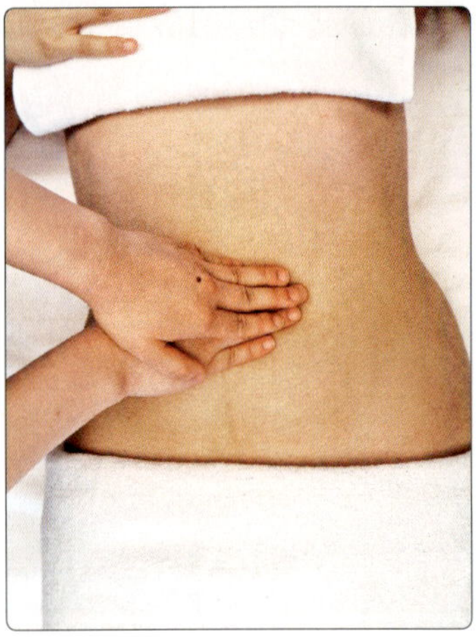

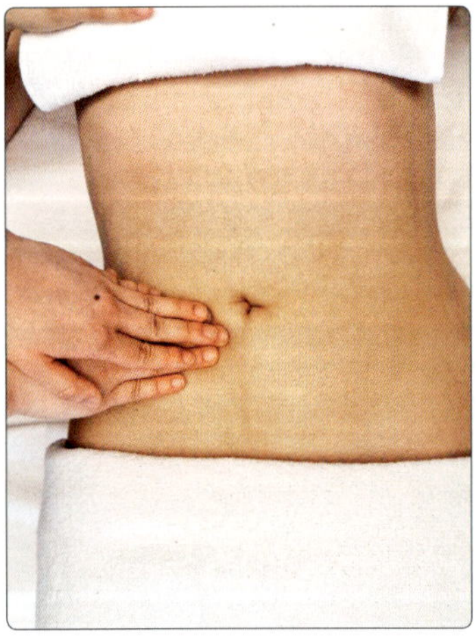

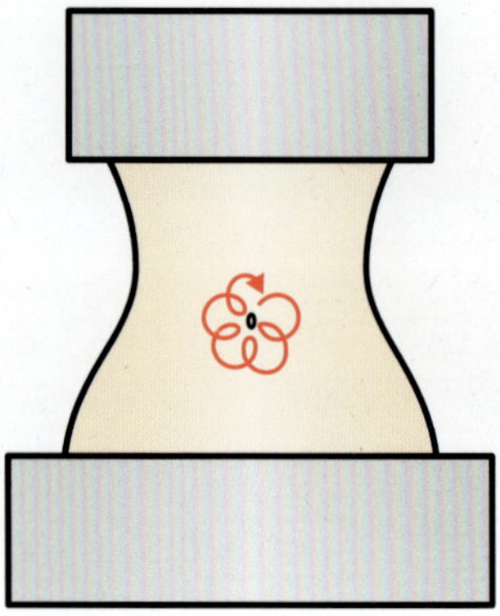

9. 배꼽 주위 8지점 나눠 양 사지 지문으로 시계방향 1회씩 동글리기 2세트

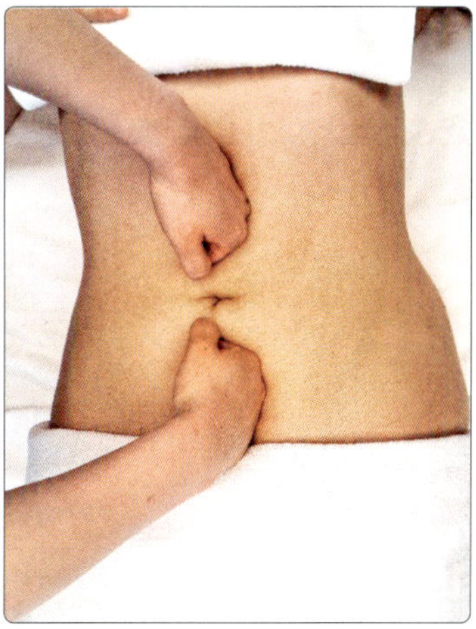

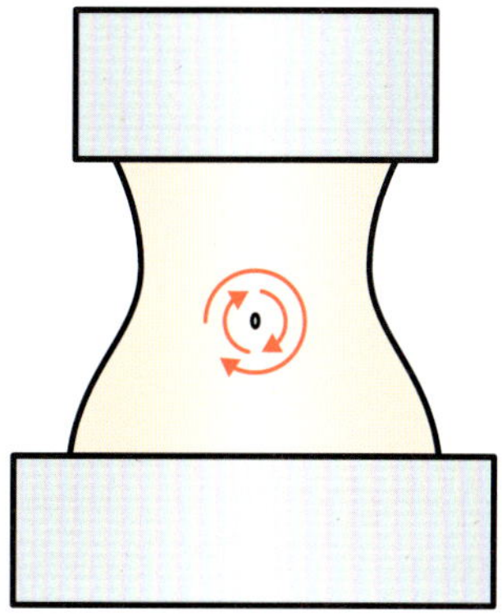

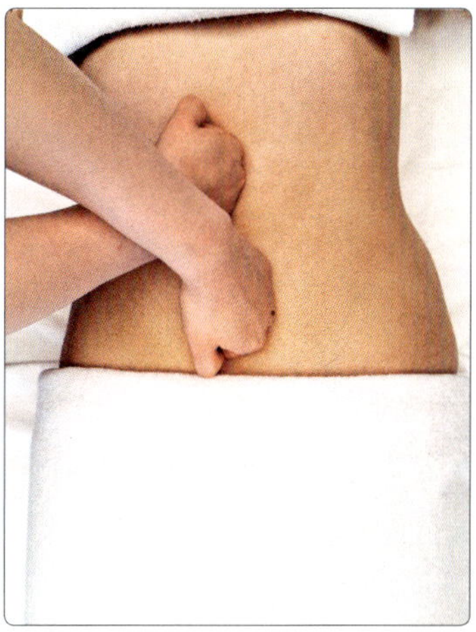

10. 복부 양 각권으로 시계방향 크게 돌리기 4회

※ 오른손은 1바퀴 왼손은 반/반 나눠서 돌리기

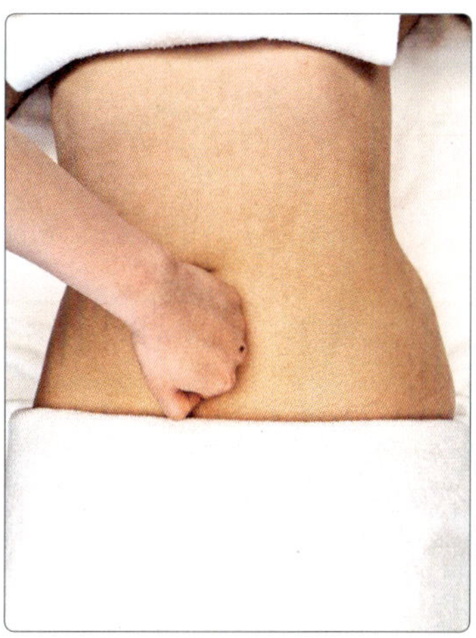

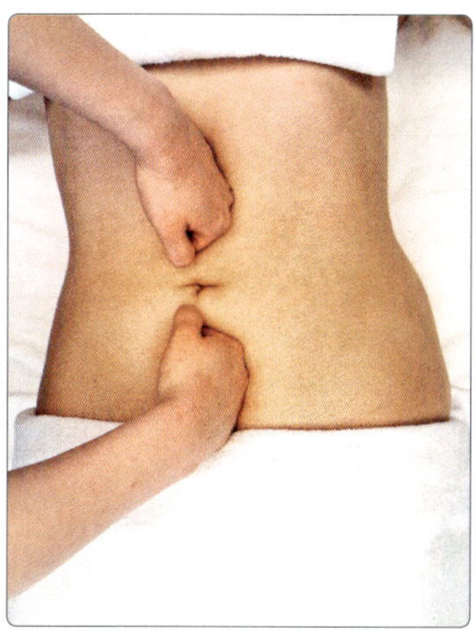

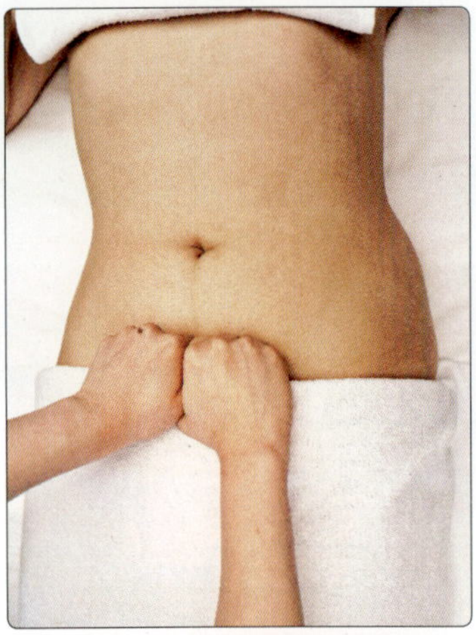

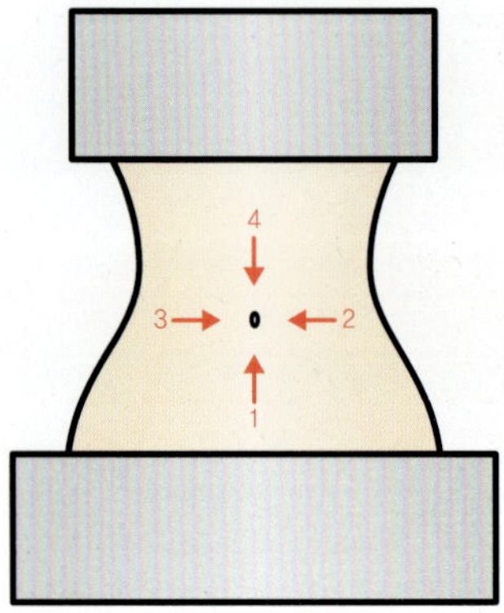

11. 복부 4지점 나눠 양 각권으로 배꼽방향 모으기 1회 2세트(2번째 세트는 스냅으로 깊게 관리)

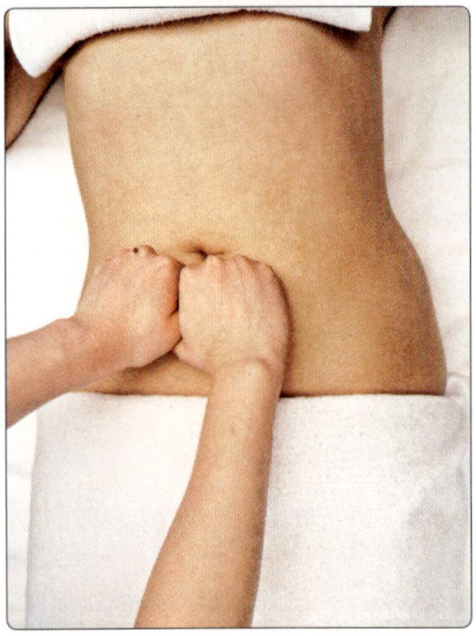

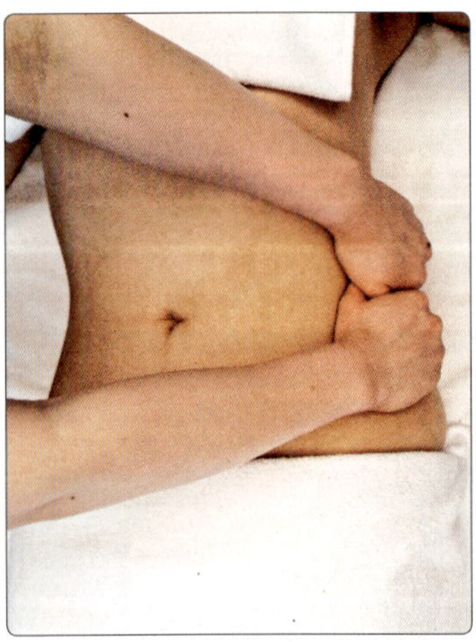

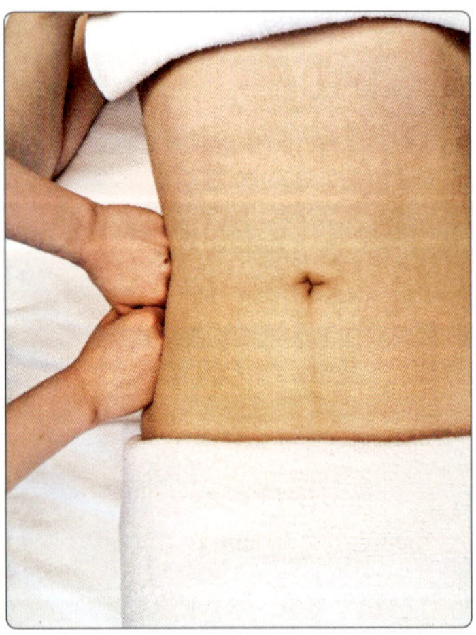

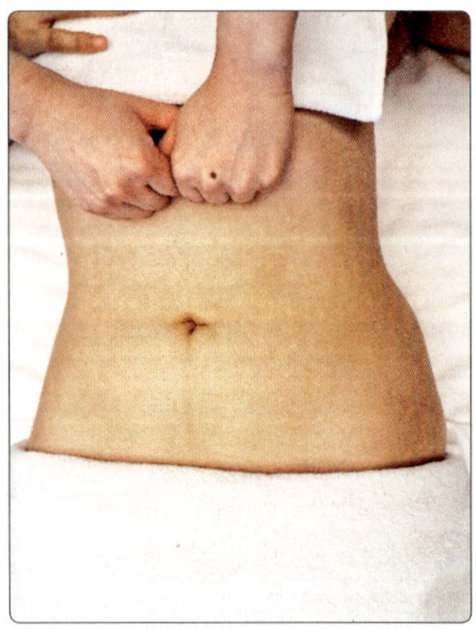

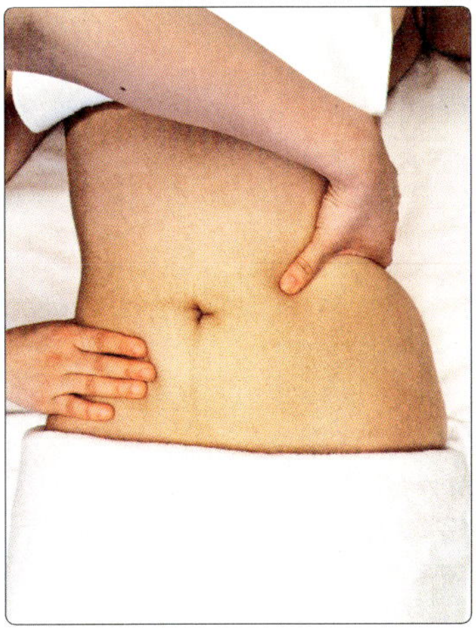

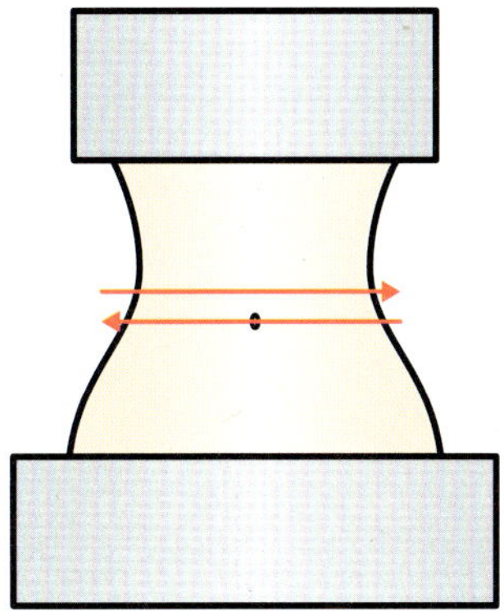

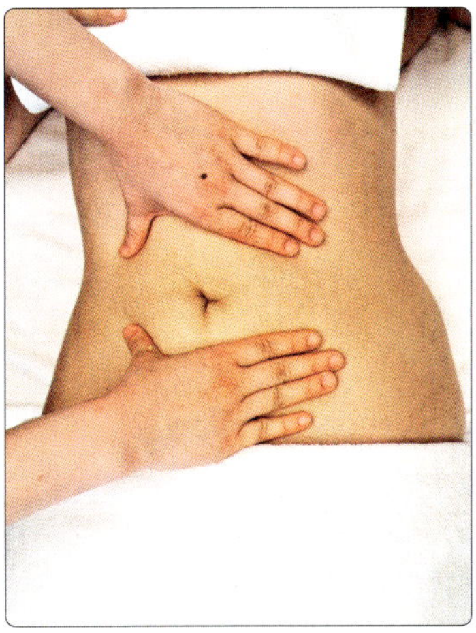

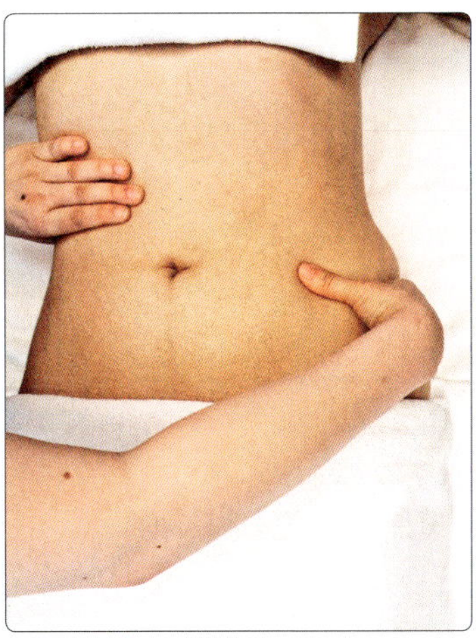

12. 엄지, 검지 벌려 복부 크게 비틀기(8회)

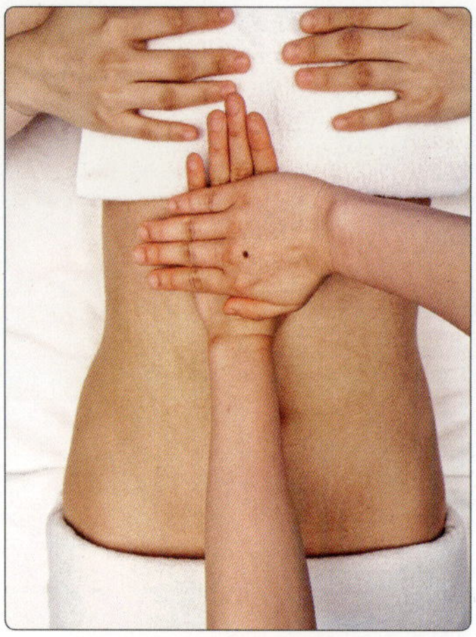

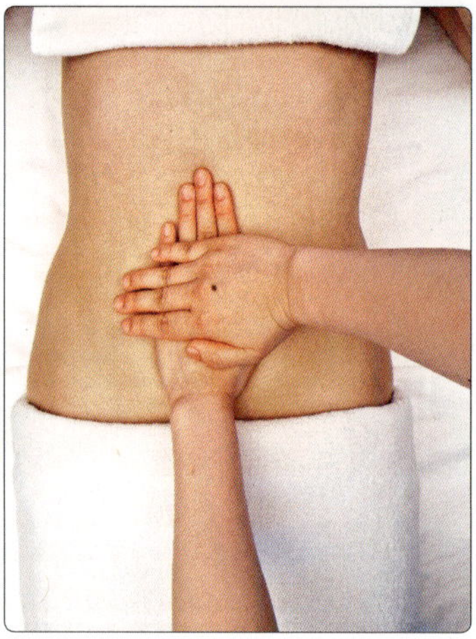

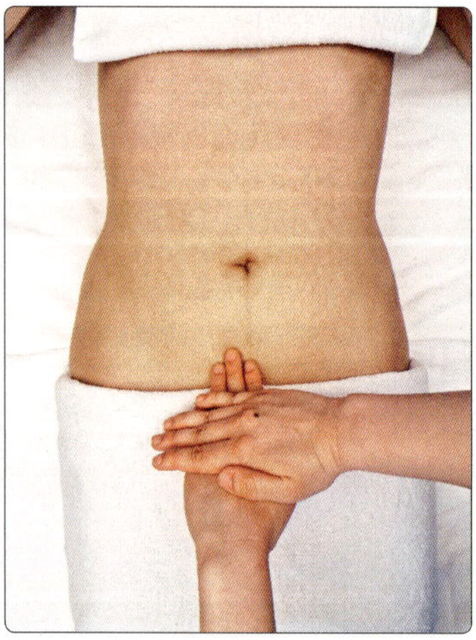

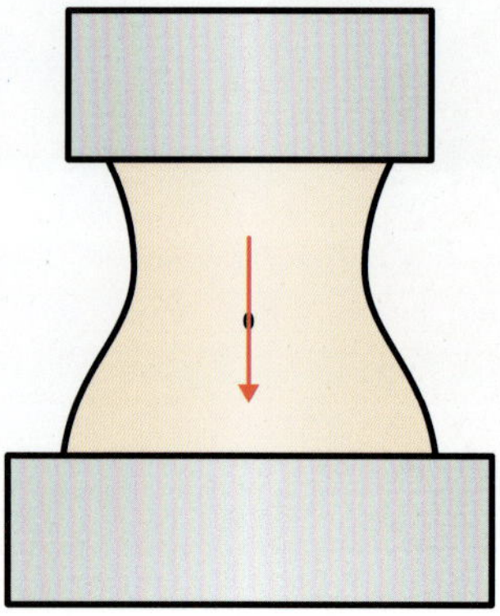

13. 고객님 복부에 손 올린 후 반대쪽으로 이동하기

2번 동작 반복하기

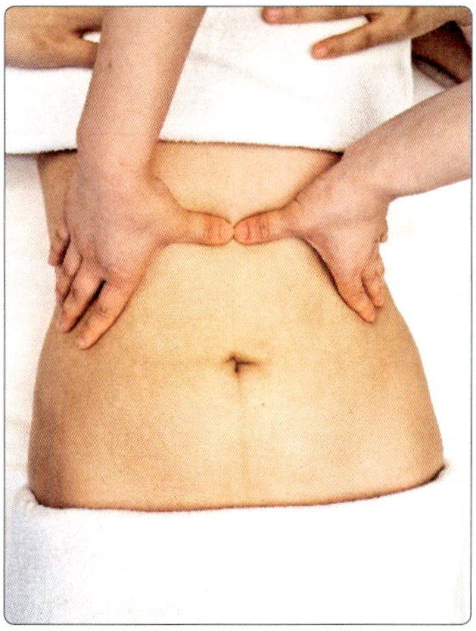

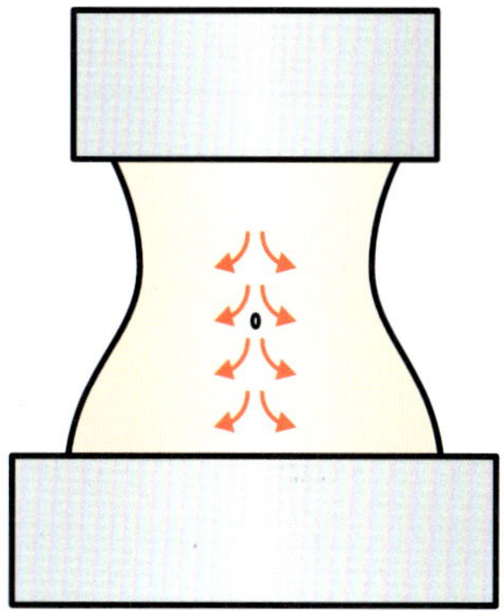

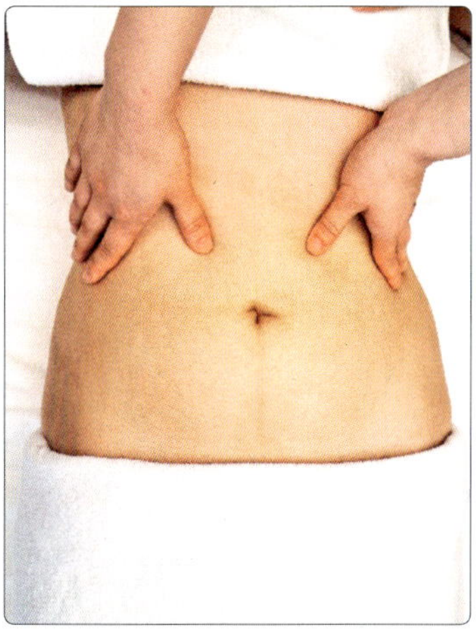

14. 복직근(위 → 밑) 5지점 양 엄지 마주보게 두고 부채꼴 모양으로 내리기

1회씩 총 2세트

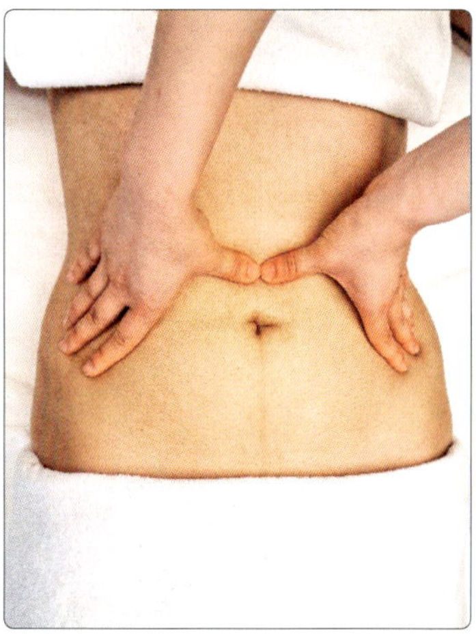

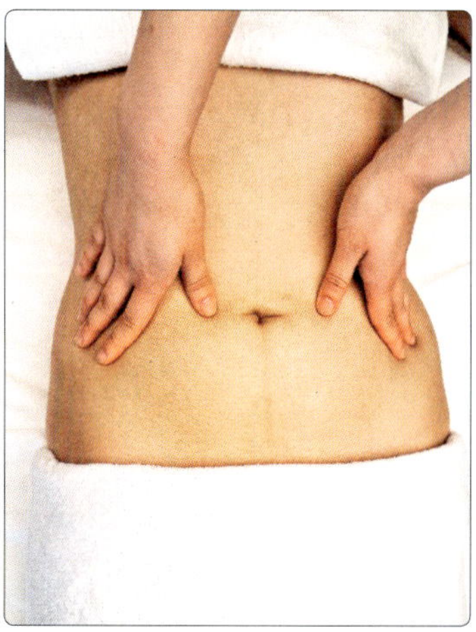

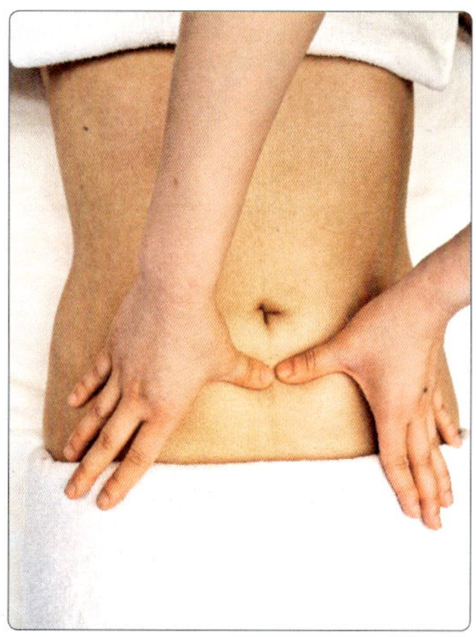

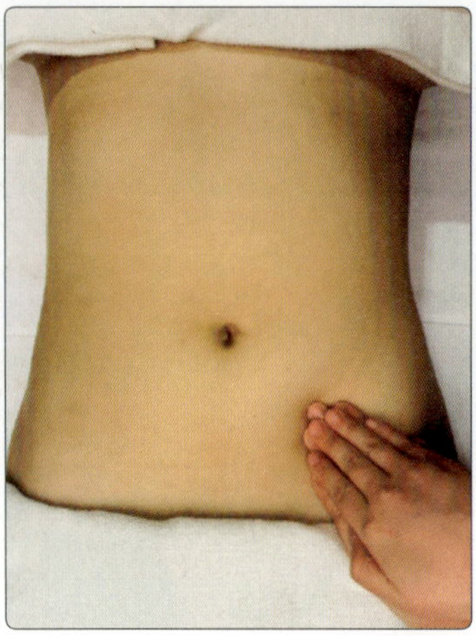

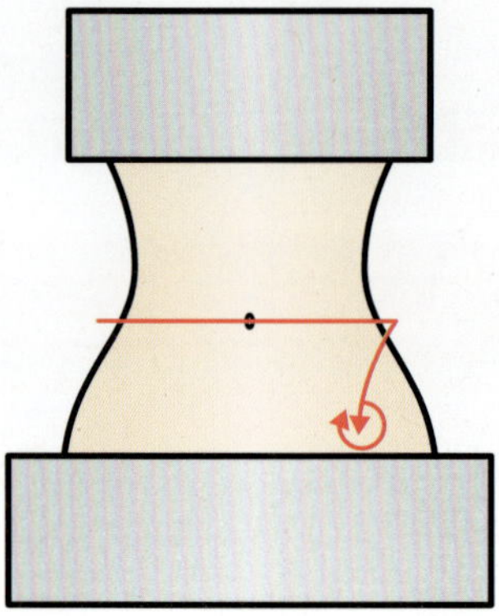

15. (고객님 오른쪽 팔 90° 위로 올리기)4번에서 8번동작을 동일하게 반복한 후 장골 안쪽 시계방향 동글리기 4회

15번 동작을 전체 1세트 더 반복 후 고객님 팔 가슴위로 올리기

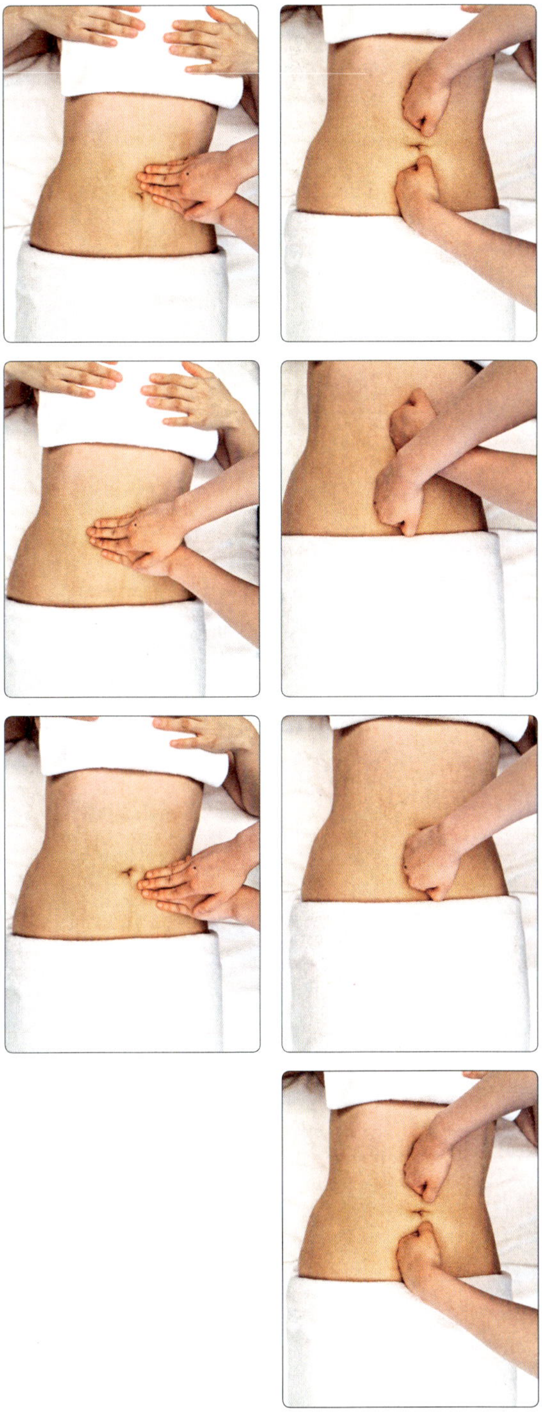

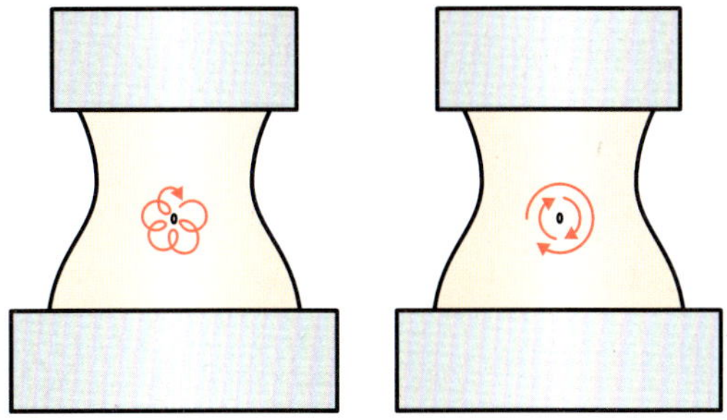

16. 9번, 10번 동작 반복

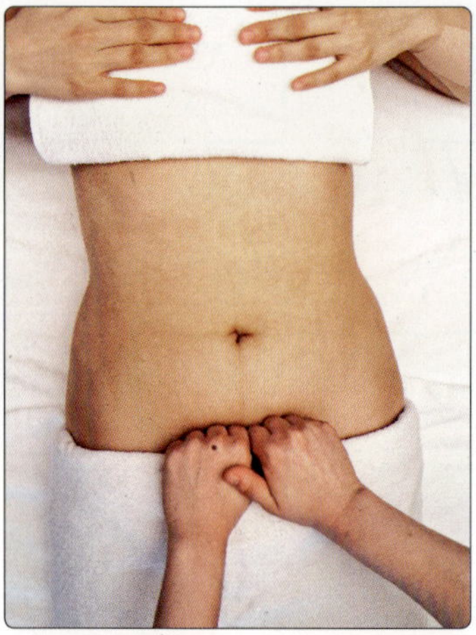

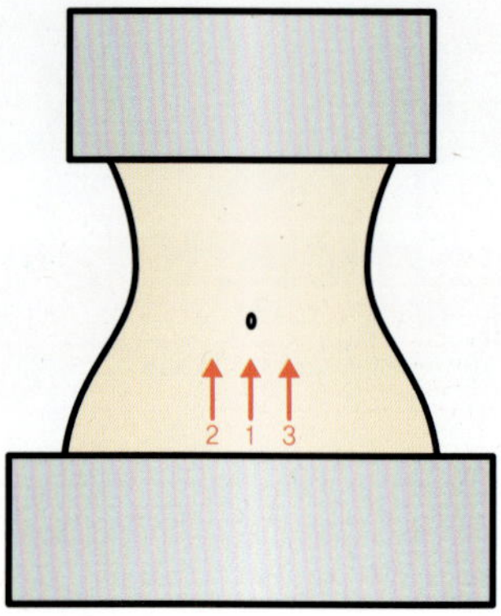

17. 하복부 3지점 양 각권으로 쓸어올리기 2회

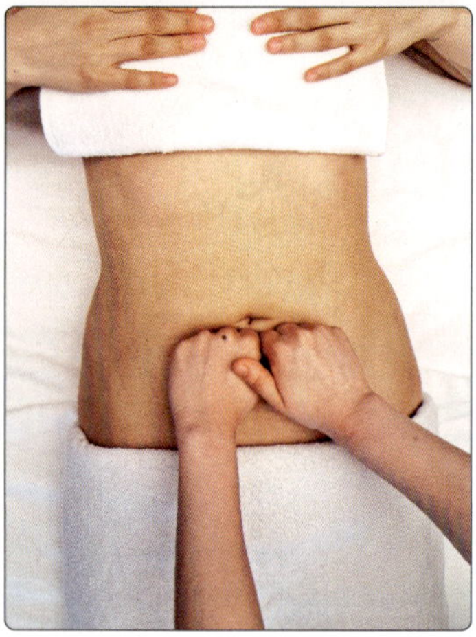

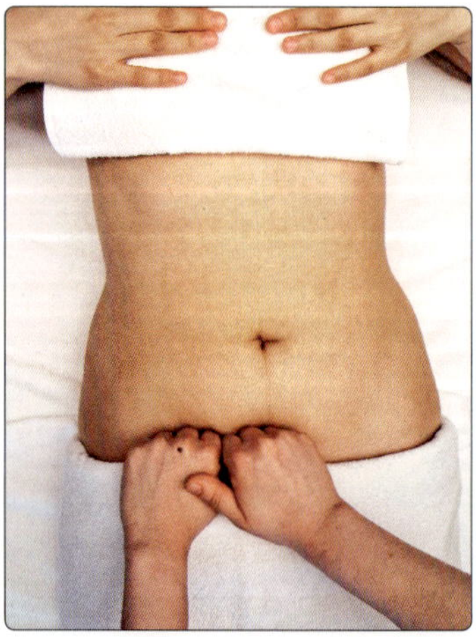

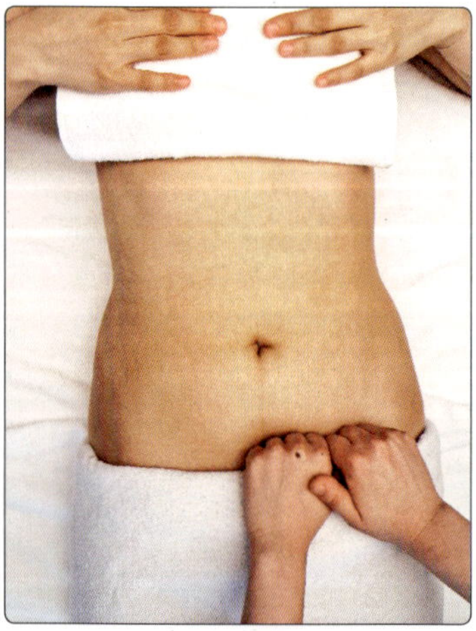

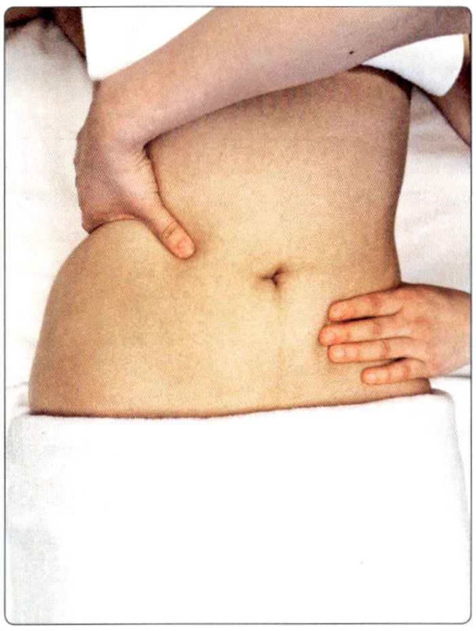

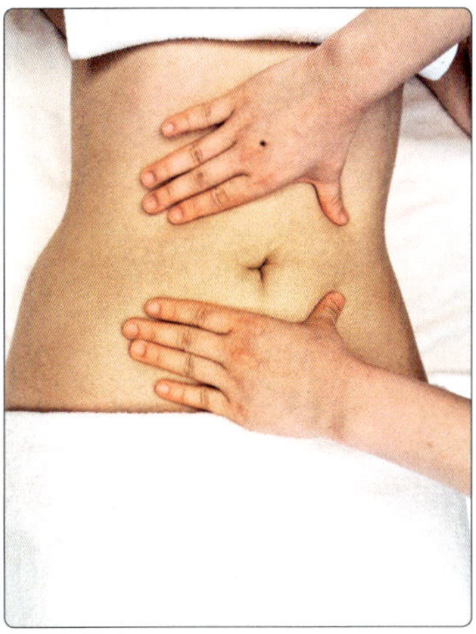

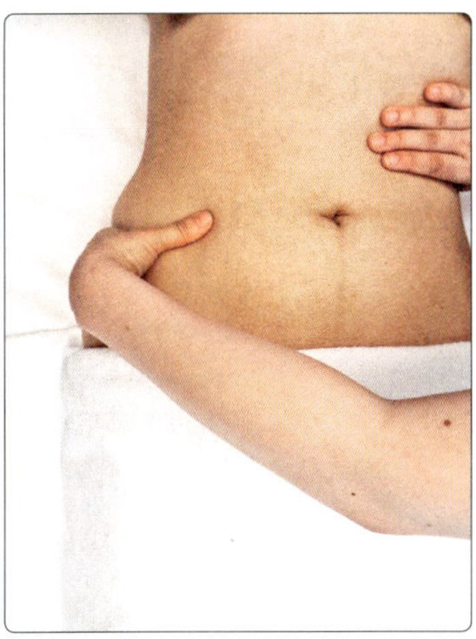

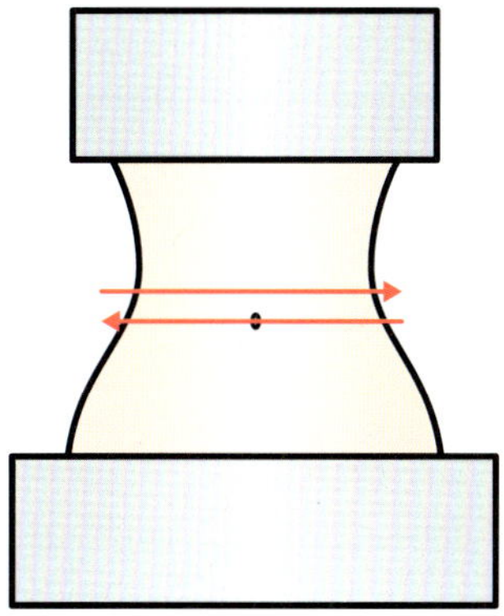

18. 12번 동작 반복

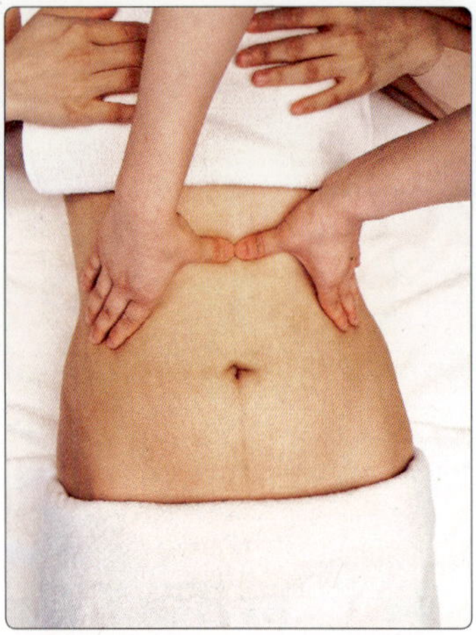

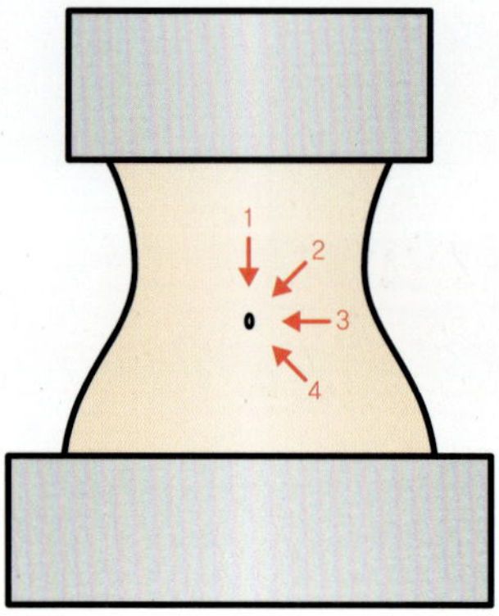

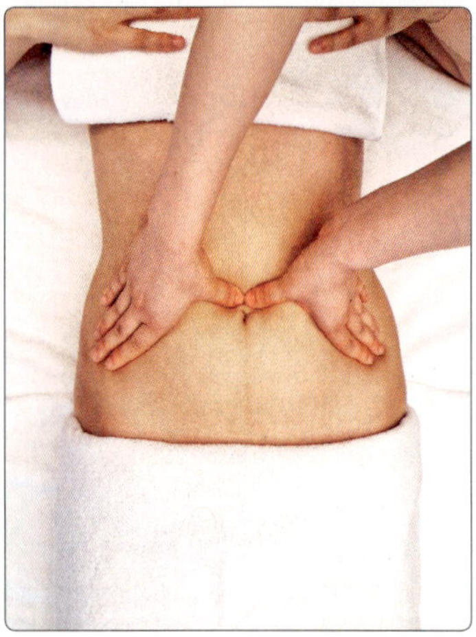

19. 배꼽 주변 8지점 양 엄지를 마주보게 두고 배꼽까지 쓸기 2회(1~4지점 왼쪽/5~8지점 오른쪽에서)

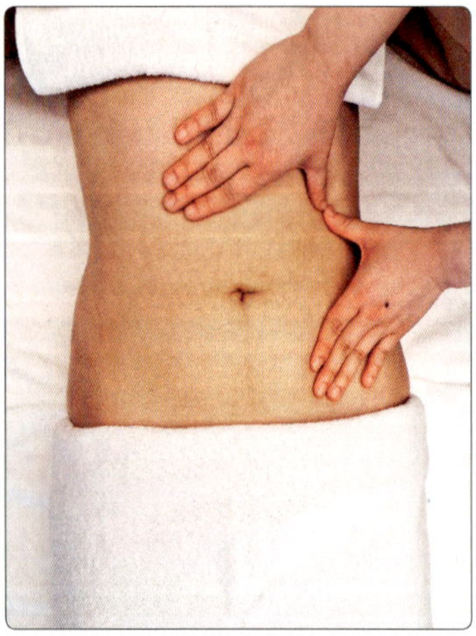

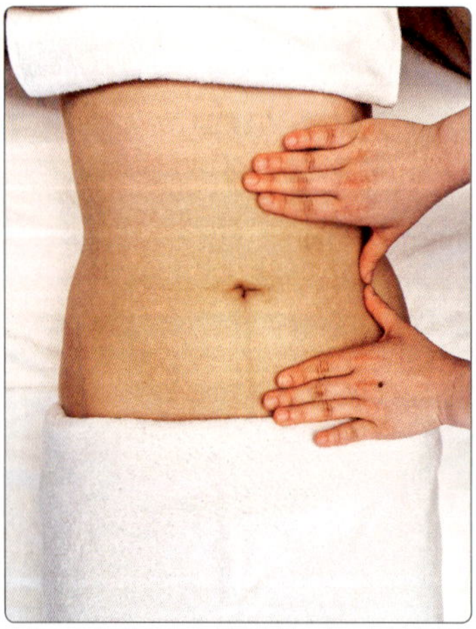

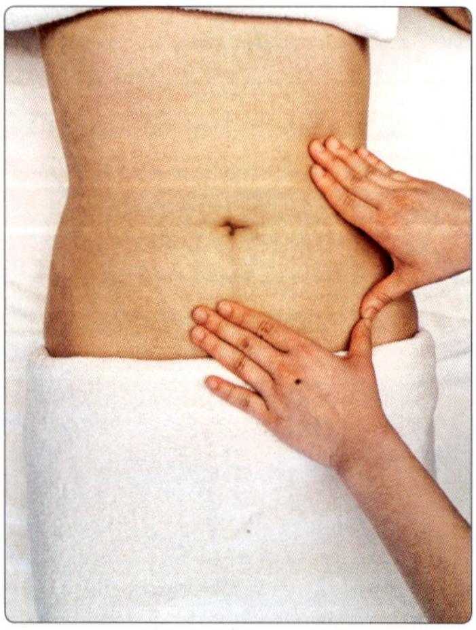

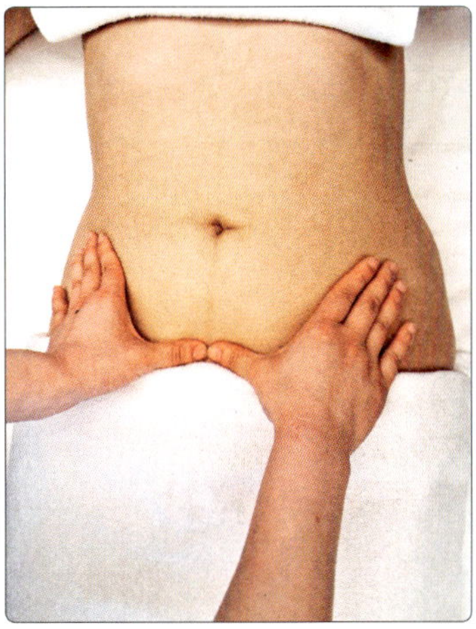

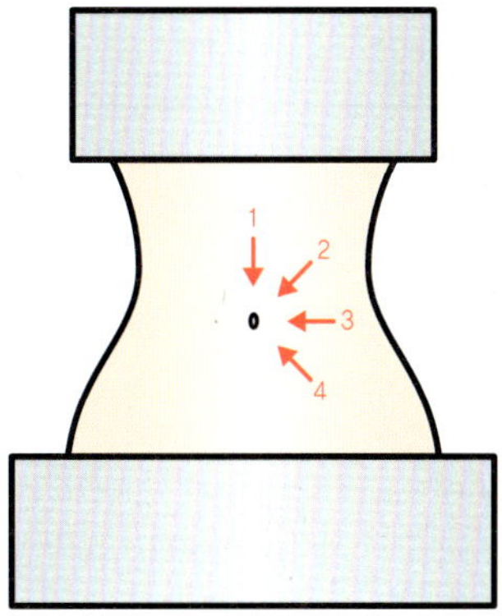

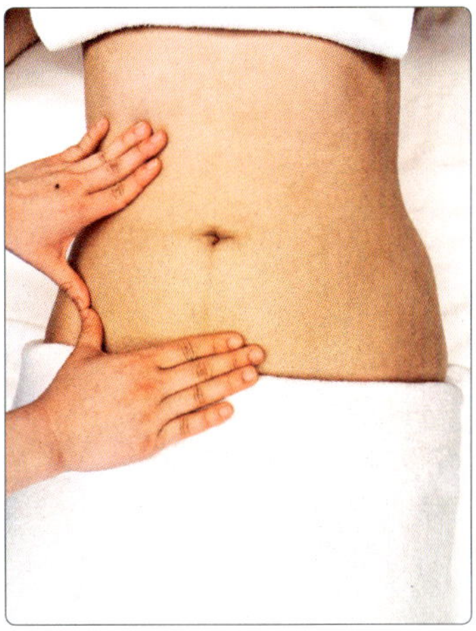

고객님 복부에 손 올려놓고 반대쪽으로 이동 후
5~8번 지점 반복하기 19번 참고사진

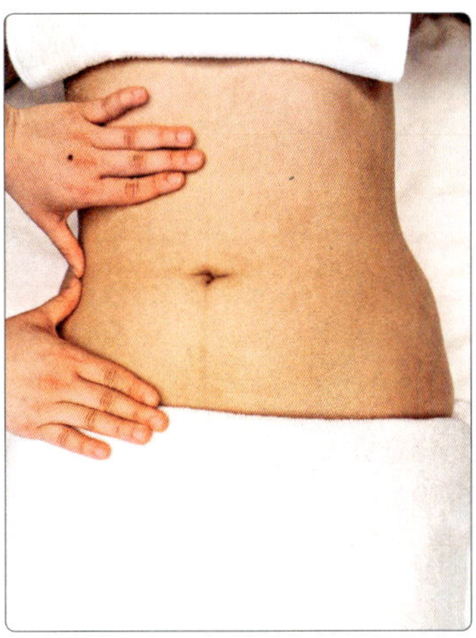

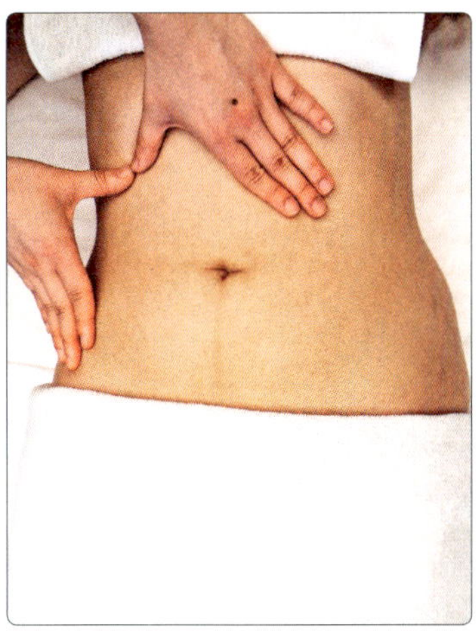

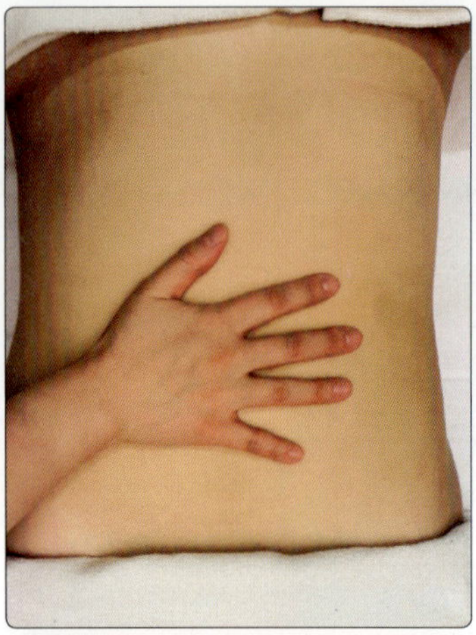

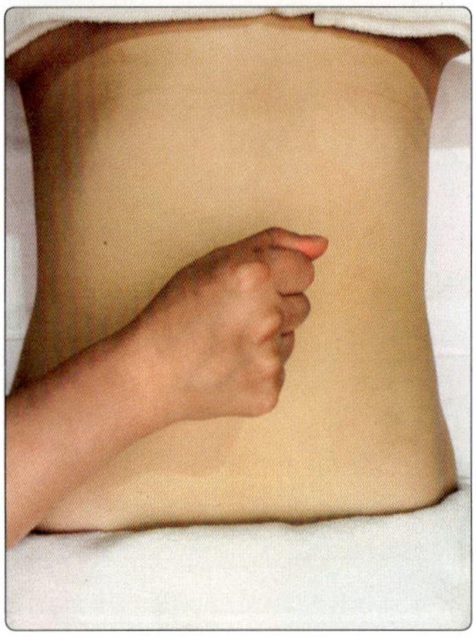

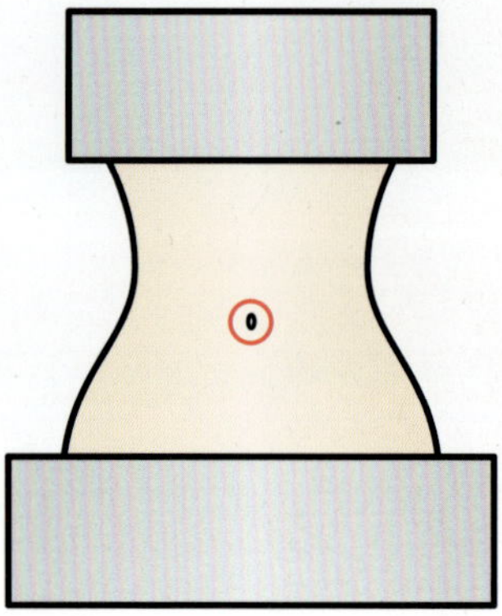

20. 배꼽위에 손가락 벌려서 올려 놓고 가볍게 들어올리기 4회 후 바닥에 버리기 2세트

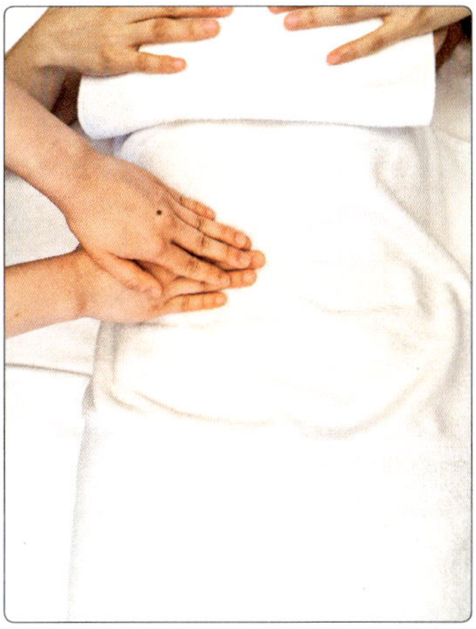

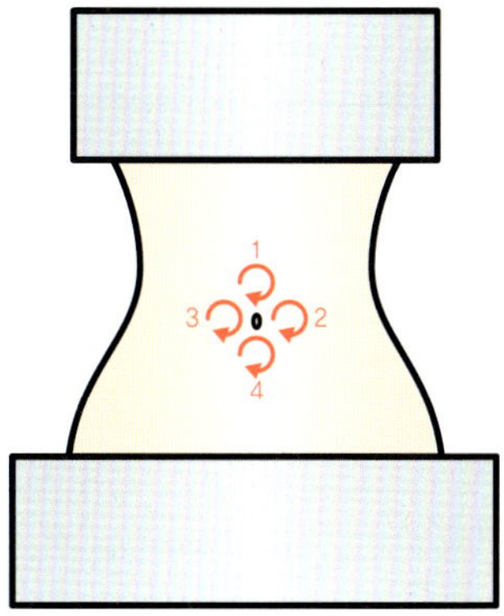

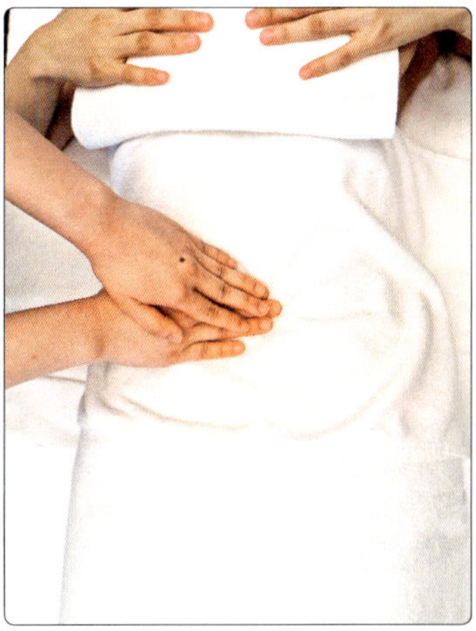

21. (복부에 소타월 덮기)배꼽 옆 4지점 양 사지 지문으로 점점 깊게 시계방향 동글리기 8회 2세트

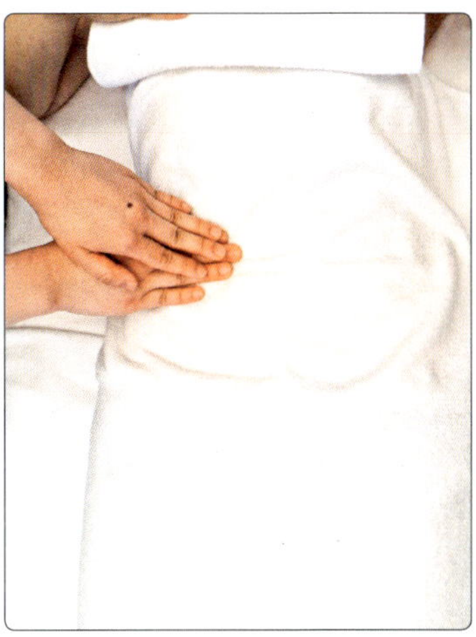

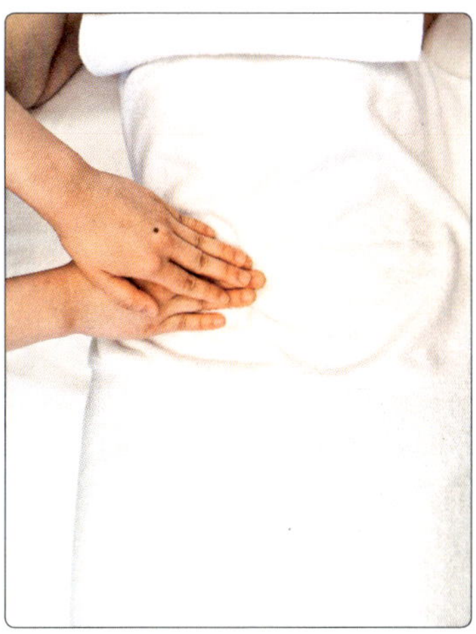

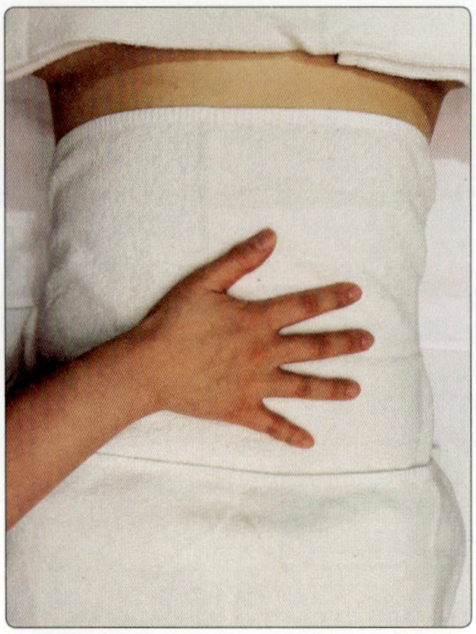

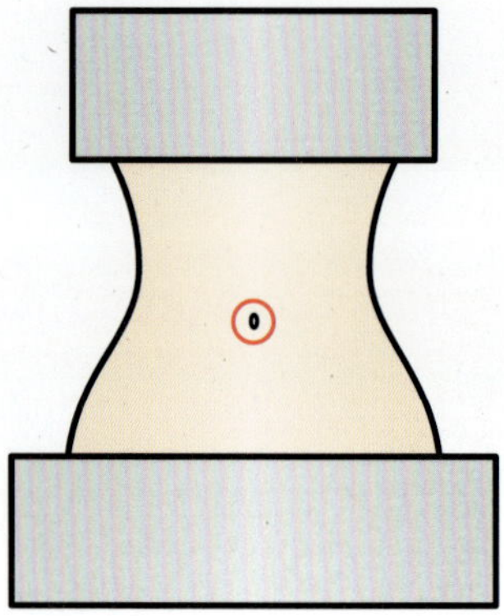

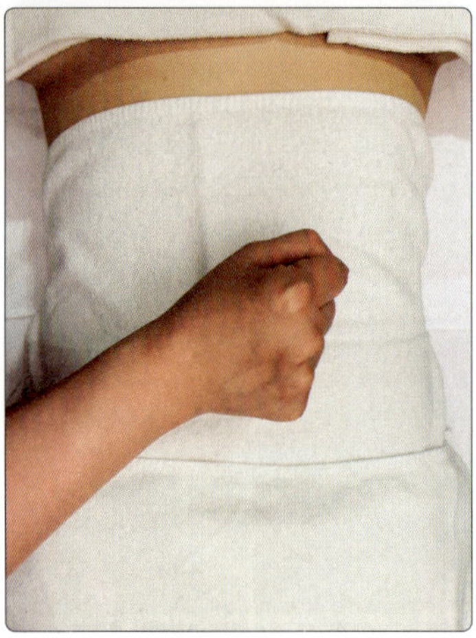

22. 20번 동작 반복

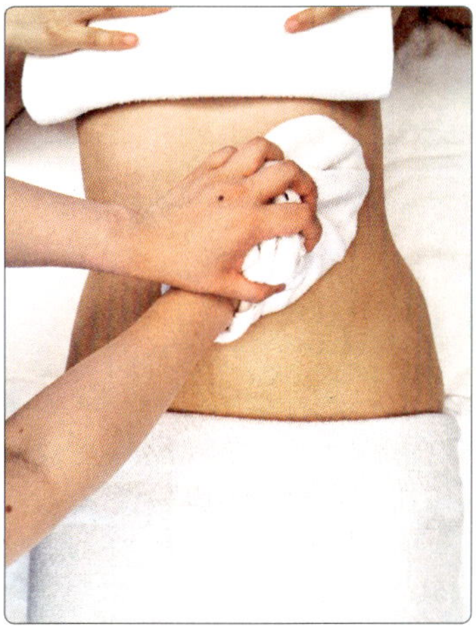

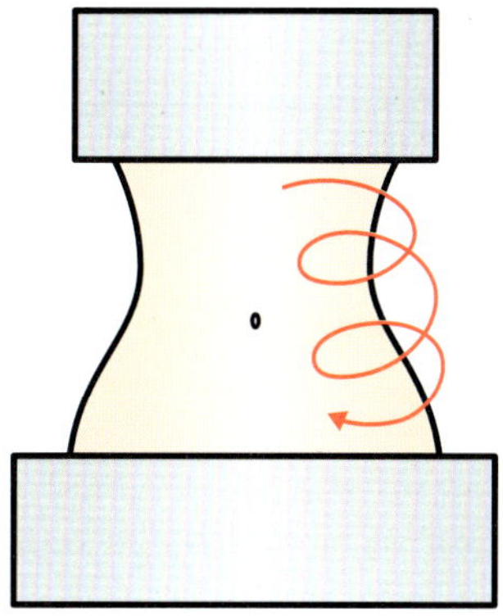

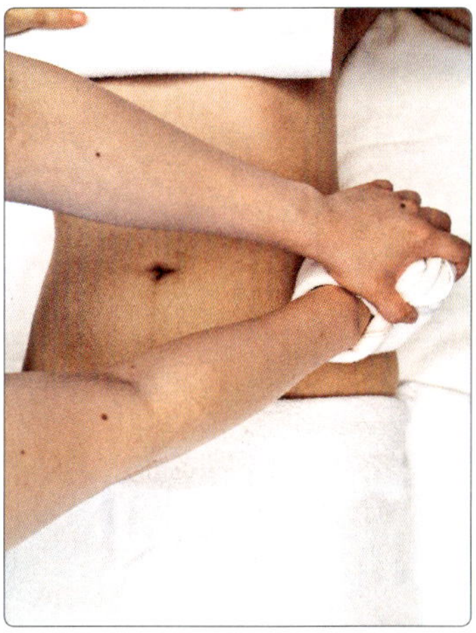

닦기

소타월로 다리미 만들어 반대쪽 복부 동글리며 내려오기
내쪽 복부 반복

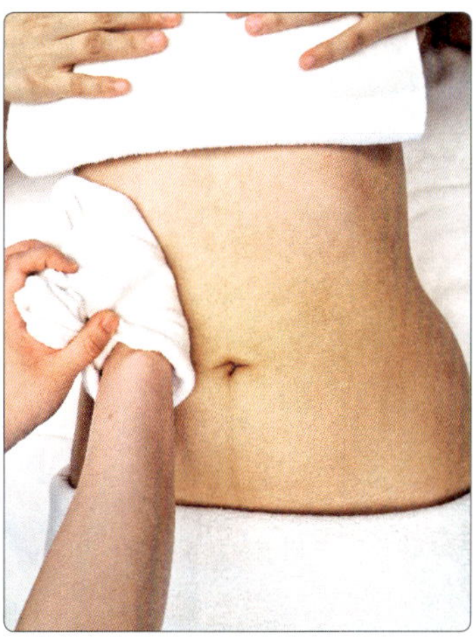

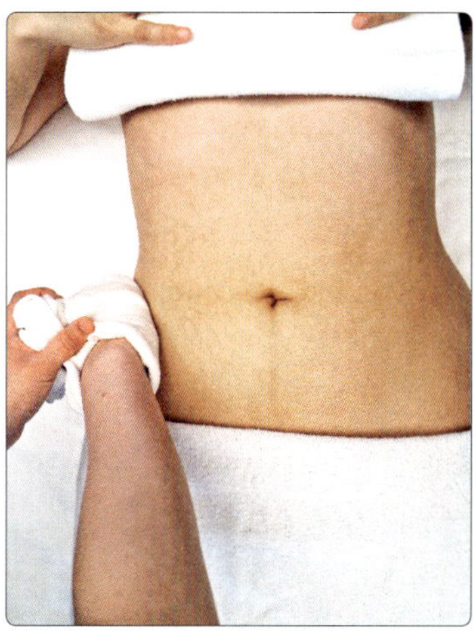

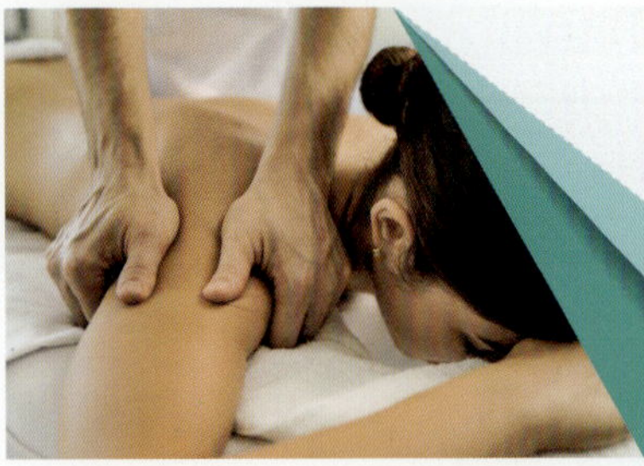

Chapter 5 팔 관리

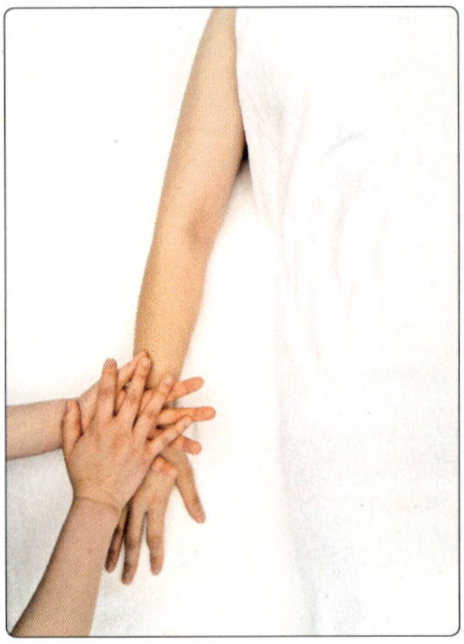

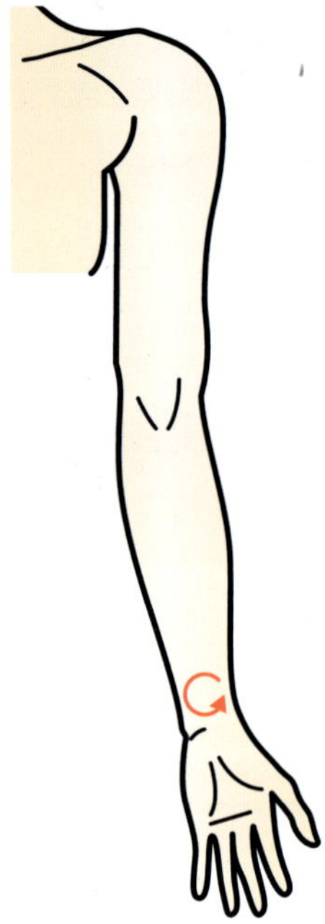

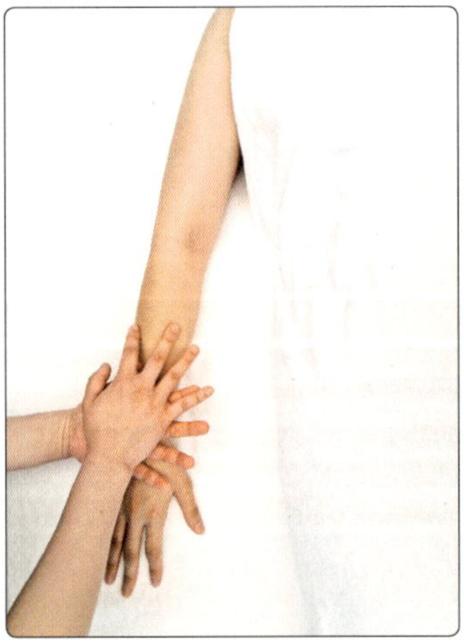

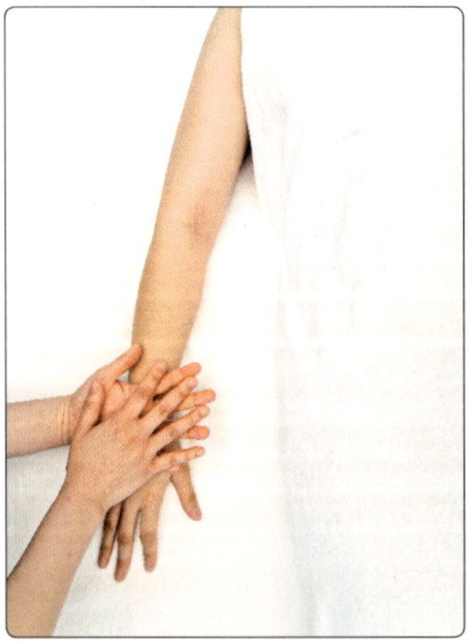

1. 도포

① 손목에서 러빙

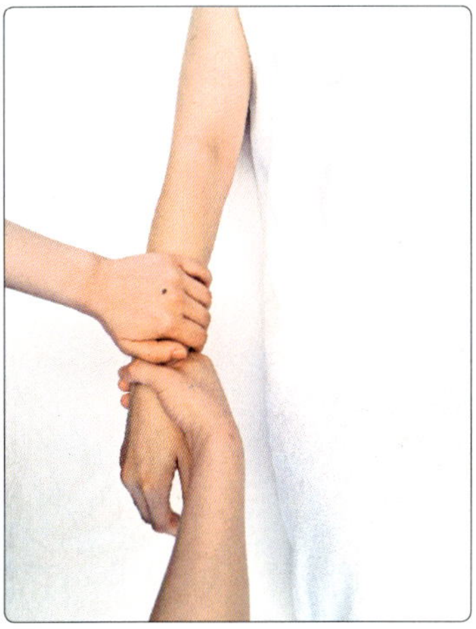

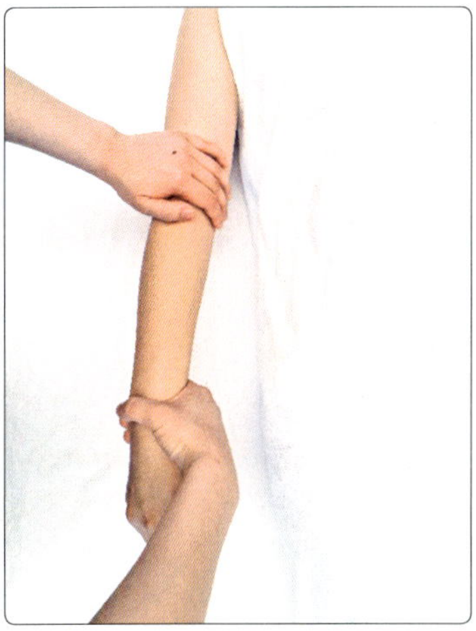

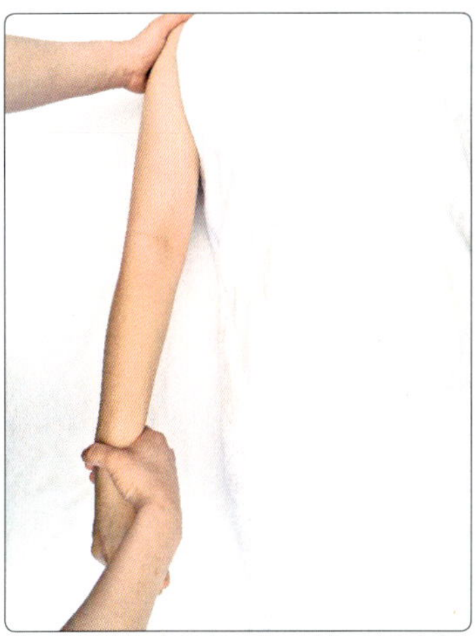

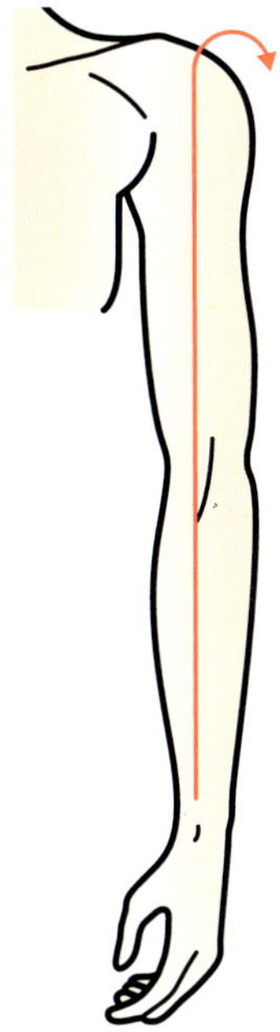

② 팔 감싸 올라가 뒷면 쓸며 내려오기 양 손 번갈아 8회

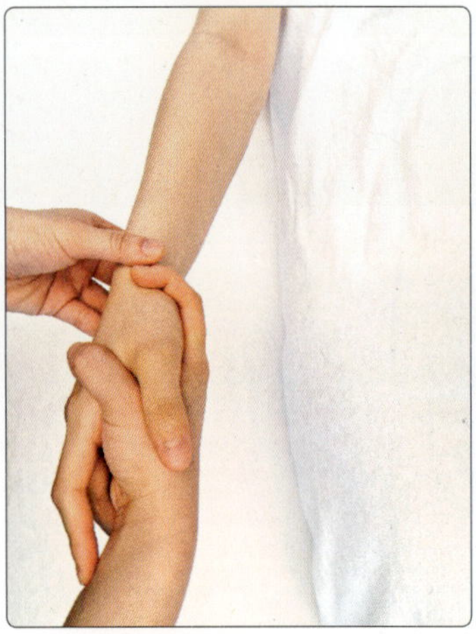

(손모양)

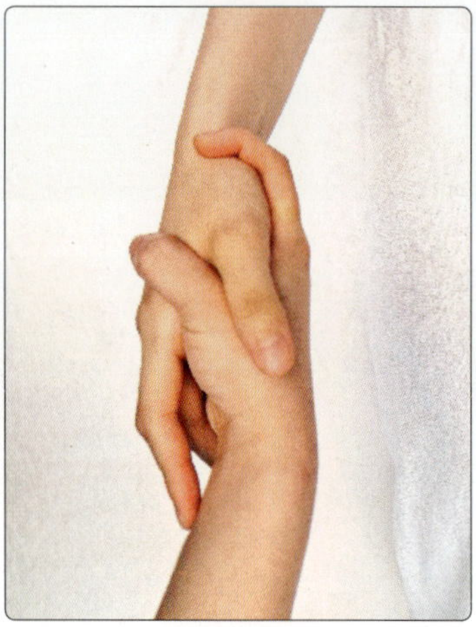

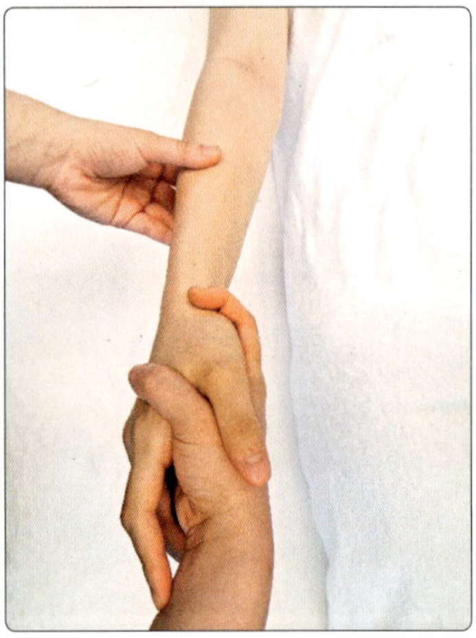

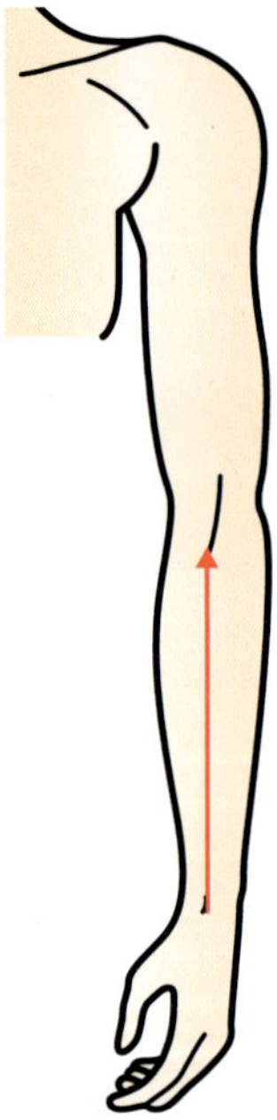

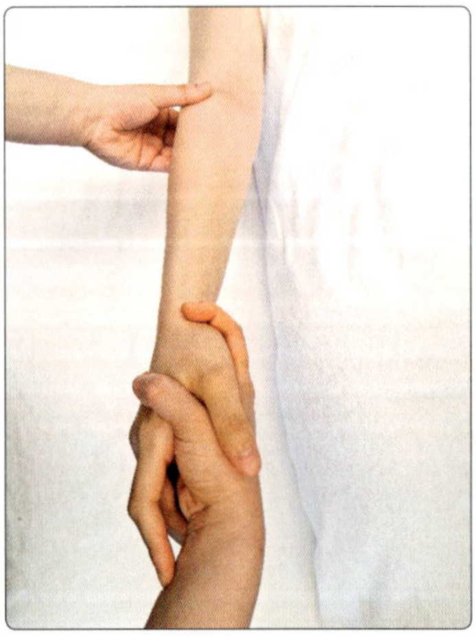

2. (고객님과 악수하듯 잡고 검지로 손목 고정하기)엄지쪽 아랫팔 엄지 지문으로 쓸어올리기 8회

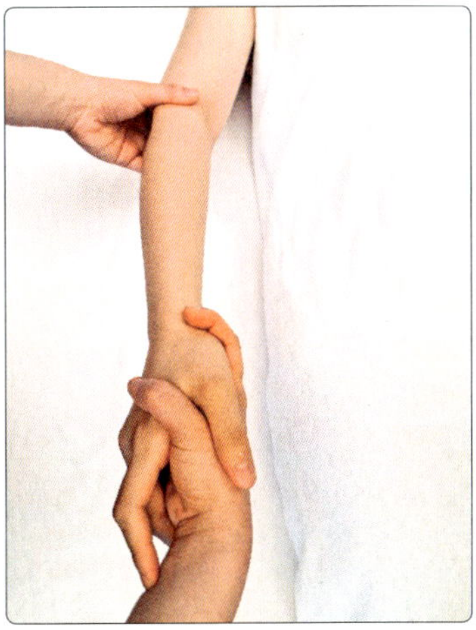

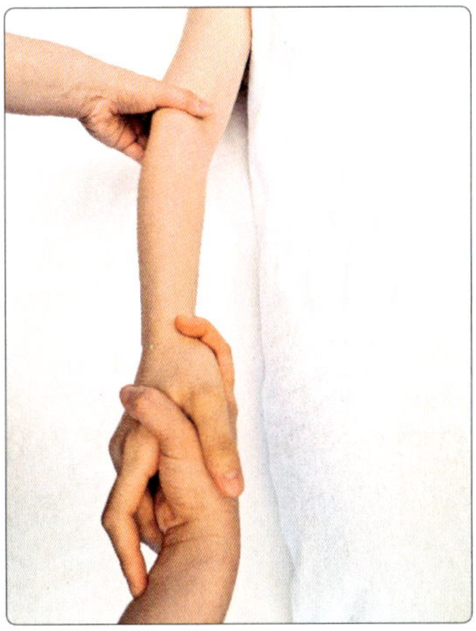

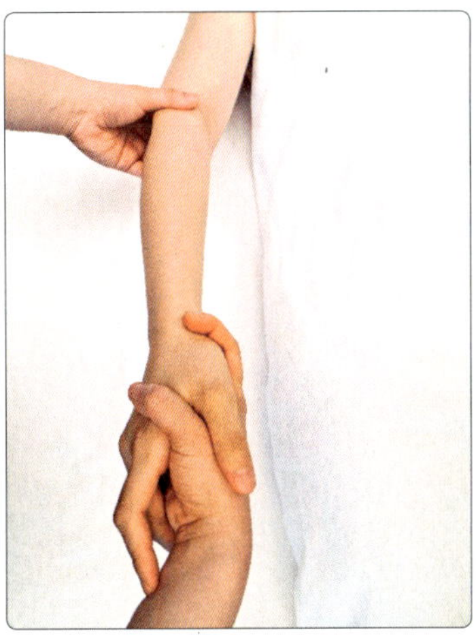

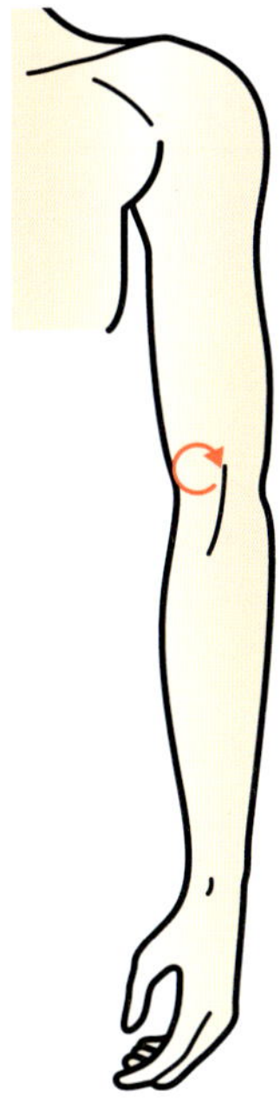

3. 엄지쪽 팔꿈치 엄지 관절로 동글리기 8회

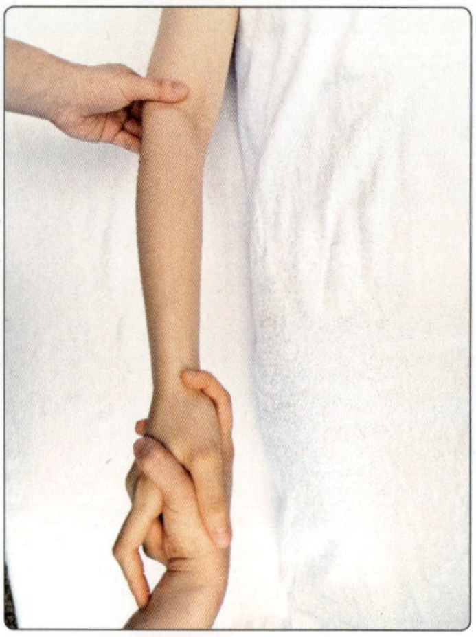

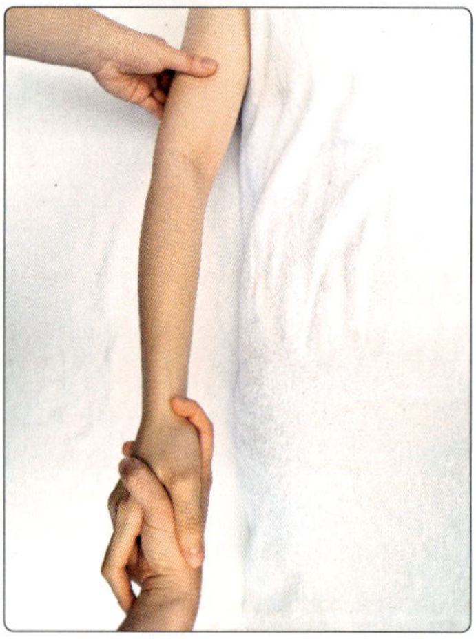

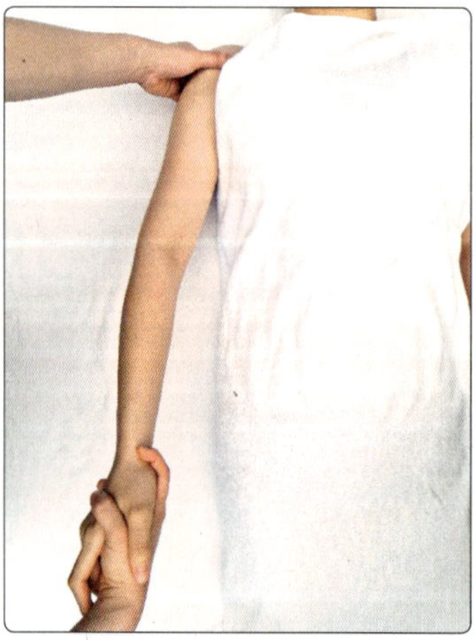

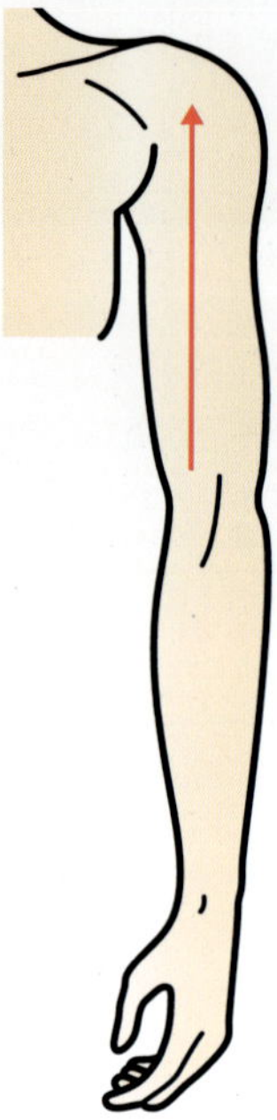

4. 엄지쪽 윗팔 엄지 지문으로 쓸어올리기 8회

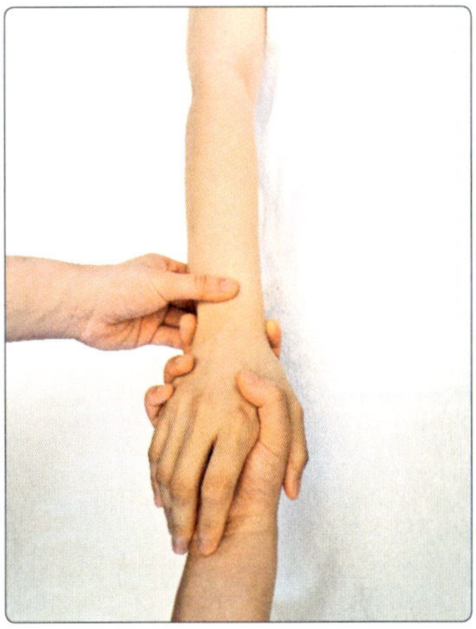

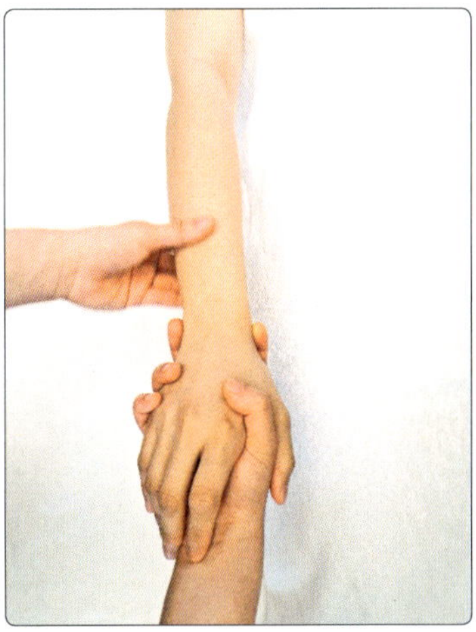

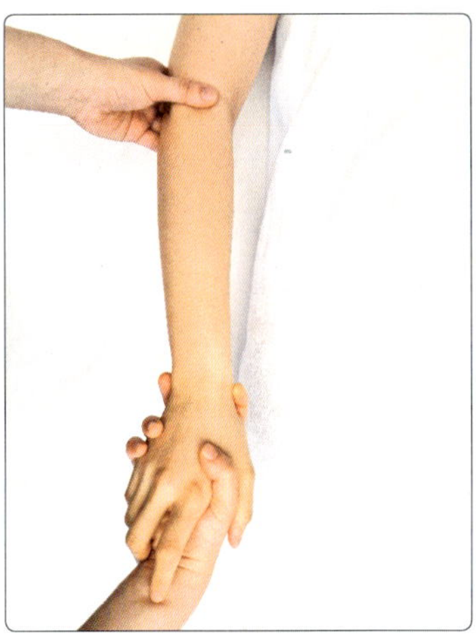

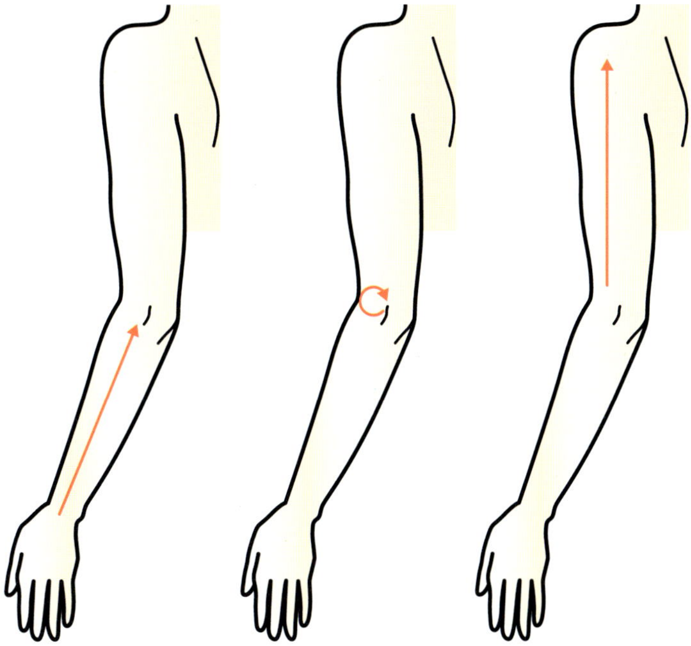

5. 2번~ 4번동작을 손등라인1세트에 반복하기

아랫팔 엄지 지문으로 쓸어올리기 8회

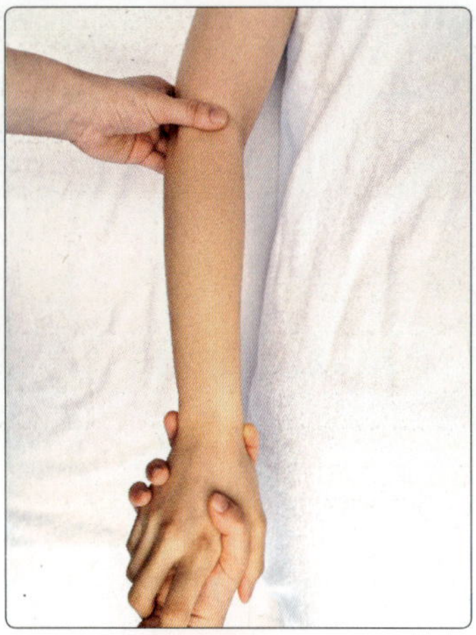

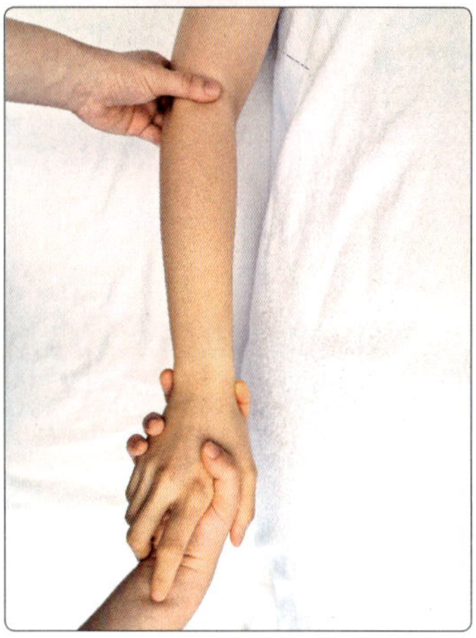

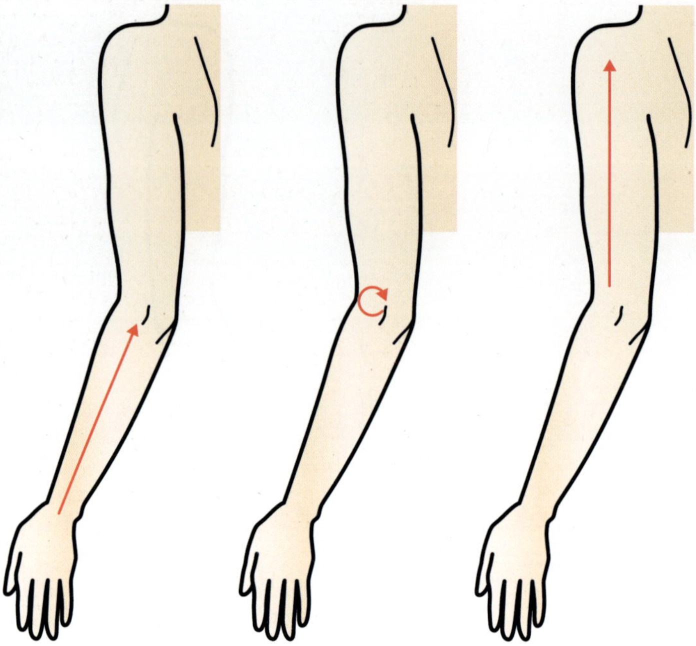

6. 손등라인 팔꿈치 엄지 관절로 동글리기 8회

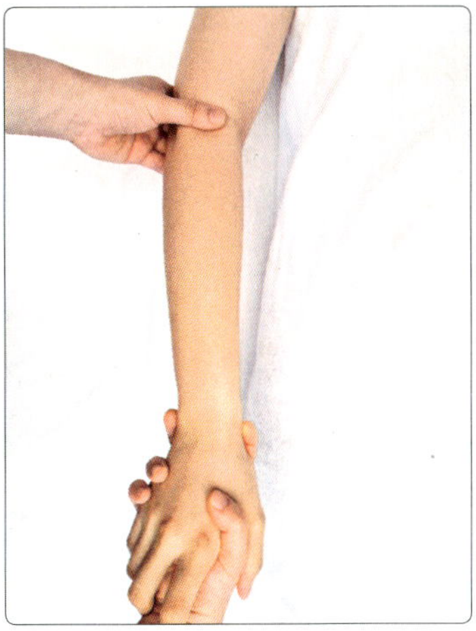

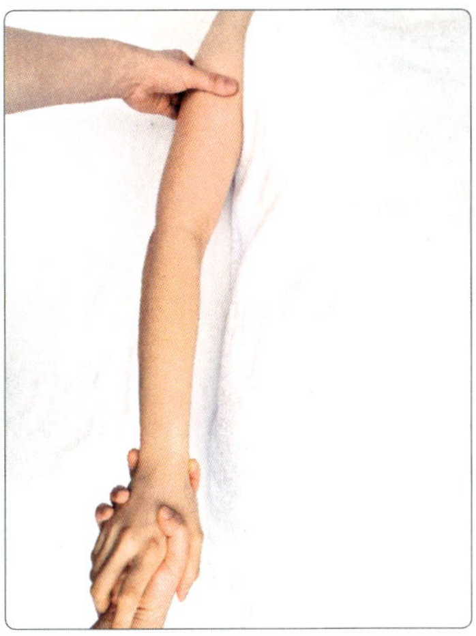

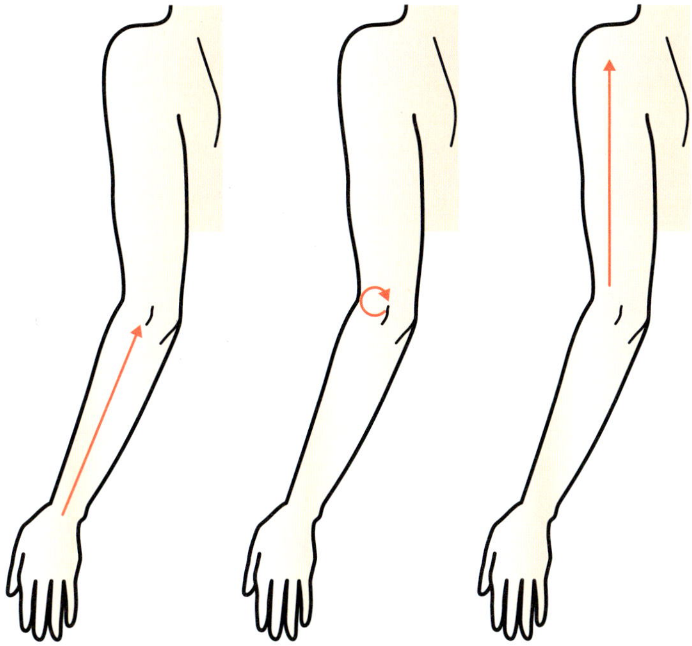

7. 손등라인 윗팔 엄지 지문으로 쓸어올리기 8회

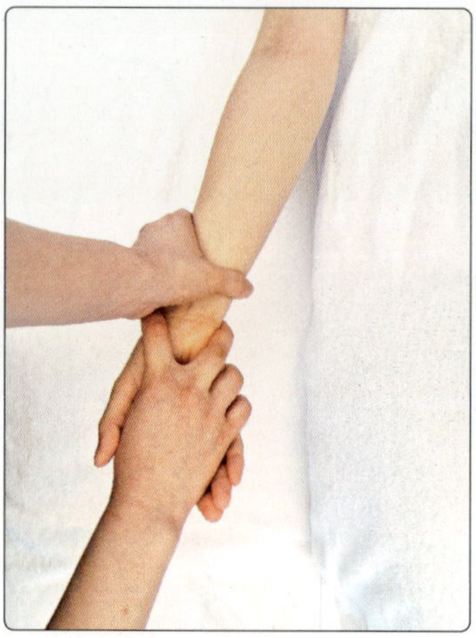

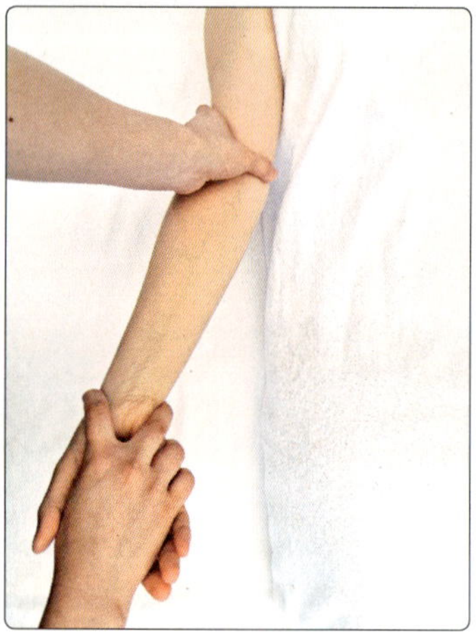

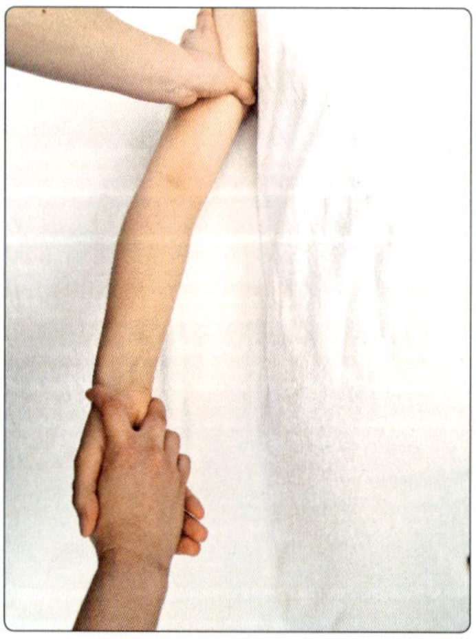

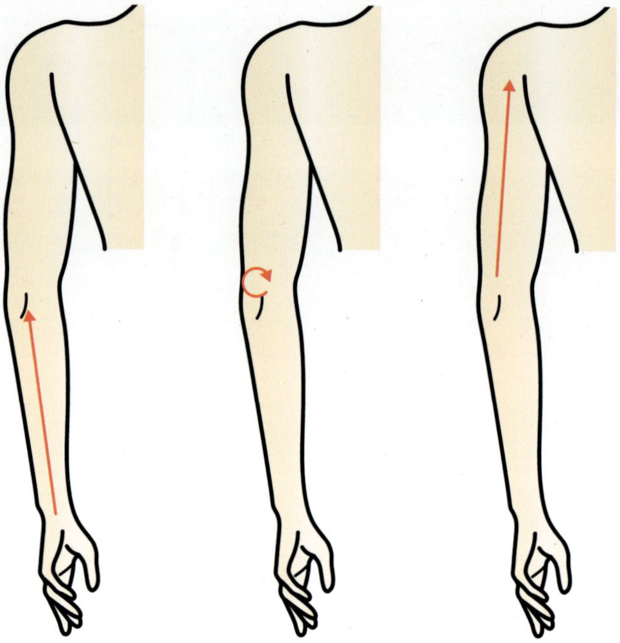

8. 새끼손가락 라인도 동일하게 1세트 반복

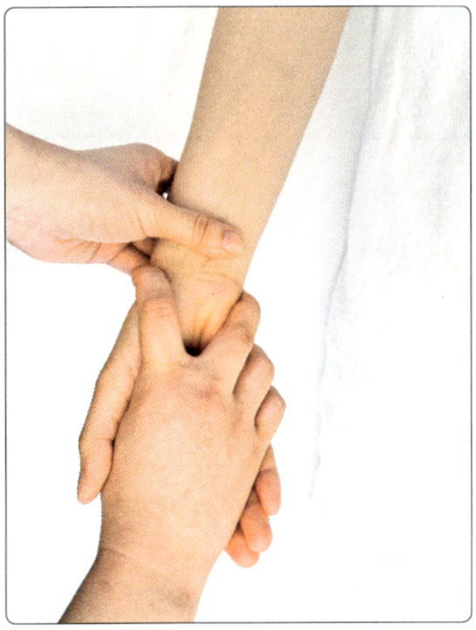

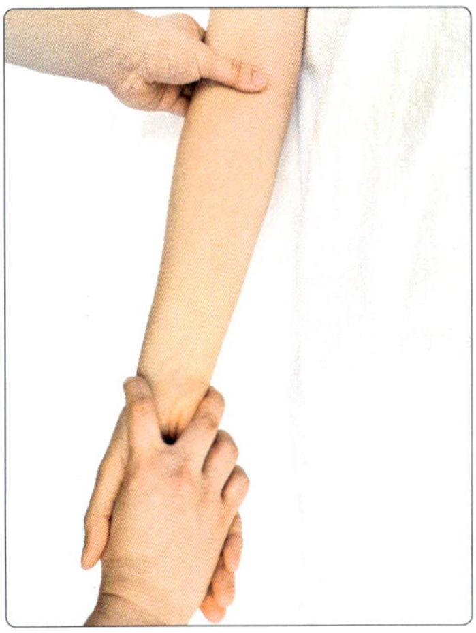

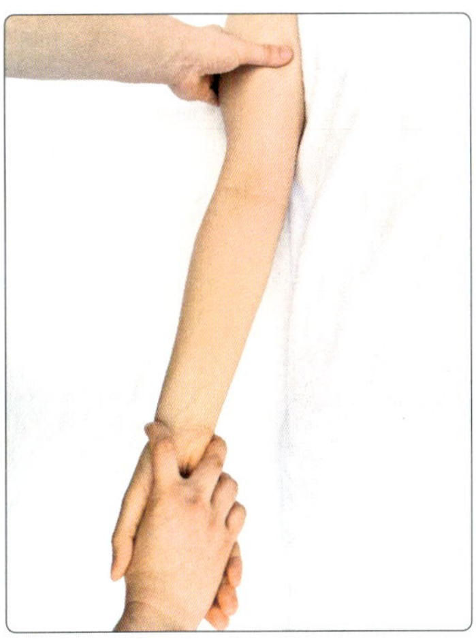

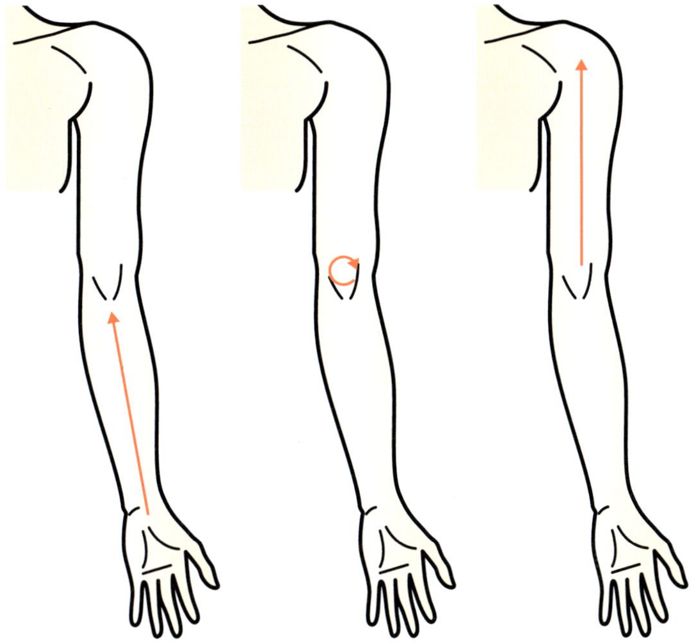

9. 손바닥 라인에도 동일하게 1세트 반복

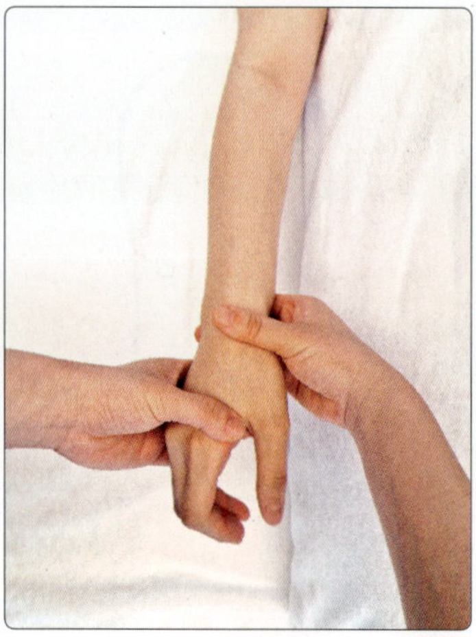

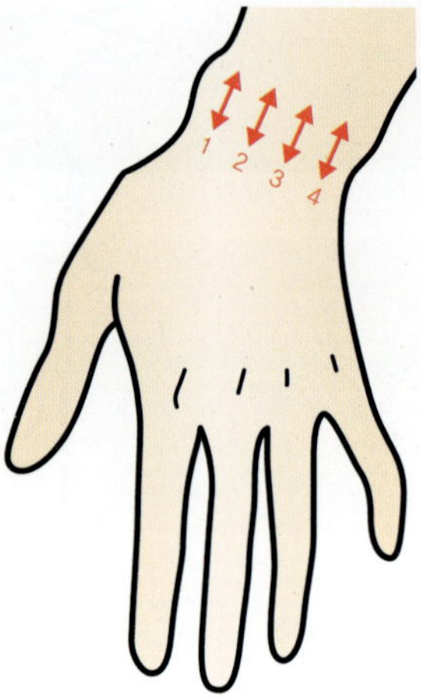

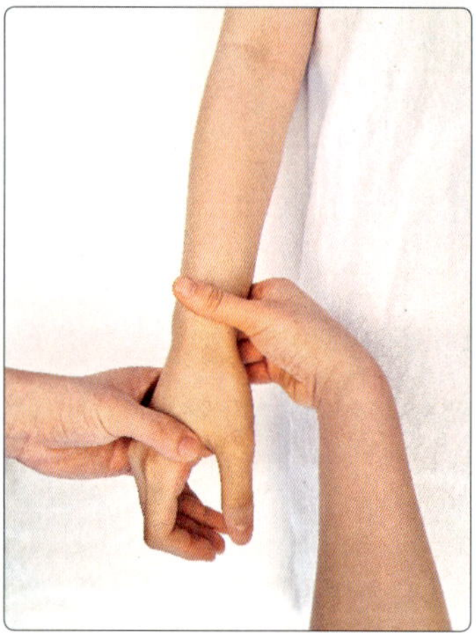

10. 손목관절 4지점 한 손 엄지 관절로 한 자리당 올리기 1번 내리기 1번 왕복 1세트

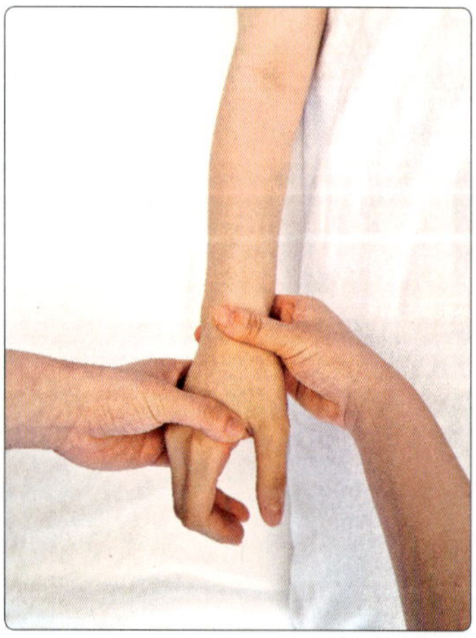

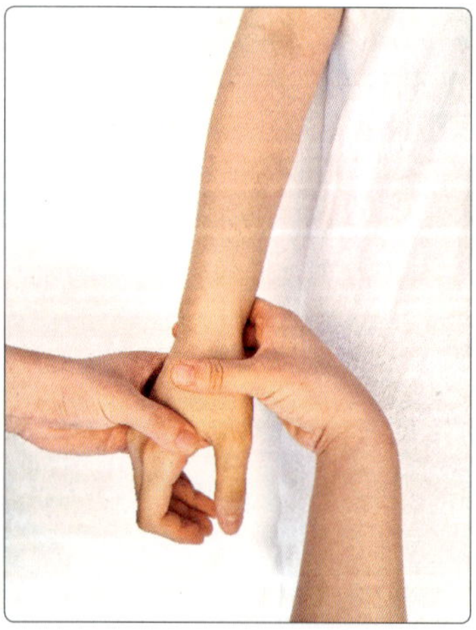

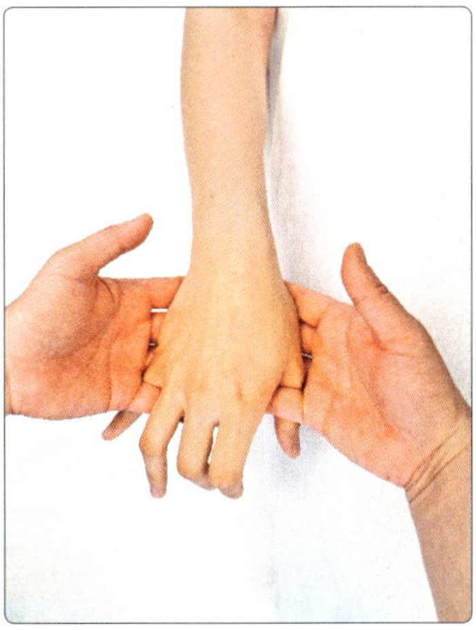

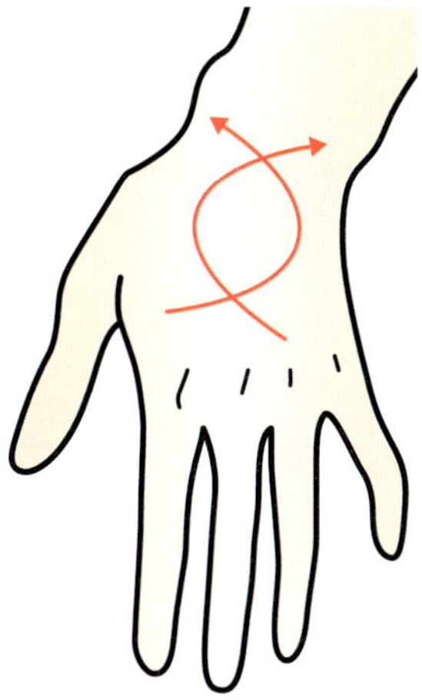

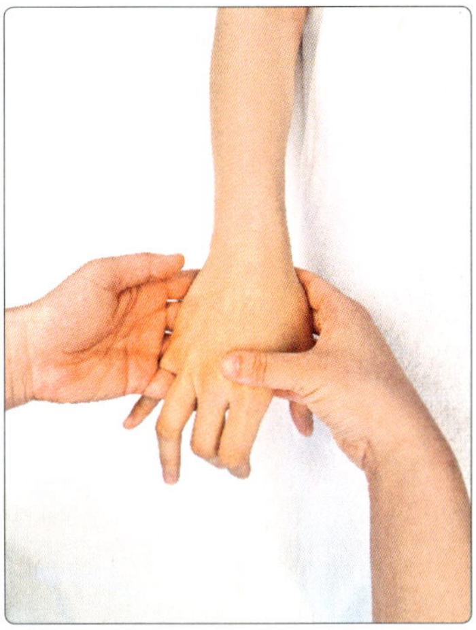

11. (엄지, 검지 손가락 사이에 새끼손가락 끼우기) 손등에 샤넬 그리기 양 엄지 번갈아 8회

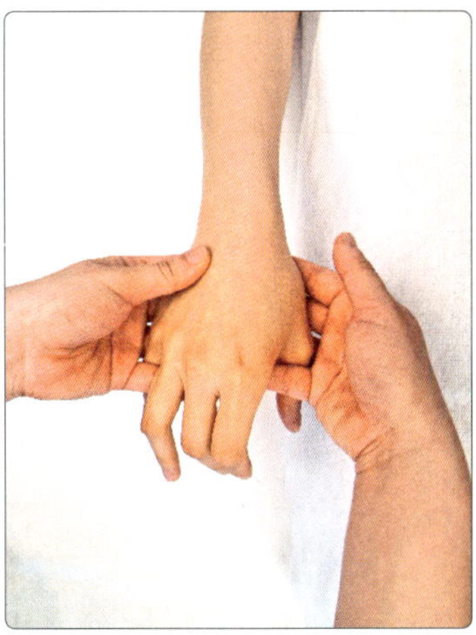

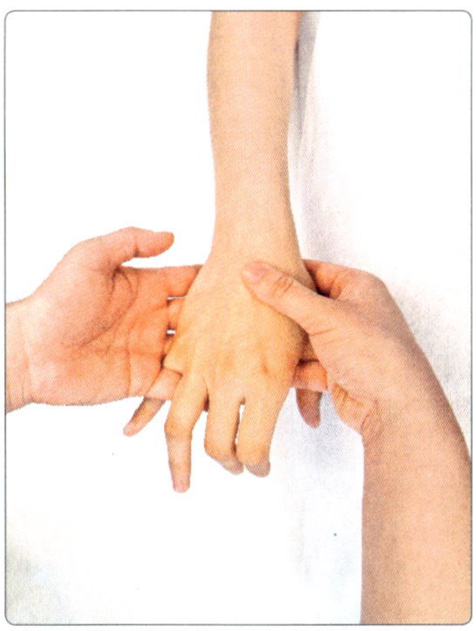

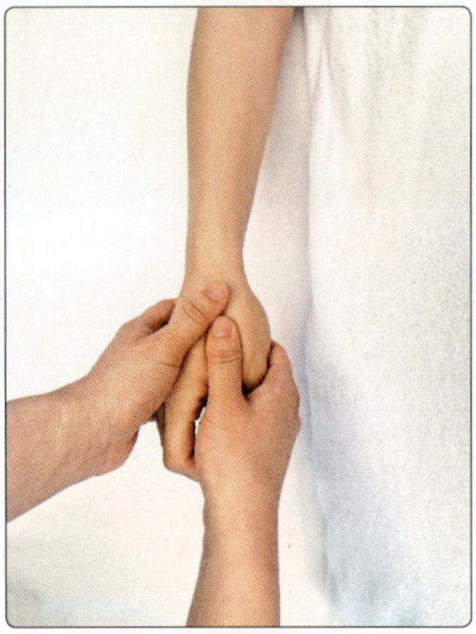

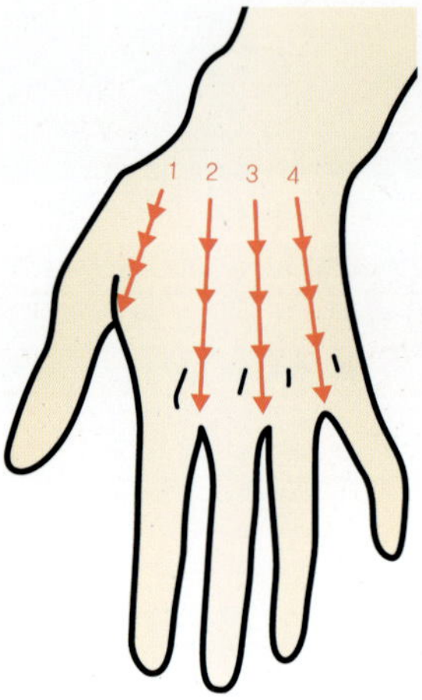

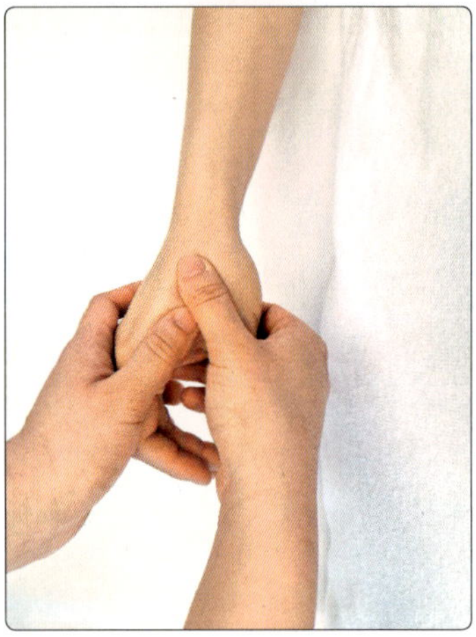

12. 손가락 사이 4줄 양 엄지 번갈아 촘촘히 쓸어내리기 8회
    마지막에 끝까지 빼기

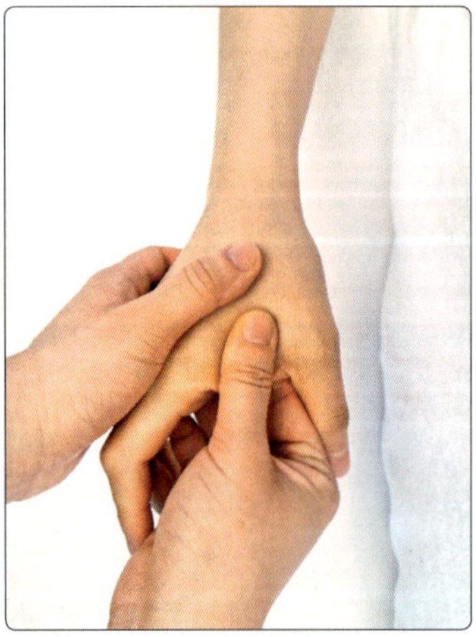

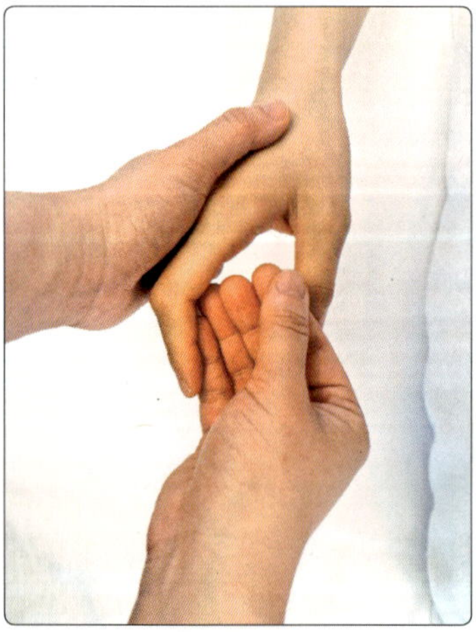

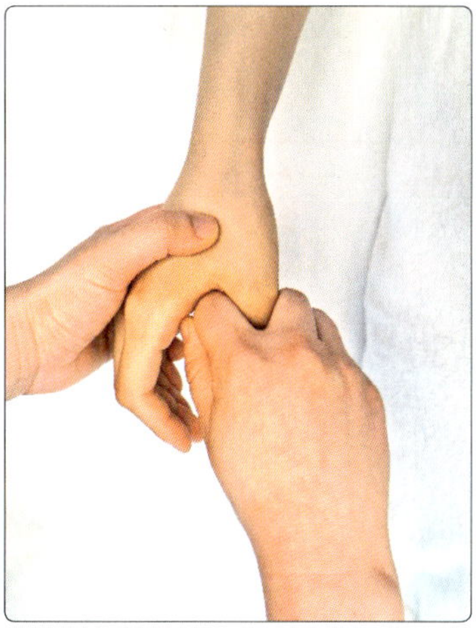

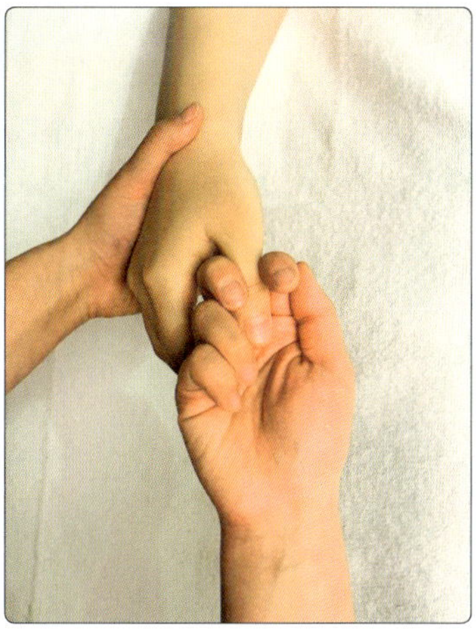

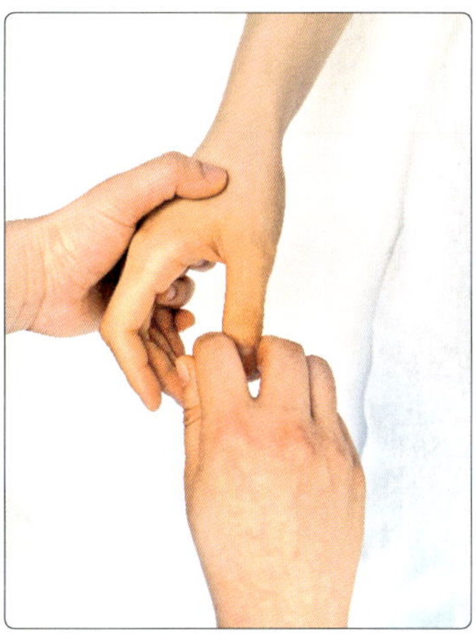

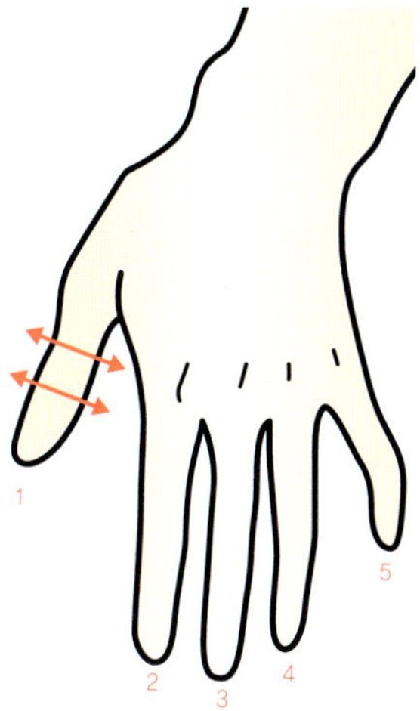

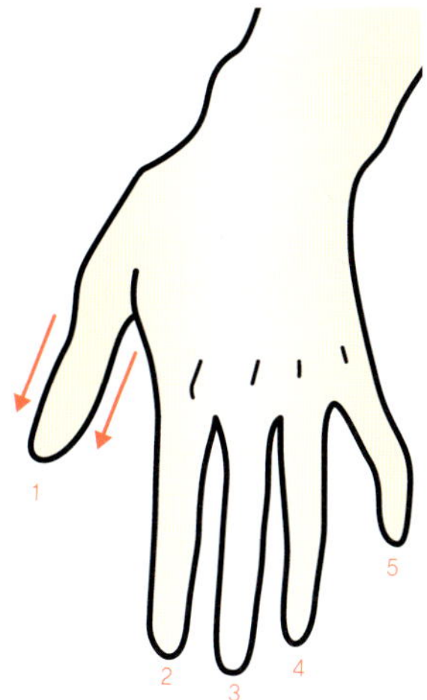

13. 검지, 중지 사이로 손가락 8회에 비틀기 하며 내려오기

→ 옆면 길게 빼듯이 쓸기 4회

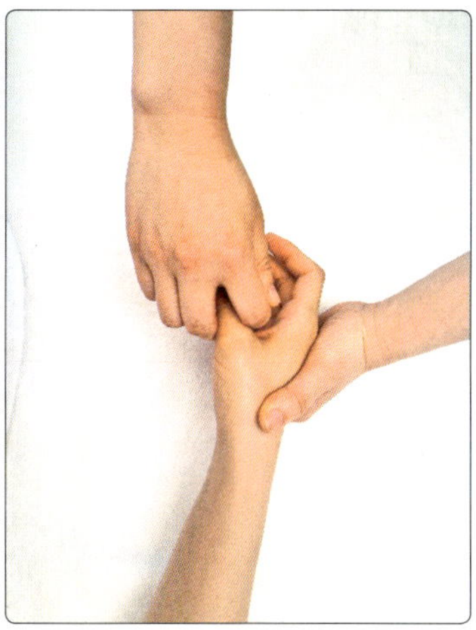

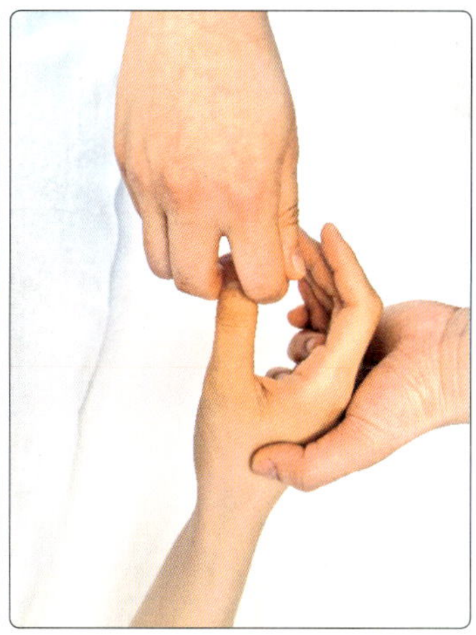

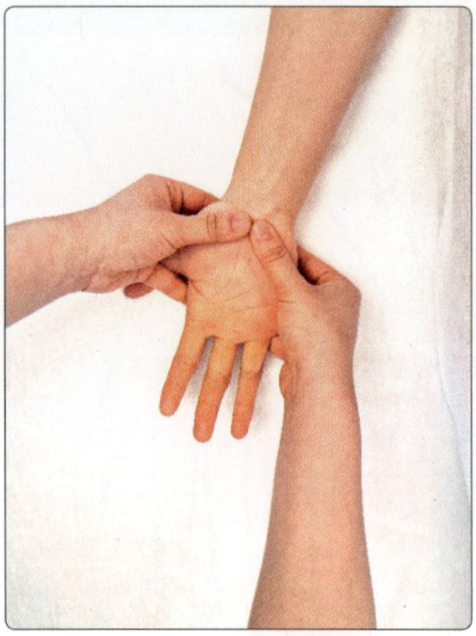

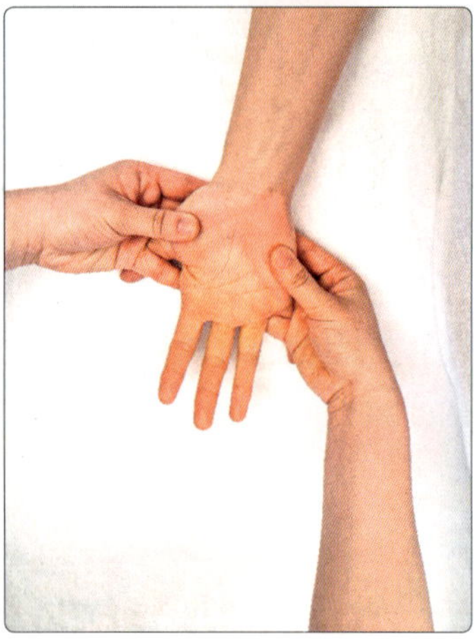

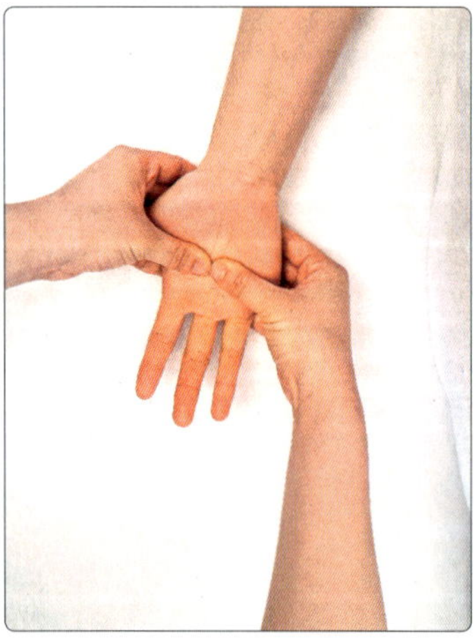

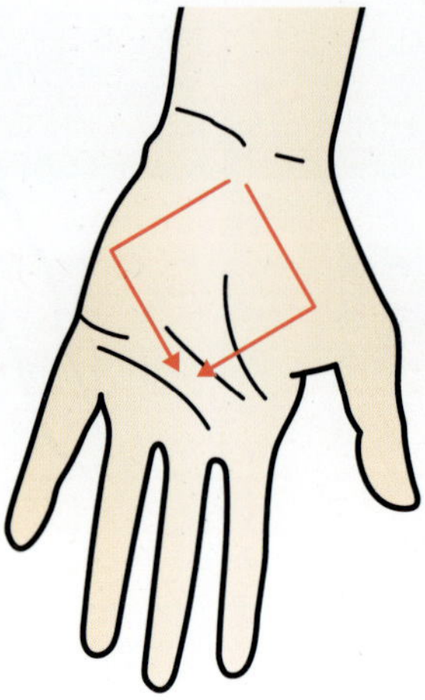

14. (손바닥 천장보게 돌리고 새끼손가락 끼우기) 엄지로 손바닥 펴듯이 쓸고 손바닥 중앙으로 모으기 4회

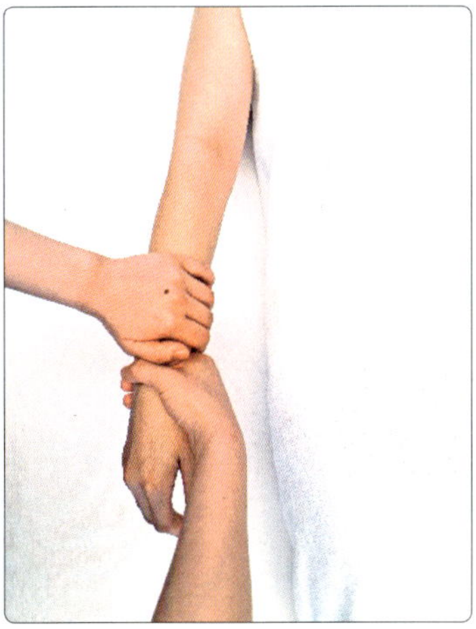

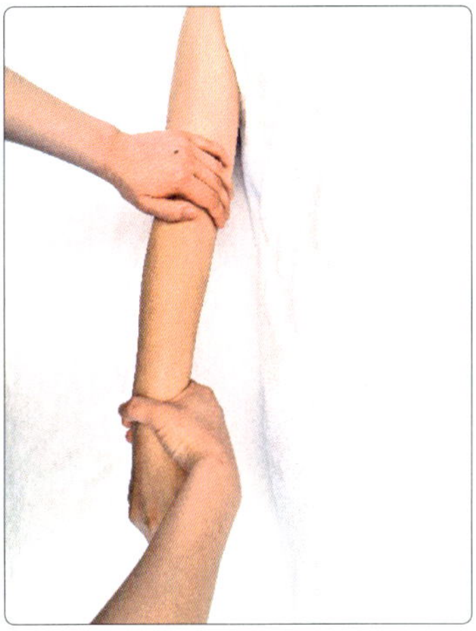

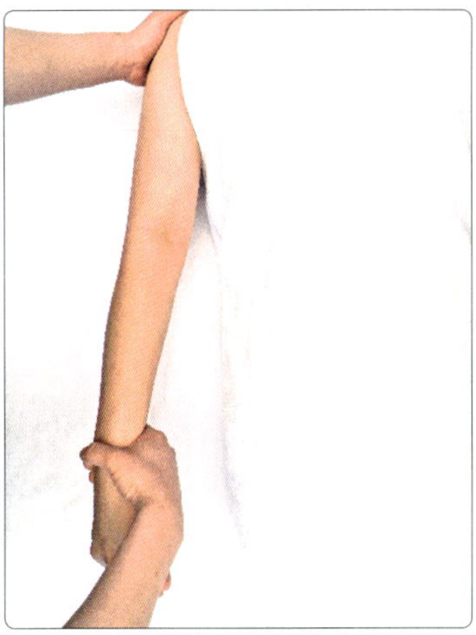

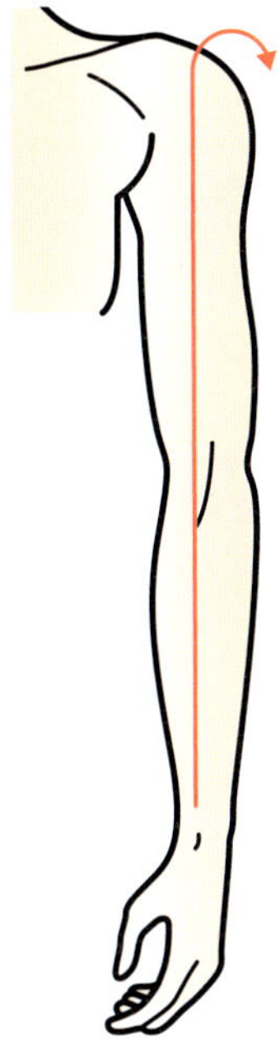

15. 도포 동작 8회 반복 후 손등, 손바닥 감싸 베드에 내려놓기

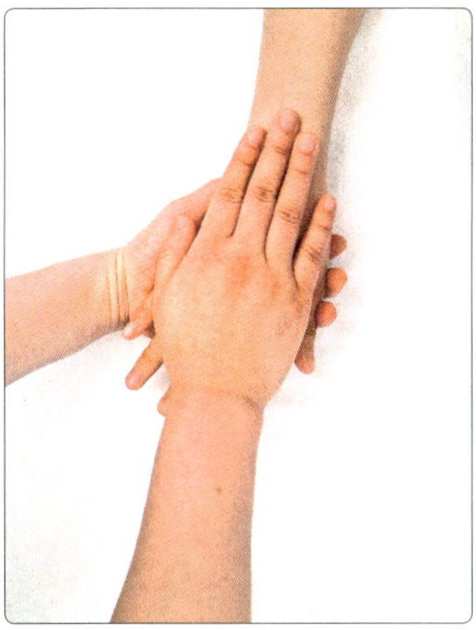

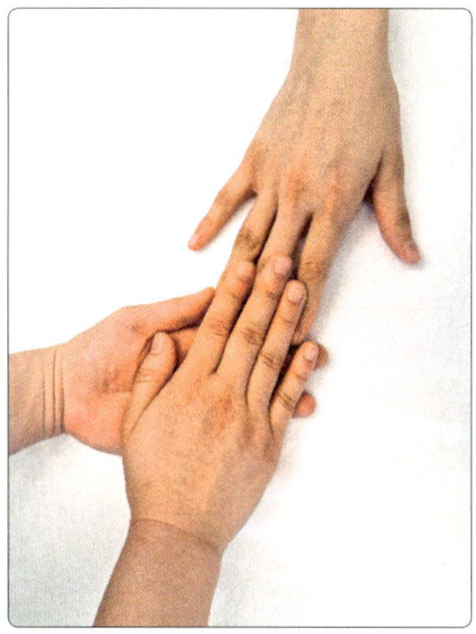

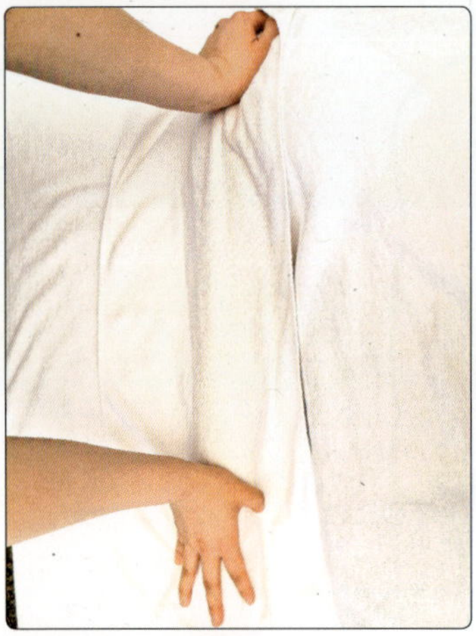

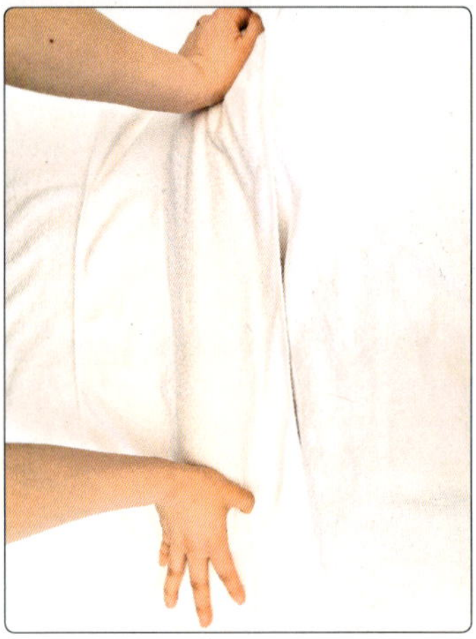

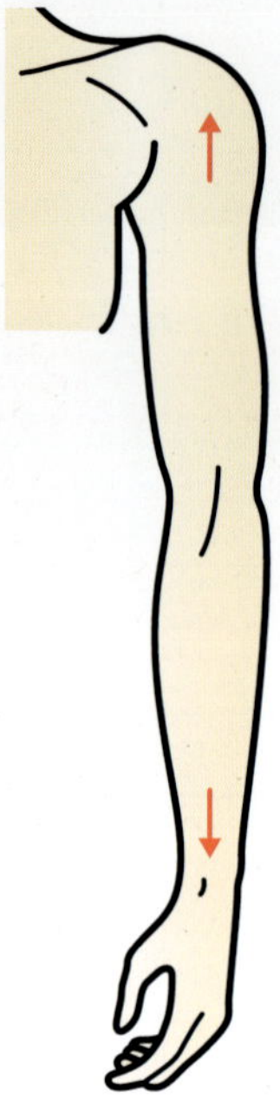

[닦기]

1. 소타월 팔 위에 덮기

어깨, 손목위에 손바닥 대고 늘리기

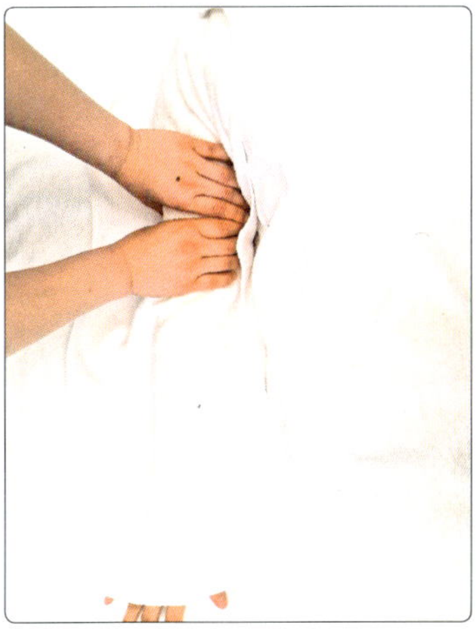

2. 양 손으로 크림을 타월에 흡수시키며 내려오기

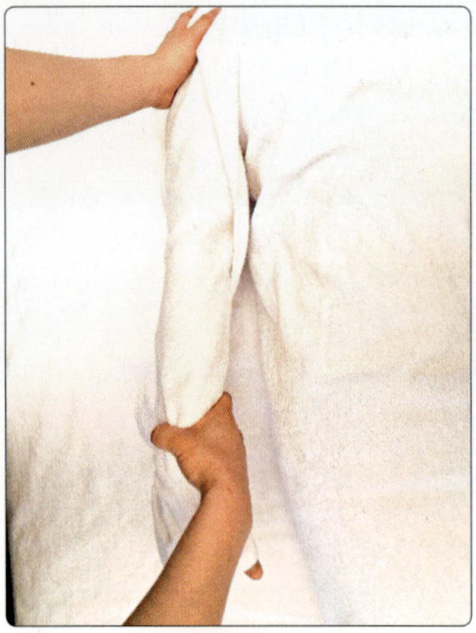

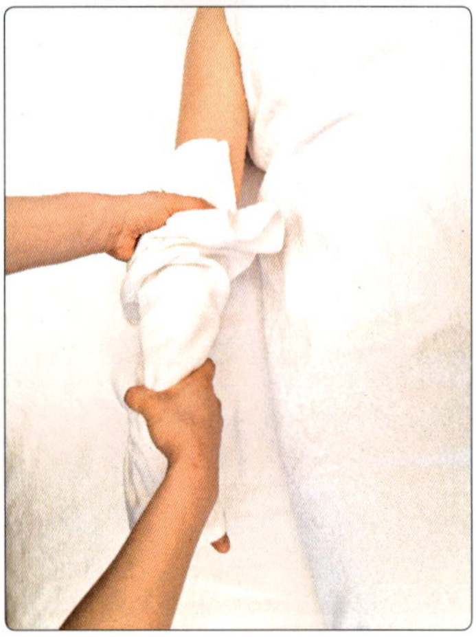

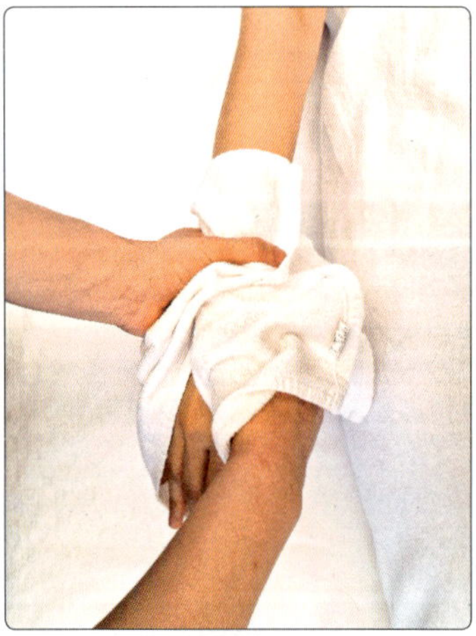

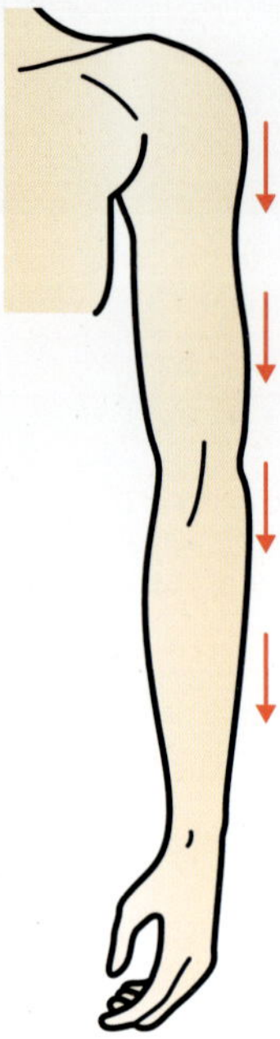

3. 팔 들어 바깥쪽 닦으며 내려오기

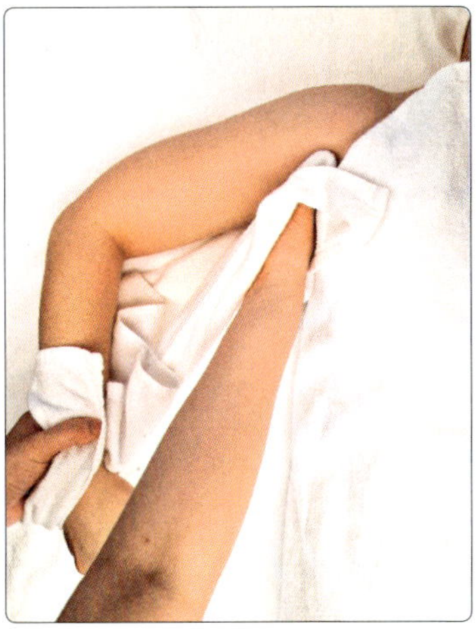

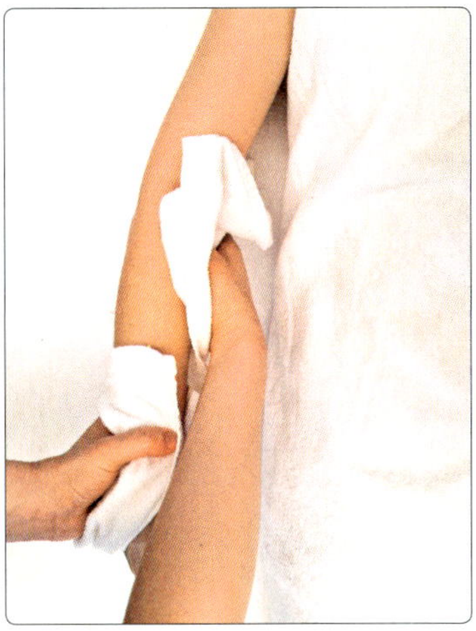

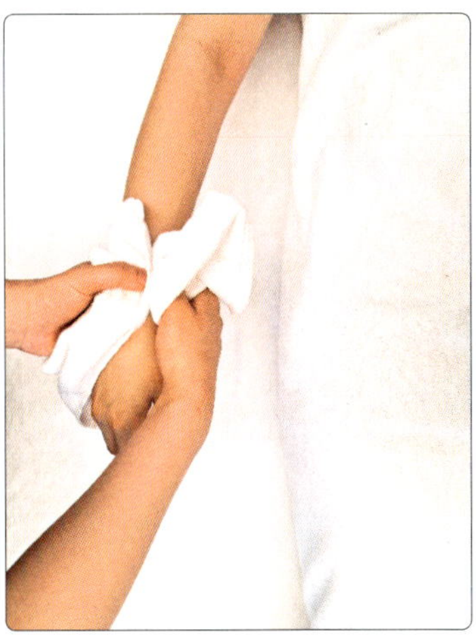

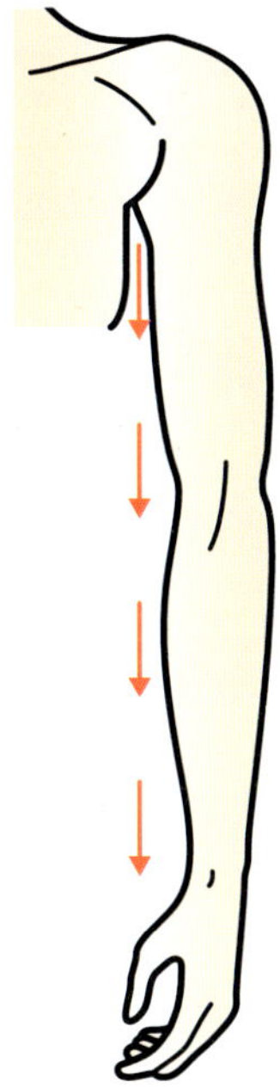

4. 손 바꿔 겨드랑이부터 안쪽 닦으며 내려오기

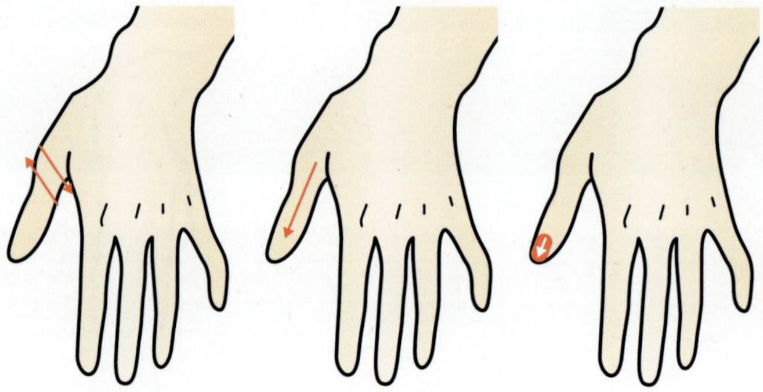

5. 손가락 사이 닦고 손가락 쓸며 내려와 손톱 반씩 닦기

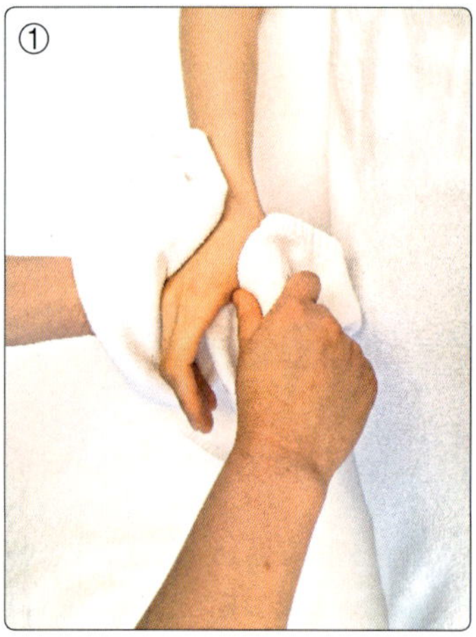
①

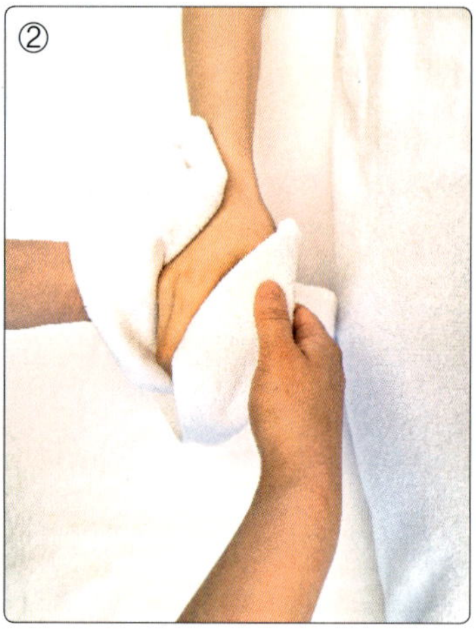
②

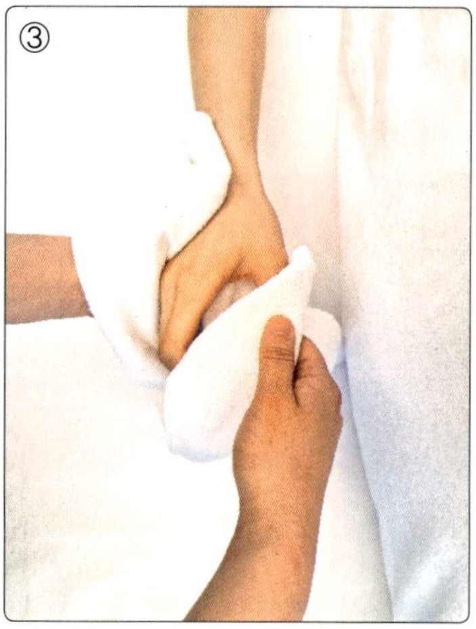
③

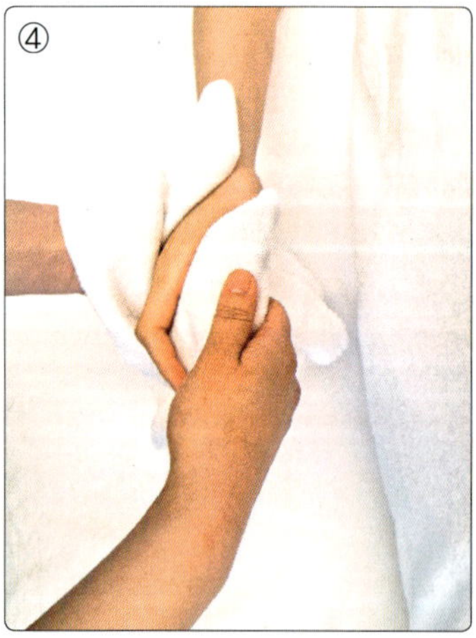
④

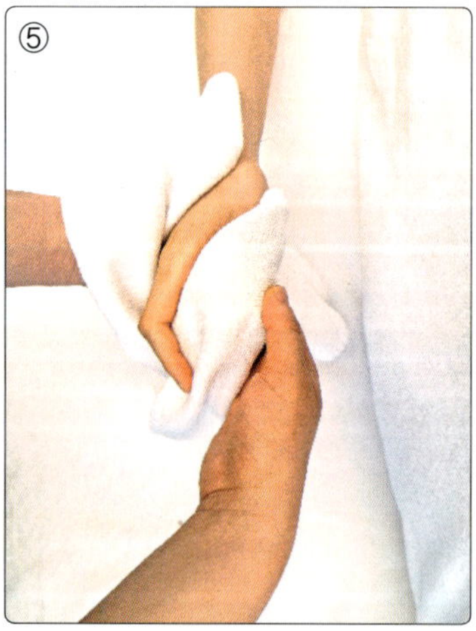
⑤

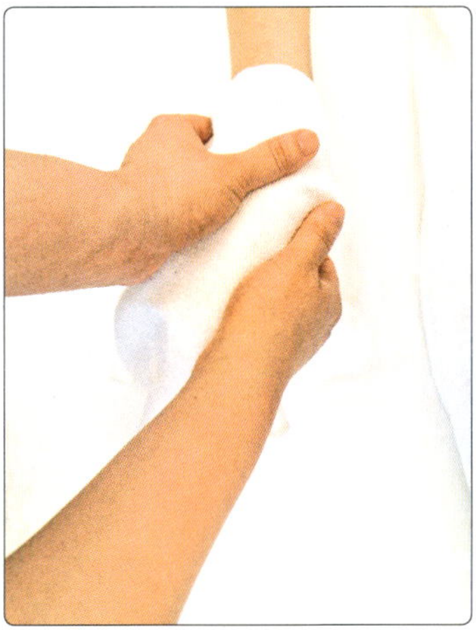

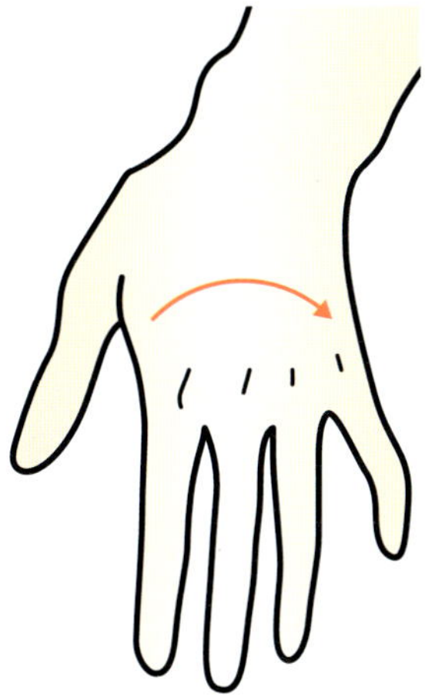

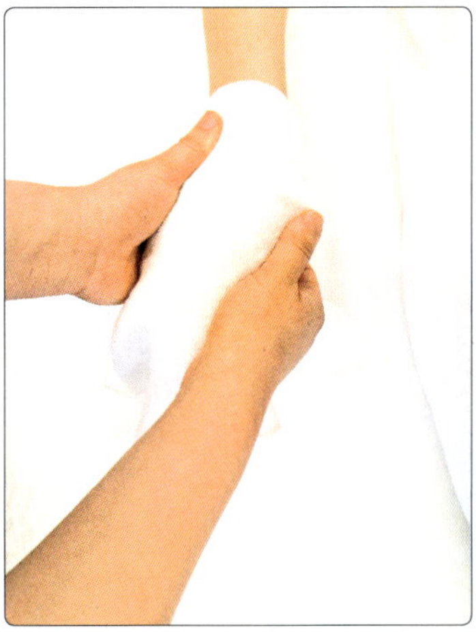

6. 손등, 손바닥 닦기

이불 정리 후 반대쪽 팔 반복

참고 문헌

- 김기연 외, "경락미용", 성보사, 2003.
- 김기연 외, "자연요법", 수문사, 2001.
- 김기영, 김봉인 외, "NEW 해부생리학", 메디시언, 2017.
- 김덕희, 김서현 외, "베이직 영양학", 지구문화, 2018.
- 김명주 외, "한방경혈요법" ,정담미디어, 2006.
- 김명주, 전현정, "한방경혈요법", 정담미디어, 2006.
- 김봉인, 이은혜 외, "피부미용과 식이", 해란, 2008.
- 김선희 외, "피부미용경락과 지압", 청구문화사, 2005.
- 김원희 외, "장부변증논치", 성보사, 2004.
- 배병철 편, 전통의학연구소, "기초 한의학", 성보사, 2005.
- 안남훈 외, "홀리스틱 경락관리학", Holism, 2008
- 안남훈 저, "홀리스틱경락 원론", Holism, 2003.
- 안남훈, "안남훈의 오행체질분석", Holism, 2002
- 안선례, 최수기 외, "한방미용학", 메디시언, 2016.
- 왕효명 외, "경혈MAP", 군자출판사, 2008.
- 원광대기초의학연구소, "한의학 개설" , 영림사, 2002.
- 윤미은, 류혜숙 외, "보건영양학", 지구문화, 2014.
- 이덕수 외, "경락미용학", 군자출판사, 2007.
- 이한기 외, "해부생리학", 고문사, 2000.
- 이해덕 저, 대한직업교육진흥원 교육협의회, "대체의학", 년도미상.
- 전상희 외, "기초 경락경혈학", 현문사, 2010.
- 전현정 편저, "한방미용경락", 정담미디어, 2009.
- 정영애 외, "미용경락", 메디시언, 2015.
- 정영태 외, "인체해부생리학", 청구문화사, 2004.
- 조병각, 최경임 외, "경락미용학", 뷰티프라자, 2000.
- 채순님 외, "피부미용실습서 Ⅲ", 정담미디어, 2006.
- 한방간호연구회, "경혈학기초", 현문사, 2003.
- 한정순, 권혜영 외, "미용영양학", 메디시언, 2018.

- http://www.dietitian.or.kr/, 대한영양사협회.
- https://terms.naver.com/, [네이버 지식백과] 피부와 영양 (질병과 영양).
- https://terms.naver.com/, 네이버 지식백과.
- https://www.kda.or.kr/kda/index.kda, 대한치과의사협회.
- Undurti N. Das. Essential Fatty acids: biochemistry, physiology and pathology (2006) Biotechnol J. 1(4)

피부미용 몸매관리 상체편

1판 1쇄 인쇄 | 2021년 6월 24일
1판 1쇄 발행 | 2021년 6월 24일

지은이 | 김현숙

발행인 | 주병오 · 주민기

발행처 | 메디시인

등록번호 | 2005년 2월 16일 제 406-2005-000045호

경기도 파주시 회동길 209 (파주출판도시)
대표전화 : 031-955-2777, 031-955-7577
팩스 : 031-955-7730
홈페이지 : www.ji-gu.co.kr
E-mail : jigupub@hanmail.net

ISBN 979-11-90839-43-3-93510

값 22,000원